智慧製造

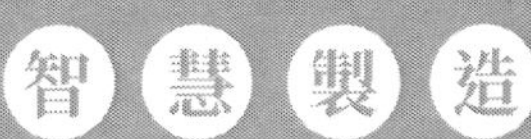

工業機器人整合系統與模組化

李慧，馬正先，馬辰碩　著

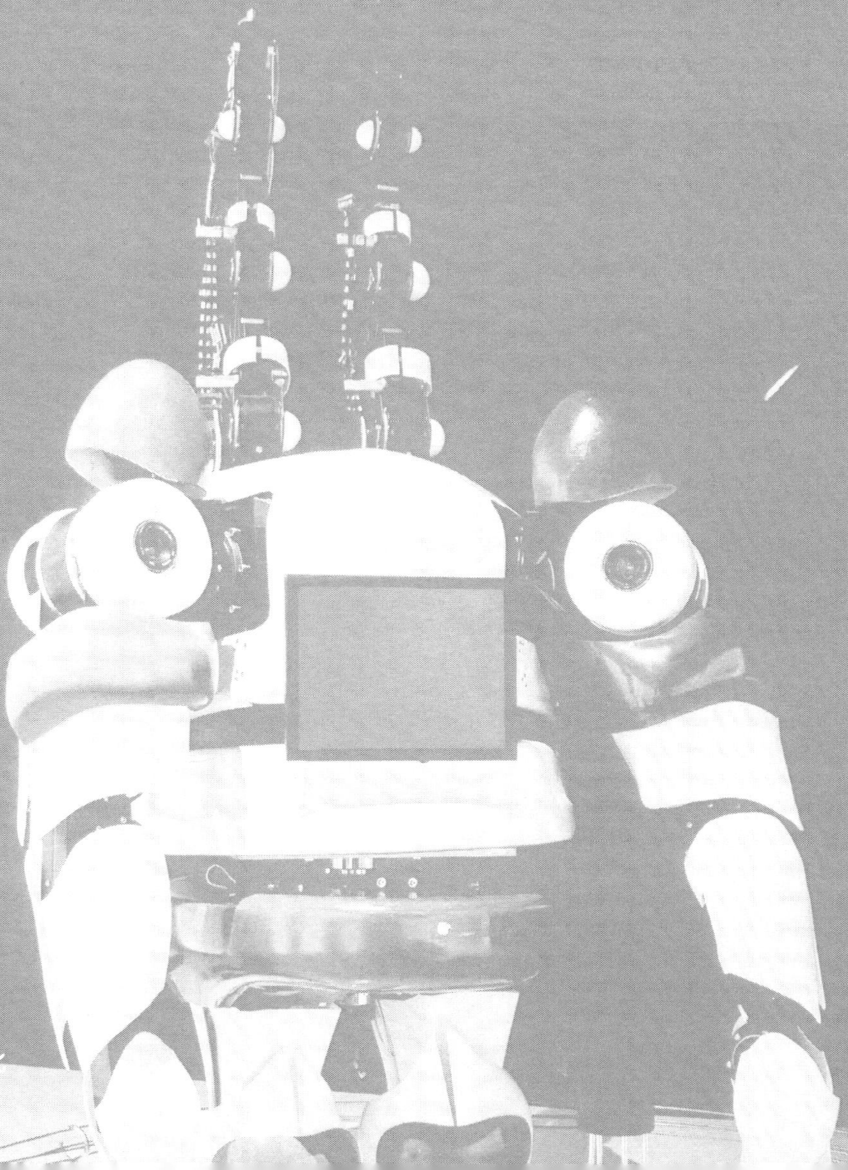

崧燁文化

前言

這是一本理論與工程實際密切聯繫，並結合設計案例系統地論述工業機器人整合系統與模組化的著作。

由於工業機器人是柔性生產不可或缺的設備，因此工業機器人模組化設計將是機械製造及自動化的重要組成部分，是一種既要求多學科理論基礎，更要求工程知識和實踐經驗，蘊藏著巨大優勢和潛力的工作。模組化工業機器人的研製和應用具有高效率和開放性，易於實現產品開發並容易得到使用者的認可，但對其系統研究的成果或論著卻極少見。由於系統地對工業機器人整合系統與模組化分析研究較少，該方面知識主要靠設計者自己在工作實踐中摸索積累，這給工業機器人開發設計帶來較大的困難，更不便於滿足應用者的需求。知識點及設計案例的不足，不僅會極大地限制設計者的視野和創造力，還會限制機器人的發展和應用。筆者本著「理論-設計-開發」的理念完成了此著作，重點在於開發，書中較全面系統地闡述了工業機器人整合系統與模組化等方面的理論及存在的問題，並提出了相應的解決方案，透過多個設計案例表達本體模組化及零部件模組化的結構特徵，具有很強的實用性。如果能為讀者在工業機器人設計方面提供幫助，筆者將會感到極大的滿足與欣慰。

全書共由 6 章組成，分別是：第 1 章，導論；第 2 章，工業機器人特點及作業要求；第 3 章，工業機器人整合系統；第 4 章，工業機器人本體模組化；第 5 章，工業機器人主要零部件模組化；第 6 章，工業機器人其他部件模組化。本書是筆者在從事產品開發設計和學校教研的基礎上，結合筆者的研究成果以及海內外的研究資料完成的。書中理論一方面是筆者在工作及研究中對該問題的看法與觀點，另一方面是參考和汲取了海內外的資料。為了突出對模組化機器人設計的闡述及對其結構特殊性的重點描述，第 3~ 6 章的圖樣去掉了一些複雜的結構、要素、交叉重疊關係和圖樣解釋等，僅給出了簡潔示意的表達和概略性的介紹，某些具體的零部件結構未能詳細論述。

由於圖樣和設計案例的軟體、版本不同，圖樣和設計案例的源頭多及個別圖樣圖面太大且複雜等原因，使得列舉案例存在某些圖的內容、格式表達不妥之處。並且，書中的諸多觀點也只是筆者一家之說。 由於筆者水平及時間限制等，書中可能會出現不妥之處，懇請並歡迎讀者及各界人士予以指正。

目錄

第1章

導論

1.1 機器人技術概述

工業機器人作為新一代生產和服務工具，在製造領域和非製造領域具有更廣泛的作用，佔據更重要的地位，如在核工業、水下、空間、農業、工程機械、建築、醫用、救災、排險、軍事、服務、娛樂等方面[1,2]，可代替人完成各種工作。同時，機器人作為自動化和資訊化的裝置與設備，完全可以進入網路世界，發揮更多及更大的作用，這對人類開闢新的產業，提高生產水平與生活水平具有十分重要的現實意義。機器人最新應用主要表現在生機電一體化、安防機器人巡檢、機器人自主式、仿真模擬、物聯網嵌入、雲端運算、腦電波控制及自動導引裝置（Automated Guided Vehicle，AGV）合作等方面[3,4]。

(1) 生機電一體化技術

生機電一體化是 20 世紀 90 年代以來快速發展的尖端科學技術，它是透過生物體運動執行系統、感知系統、控制系統等與機電裝置（機構、傳感器、控制器等）的功能進行整合，使生物體或機電裝備的功能得到延伸。如將該技術應用於機器人上，透過對神經資訊的測量和處理與人機資訊通道的建立，將神經生物訊號傳遞給機器人，從而使機器人能夠執行人的命令[5]。正因為這種原理，假肢也能夠「聽懂」人的指示，從而成為人身體的一部分。

(2) 安防機器人巡檢技術

智慧巡檢機器人攜帶紅外熱像儀和可見光攝影機等檢測裝置，在工作區域內進行巡視並將畫面和數據傳輸至遠端監控系統，並對設備節點進行紅外測溫，及時發現設備發熱等缺陷，同時也可以透過聲音檢測判斷變壓器運行狀況。對於設備運行中的事故隱患和故障先兆進行自動判定和報警，有效消除事故隱患。

(3) 機器人自主式技術

機器人在不斷進化，甚至可以在更大的實用程式中使用，它們變得更加自主、靈活，合作更加便捷。最終，它們將與人類並肩合作，並且人類也要向它們學習。這些機器人花費將更少，並且相比於製造業之前使用的機器人，它們的適用範圍更廣泛。

(4) 仿真模擬技術

仿真技術是一門多學科的綜合性技術，它以控制論、系統論、相似原理和資訊技術為基礎，以電腦和專用設備為工具，利用系統模型對實際的或設想的系統進行動態試驗。模擬技術是指利用相似原理，建立研究對象的模型（如形象模型、描述模型、數學模型），並透過模型間接地研究原型規律性的實驗方法。仿真模擬技術可以理解為利用即時數據，在虛擬模型中反映真實世界，包括機器、產品及人等，可以使得營運商能夠在虛擬建模中進行測試和優化[3]。

(5) 物聯網嵌入式技術

物聯網（Internet of Things）指的是將無處不在（Ubiquitous）的末端設備（Devices）和設施（Facilities）[6]，包括具備「內在智慧」的傳感器、移動終端、工業系統、數控系統、家庭智慧設施及影片監控系統等，還包括「外在使能」（Enabled）的，如貼上無線電識別（Radio Frequency Identification，RFID）的各種資產（Assets）、攜帶無線終端的個人與車輛等「智慧化物件或動物」或「智慧塵埃」（Mote），透過各種無線或有線的、長距離或短距離通信網路實現互聯互通（M2M），應用大整合（Grand Integration）以及基於雲端運算的 SaaS（Software as a Service）營運等模式，在內網（Intranet）、專網（Extranet）及網際網路（Internet）環境下，採用適當的資訊安全保障機制，提供安全可控乃至個性化的即時在線監測、定位追溯、報警聯動、調度指揮、預案管理、遠端控制、安全防範、遠端維保、在線升級、統計報表、決策支持及領導桌面（集中展示的 Cockpit Dashboard）等管理和服務功能，實現對「萬物」的「高效、節能、安全及環保」的「管、控、營」一體化。

「物聯網技術」的核心和基礎仍然是「網際網路技術」，是在網際網路技術基礎上延伸和擴展的一種網路技術，其使用者端延伸和擴展到了任何物品和物品之間以進行資訊交換和通信。因此，物聯網技術是透過無線電識別、紅外感應器、全球定位系統及雷射掃描器等資訊傳感設備，按約定的協議將任何物品與網際網路相連接並進行資訊交換和通信，以實現智慧化識別、定位、追蹤、監控和管理的一種網路技術。

物聯網是新一代資訊技術的重要組成部分，是網際網路與嵌入式系統發展到高級階段的融合。作為物聯網重要技術組成的嵌入式系統，嵌入式系統的視角有助於深刻地、全面地理解物聯網的本質。物聯網是通用電腦的網際網路與嵌入式系統單機或局域物聯在高級階段融合後的產物。物聯網的構建跟網際網路不一樣，物聯網更複雜、範圍更廣。而嵌入式技術是構建物聯網的基礎技術，並為其提供保障。

物聯網其實就是把所有的物體都連在網路上，這些是要透過嵌入式系統來實現的。隨著物聯網產業的發展，更多的設備甚至更多的產品將使用標準技術連接，可以進行現場通信，提供即時響應。

(6) 雲端運算機器人

雲端運算是作為一種製造業的重要使能技術出現的，它可以改變傳統的製造業模型，採用更科學的經營策略來促使產品創新，從而建立可以實現高效合作的智慧化工廠網路。目前的製造業正在經歷一輪由資訊技術及其相關的智慧技術帶動的重大轉變。雲端運算的主要作用是在分佈式環境下根據客户需求提供一種高可靠性、高可擴展性和實用性的計算服務。雲端運算機器人將會徹底改變機器人發展的進程，極大地促進軟體系統的完善。在當今時代，更需要跨站點和跨企業的數據共享，與此同時，雲技術的性能將提高至只在幾毫秒内就能進行反應。

(7) 超限機器人技術

在微奈米製造領域，機器人技術可以幫助人們把原來看不到、摸不著的變成能看到、能摸著的，還可以進行裝配和生產。例如，微奈米機器人可以把奈米環境中物質之間的作用力直接拓展，對微奈米尺度的物質和材料進行操作。

(8) AGV 機器人合作技術

當前最常見的應用是 AGV 搬運機器人或 AGV 小車，主要功用集中在自動物流搬轉運，AGV 搬運機器人是透過特殊地標導航自動將物品運輸至指定地點，最常見的引導方式為磁條引導和雷射引導。相對於單個機器人的「單打獨鬥」，多個機器人之間的協同作業更為重要，而這需要一套完備的調度體系來保證車間裏衆多同時作業的機器人相互之間協調有序。多機器人協同控制演算法這一技術平臺可以協同控制幾百臺智慧機器人共同工作，完成貨物的訂單識別、貨物定位、自動抓取、自動包裝和發貨等功能。

(9) 腦電波控制技術

在未來，遠端臨場（Telepresence）機器人會成為人們生活中不可或缺的一部分。使用者需要佩戴一頂可以讀取腦電波數據的帽子，然後透過想象來訓練機器人的手腳做出相應的反應，換句話説，就是透過意念來控制機器人的運動。它不僅可以透過軟體來識別各種運動控制命令，還能在行徑過程中主動避開障礙物，靈活性很高，也更容易使用。

機器人技術是綜合了電腦、控制論、機構學、資訊和傳感技術、人工智慧、仿生學等多學科而形成的高新技術，是當代研究十分活躍及應用日益廣泛的領域。機器人應用情況是一個國家工業自動化水平的重要標誌。因為機器人並不是在簡單意義上代替人工的勞動，而是綜合了人的特長和機器特長的一種擬人的電子機械裝置，既有人對環境狀態的快速反應和分析判斷能力，又有機器可長時間持續工作、精確度高、抗惡劣環境的能力。從某種意義上説，它也是機器進化過程的必然產物，它是工業以及非產業界的重要生產和服務性設備，也是先進製造技術領域不可缺少的自動化設備。

1.2 機器人現狀及海內外發展趨勢

工業機器人的發展過程大致可以分為三個階段，即可以將機器人劃分為三代：第一代為示教再現型機器人，它主要由機械手、控制器和示教盒組成，透過示教儲存程式和資訊，按預先引導動作記錄下資訊，工作時讀取資訊再發出指令重複再現執行，如汽車工業中應用的點焊機器人，也是當前工業中應用最多的一類機器人；第二代為感覺型機器人[7,8]，類似於人存在某種功能的感覺，如聲覺、力覺、觸覺、滑覺、聽覺和視覺等，它具有對某些外界資訊進行反饋調整的能力，目前已進入應用階段[9,10]；第三代為智慧型機器人，它具有感知和理解外部環境的能力，在工作環境改變的情況下，也能夠成功地完成任務。目前，真正的智慧型機器人尚處於試驗研究階段。

1.2.1 中國工業機器人發展

中國的工業機器人從20世紀70年代開始起步，大致經歷了三個重要階段：萌芽期（20世紀70年代）、開發期（20世紀80年代）和實用化期（20世紀90年代以後）。儘管起步較晚，但在國家政策的大力支持下，特別是「863計劃」的實施，將機器人技術作為一個重要的發展主題進行研究，先後投入了將近幾個億的經費用於機器人的研究開發，使得中國在機器人這一領域快速發展，如今已經成為世界上公認的機器人製造大國。目前已基本掌握了機器人操作機的設計製造技術、控制系統硬體和軟體設計技術[11]、運動學和軌跡規劃技術[12,13]，能夠製造生產部分機器人關鍵元器件[14,15]，開發出了噴漆、弧焊、點焊、裝配、搬運[16] 等工業機器人；其中噴漆機器人在企業的自動噴漆生產線（站）上已經獲得規模應用，弧焊機器人也已廣泛應用在汽車製造廠的焊裝線上。

總體來說，中國工業機器人發展主要表現在如下三個方面。

(1) 工業機器人的市場規模增速較快

相關調查報告顯示，中國工業機器人市場規模整體增幅比較樂觀，銷售量和銷售額都不斷成長。在宏觀經濟和製造業增速下滑的態勢下，中國工業機器人市場仍然維持一定成長速度。鑒於工業機器人替代空間巨大，預計未來幾年，中國工業機器人市場仍將維持高速成長態勢。

(2) 工業機器人應用延伸

工業機器人與自動化成套裝備是生產過程中的關鍵設備，能夠用於製造、安裝、檢測、物流等多個生產環節，因此工業機器人廣泛應用於汽車、電子、塑膠、食品及金屬加工等行業。近幾年，中國工業機器人市場主要受汽車行業發展帶動，目前主要以「汽車加電子」雙輪驅動的形式進行發展。在汽車行業不景氣的情況下，中國工業機器人市場的發展將更多地由電子行業發展帶動。與此同時，隨著工業機器人向著更深更遠的方向發展以及智慧化水平的提高，工業機器人的應用將從傳統制造業推廣到其他製造業，進而推廣到諸如採礦、建築及農業等各種非製造行業[17]。

(3) 工業機器人提升空間大

目前，外資品牌工業機器人的市場表現遠好於國產品牌，外資品牌銷售量占比較國產品牌銷售量占比高。國產品牌工業機器人價格較低，相比較外資品牌而言，國產品牌機器人在銷售量和銷售額以及產品品質等方面都有很大提升空間。中國的智慧機器人和特種機器人也取得了不少成果，某些機器人的成果居世界領先水平，還開發出直接遙控機器人、雙臂協調控制機器人、爬壁機器人、管道機器人等機種；在機器人視覺、力覺、觸覺、聲覺等基礎技術的開發應用上開展了不少工作，有了一定的發展基礎[18,19]。

據國際機器人聯合會數據顯示：2016 年全球工業機器人銷量約

29 萬臺，同比成長 14%，其中中國工業機器人銷量 9 萬臺，同比成長 31%。而在 2016 年底中國機器人產業聯盟公佈的《2016 年上半年工業機器人市場統計數據》顯示：2016 年上半年國內機器人企業累計銷售 19257 臺機器人，較上年成長 37.7%，增速比上年同期加快 10.2%，實際銷量比上年成長 70.8%。中國工業機器人市場規模已經位居世界第一，國產機器人產品佔據了可觀的市場佔有率，發展態勢迅猛，初具規模。

但總的來看，中國的工業機器人技術及其工程應用的水平和國際比還有一定的距離，如：可靠性低於國際產品；機器人應用工程起步較晚，應用領域較窄，生產線系統技術與國際比有差距；在應用規模上，中國已安裝的國產工業機器人較少。在多傳感器資訊融合控制技術、遙控加局部自主系統遙控機器人、智慧裝配機器人、機器人化機械等的開發應用方面則剛剛起步，與國際先進水平差距較大。以上差距主要是因為沒有形成強大的機器人產業，當前中國的機器人生產都是應使用者的要求進行設計，品種規格多、批量小，零部件通用化程度低，供貨週期長且成本也不低，而且品質和可靠性不穩定。

2015 年，中國提出了「中國製造 2025」，重點強調了用兩化（資訊化和工業化）深度融合來引領和帶動整個製造業的發展。圍繞這一目標，工業機器人的研究、發展和應用成為中國製造業走向高端化和智慧化的重中之重。目前迫切需要解決的是產業化前期的關鍵技術，對產品進行全面規劃，搞好系列化、通用化、模組化設計，積極推進產業化進程。

2016 年工信部等單位聯合印發了《機器人產業發展規劃（2016～2020 年）》，針對目前中國自主研發的機器人產品中減速器、伺服電動機等核心器件依賴進口的現象仍未根本改變的問題予以明確，並提出了發展規劃。將選擇支持重點單位，開展基礎研發工作，大力支持機器人關鍵零部件製造水平的提升，以盡快擺脫機器人相關基礎工業落後局面[20]。

1.2.2 國際機器人發展

早在 1954 年美國英格伯格和德沃爾（機器人之父）設計出第一臺電子可編寫式的工業機器人，並於 1961 年申請了該項專利，1962 年美國通用汽車公司投入使用，開創了機器人應用的先河；1971 年美國通用汽車公司又率先使用了點焊機器人。經過 40 多年的發展，美國現已成為世界上的機器人強國之一。美國麻省理工學院（MIT）一直是機器人科技研究的先驅，其仿生機器人實驗室曾研究出獵豹、Atlas 等轟動世界的軍事機器人。那麼，隨著 DeepMind AlphaGo、Atlas 等尖端人工智慧技術的發展，機器人領域的研究會出現哪些新的趨勢呢？在 CCF-GAIR 全球人工智慧與機器人峰會機器人專場上，MIT 機器人實驗室主任、美國國家工程院院士 Daniela Rus 就此曾作過報告演說，講述世界機器人領域的尖端技術趨勢。他提到機器人領域的「摩爾定律」，以前覺得太未來主義，但事實上我們一定程度上已經實現了，機器人可以用於送包裹、清理環境、貨物整理、自動駕駛及生活輔助等場景[21,22]。

1968 年，日本川崎重工業公司從美國 Unimation 公司引進機器人及技術，並於 1970 年試製出第一臺工業機器人。起步雖較美國晚，但後來居上，如今生產和安裝的機器人數量已大大超過美國，成為世界上工業機器人生產製造的第一大國，被譽為「工業機器人王國」。現在日本有名的工業機器人生產商有「安川電機」「發那科」「愛普生」「不二越」等。

20 世紀 70 年代中後期，德國政府也採用了積極的行政手段促進工業機器人的研發與推廣。在 2010 年德國提出工業 4.0 之後，世界製造業強國紛紛提出了自己在製造業方面的嶄新構想。

近幾年工業機器人主要有如下幾個趨勢。

① 工業機器人性能不斷提高（高速度、高精確度、高可靠性、便於操作和維修）而單機價格不斷下降。

② 機械結構向模組化及可重構化發展[23]。例如關節模組中的伺服電機、減速機及檢測系統三位一體化，由關節模組及連桿模組用重組方式構造機器人整機，模組化裝配機器人等。

③ 工業機器人控制系統向基於 PC 機的開放型控制器方向發展，便於標準化和網路化。器件整合度提高，控制櫃體積小且採用模組化結構，大大提高了系統的可靠性、易操作性和可維修性。

④ 機器人中的傳感器作用日益重要，除採用傳統的位置、速度及加速度等傳感器外，裝配和焊接機器人還應用了視覺、力覺等傳感器，而遙控機器人則採用視覺、聲覺、力覺及觸覺等多傳感器的融合技術來進行環境建模及決策控制[24]。多傳感器融合配置技術在產品化系統中已有成熟應用。

⑤ 虛擬現實技術在機器人中的作用已經從仿真發展到用於過程控制，如使遙控機器人操作者產生置身於遠端作業環境中的感覺來操縱機

器人。

⑥ 當代遙控機器人系統的發展特點不是追求全自治系統，而是致力於操作者與機器人的人機交互控制[1]，即遙控加局部自主系統構成完整的監控遙控作業系統，使智慧機器人走出實驗室進入實用化階段。美國發射到火星上的「索傑納」(Sojourner) 機器人就是這種系統成功應用的最著名實例。

⑦ 機器人化機械開始興起。從美國開發出「虛擬軸機床」(也稱並聯機床，Parallel Kinematics Machine Tools) 以來，這種新型裝置已成為國際研究的熱點之一，紛紛探索開拓其實際應用的領域。

⑧ 智慧化機器人成為國際社會關注的熱點，其研究成果不斷出現。

1.3 本書的主要內容與特點

1.3.1 主要內容

全書主要內容由 6 章組成，其主要內容構架如圖 1.1 所示。

第 1 章導論，主要內容為機器人技術概述，機器人現狀及海內外發展趨勢及本書的主要內容與特點等。本章主要為讀者閱讀提供方便，使讀者能夠概括地了解《工業機器人整合系統與模組化》的主要結構和內容。

第 2 章工業機器人特點及作業要求，主要內容為工業機器人特點及應用、工業機器人作業要求等。透過對機器人運動規劃、機器人關節空間位置控制及機器人力控制等基本方法進行分析和闡述，提出工業機器人作業要求，並為工業機器人的設計與應用提供理論基礎。

第 3 章工業機器人整合系統，主要內容為工業機器人基本技術參數，機器人機構建模，工業機器人總體結構類型，工業機器人基本配置，機器人系統配套及成套裝置、機器人整合系統控制等。首先，透過對機器人負載、自由度、最大運動範圍、重複精確度、速度、機器人重量、制動和慣性力矩及防護等級等概念的介紹，認識工業機器人的基本技術參數。其次，透過對機器人機構建模的解析，了解機器人本體設計及結構優化設計的問題。再者，透過對工業機器人基本配置要求的闡述，理解主要組合模組及配置方案。最後，透過對機器人系統配套及成套裝置等的介紹，

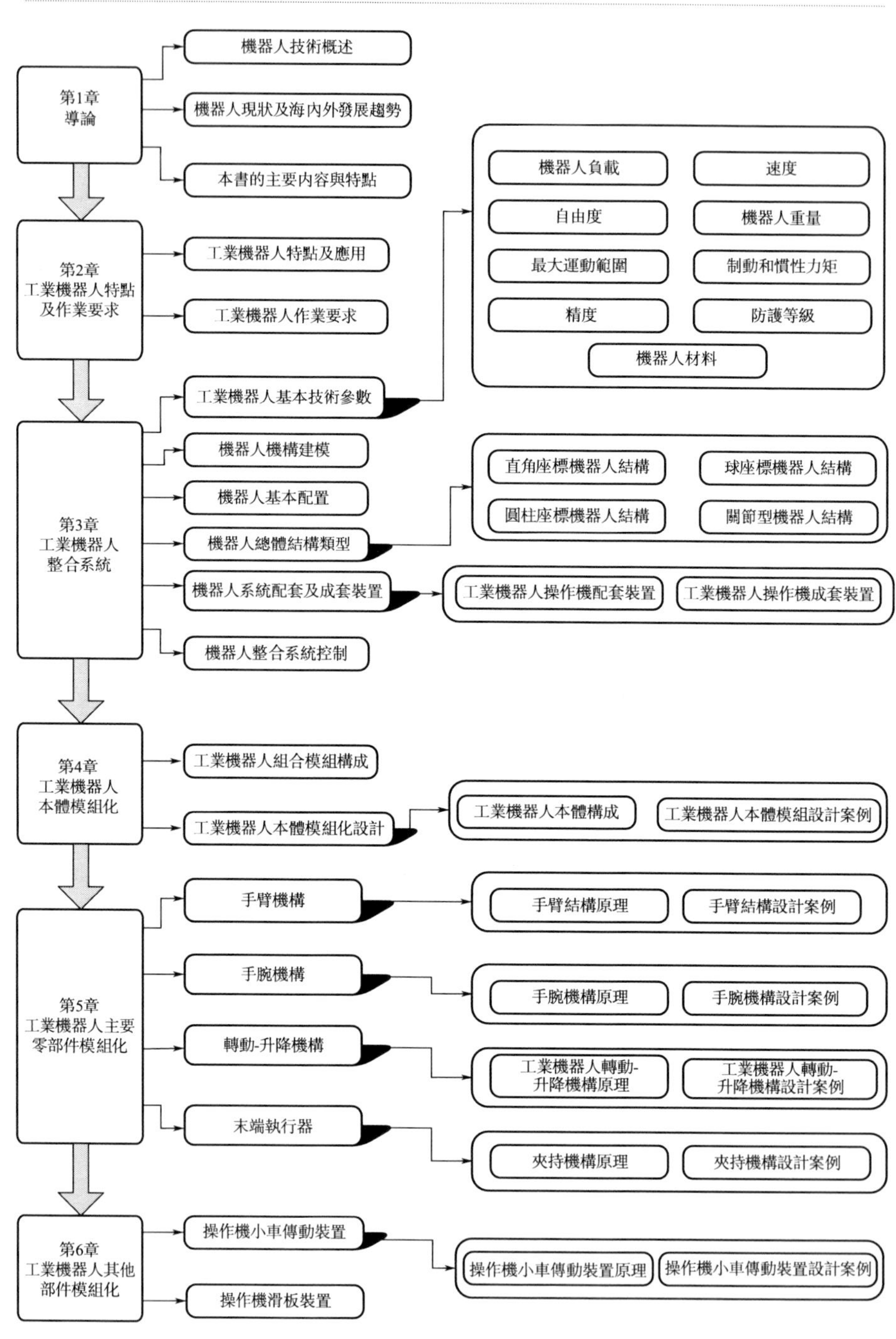

圖 1.1 全書主要內容構架

明確工業機器人系統的多面性及發展方向。本章把工業機器人配套裝置、控制軟體及機器人配置設備等結合在一起，綜合其各功能特點並整合為工程實用基礎，將有利於特定的工業自動化系統開發和工業機器人作業。工業機器人整合系統的構建是一項複雜的工作，其工作量大、涉及的知識面很廣，需要多方面來共同完成，它面向客户，不斷地分析使用者的要求，並尋求和完善解決方案。隨著科學技術的發展及社會需求的變化，工業機器人整合系統將是不斷升級的過程。本章對工業機器人結構及配置進行了較全面的認識及解析，並為工業機器人的控制奠定基礎。

第 4 章工業機器人本體模組化，主要內容為工業機器人組合模組構成及工業機器人本體模組化設計等。首先，針對機器人組成機構進行分析，重點是機器人機構速度分析和機器人機構靜力分析等。其次，對多種機器人運動原理進行分析，例如數控機床用機器人、熱沖壓用機器人、冷沖壓用機器人、裝配操作用機器人、裝卸用機器人及板壓型機器人等，理解機器人的基本動作和基本運動形式。再者，透過對組合模組結構工業機器人進行剖析，明確組合模組結構形式及組合模組機器人整機組成。最後，透過對多用途工業機器人、電鍍用自動操作機及定位循環操作工業機器人的組成分析，理解其模組化工作原理及結構布局，並提出設計建議。本章是工業機器人模組化的重要組成內容。透過特定工業機器人系統的分析，充分闡述了模組化原理，把其中含有相同或相似的功能單位分離出來，並用標準化方式進行統一、歸併和簡化，再以通用單位的形式獨立存在，為從源頭上理解模組化設計提供了充分的理論依據。

第 5 章工業機器人主要零部件模組化，主要介紹手臂機構、手腕機構、轉動-升降機構及夾持機構等的模組化問題。對於這些機構的共性問題，許多資料曾經提出了原則性的解決方案。但是，由於不同機器人的作業環境與特性參數不同，開發時其機構的形式多樣、多變，使得實際開發工作定性容易，結構設計難，即零部件模組化工作繁雜。各節分別就其部件的結構原理及設計案例等進行了較詳細的剖析，重要構件及專用件均需要進行剛度設計、強度校核、壽命校核及優化設計等，該項設計任務工作量大，如工藝性強，結構複雜及設計難度大。進行該項設計時，需要藉助多方面的先進理論、方法及工具等才能高品質地完成任務。本章是構成機器人整合系統與模組化的主要部分，該項工作的結果決定著後續工作的成敗。

第 6 章工業機器人其他部件模組化，主要內容為操作機小車傳動裝置及操作機滑板機構等。各節分別就傳動裝置原理及設計案例進行剖析。雖然前面章節對機器人主要構成對象進行了研究，對工業機器人及組合模組化等內容進行了闡述，但是從工業機器人結構模組化開發考慮時，僅有這些還是遠遠不夠的，對於工業機器人來說，小車傳動裝置、操作機滑板機構等的作用是不可替代的。本章是對工業機器人操作機輔助部件的闡述，是整機必不可少的內容，因為如果沒有輔助部件並不能構成完整的機器人。

1.3.2 主要特點

本書以工業機器人整合系統為主，對工業機器人主要零部件及其他部件模組化、工業機器人本體模組化進行分析與研究。同時本書注重工業機器人模組化的系統性，兼顧理論要點，對機器人整合系統進行理論分析。

書中採用工程圖例的方式對工業機器人模組化的設計問題進行表達和闡述，力求從簡明的圖例中能夠較全面地理解複雜的設計問題。

(1) 始終堅持理論聯繫實際

根據生產提出工業機器人作業要求和應用中提出工業機器人特徵要求，著手機器人整合系統及工業機器人本體模組化的分析研究。從理論觀點看，機器人運動規劃及機器人控制是工業機器人作業必不可少的基本要求。對於機器人運動規劃，主要從位置規劃及姿態規劃兩個方面給出數學表達，機器人控制則圍繞著機器人關節空間位置控制及機器人力控制進行理論探討。從工程實際出發對特定工業機器人系統進行本體模組化設計及建議。

(2) 不強求設計要素的完整性及完美性

無論是工業機器人整合系統還是機器人模組化都具有一定複雜性，為了使問題的闡述重點突出、圖面清晰，文中圖形僅對具體表述到的部分進行顯示，去掉了無關的和不重要的因素，這或許會給閱讀和理解帶來某些困難。

(3) 簡明扼要的寫作風格

針對工業機器人整合系統、工業機器人本體、工業機器人零部件及特定系統配套及成套裝置等，著重從其模組化或結構性的角度進行分析和論述，省略了較多部件和環節的表達。例如，機器人控制系統主要由驅動器、傳感器、處理器及軟體等組成，其模組化情況在其他專業資料或學術論著中均有介紹，這裏不再贅述。

本書涉及較廣的知識面，其理論性與實踐性結合緊密，如何將理論知識、現場經驗與工程技術人員的智慧結合起來，合理地設計及選用機器人，還需要讀者在今後的研究、學習與實踐中不斷地探索與提高。

參考文獻

[1] 齊靜，徐坤，丁希侖. 機器人視覺手勢交互技術研究進展[J]. 機器人，2017，39 (4)：565-584.

[2] R V D Pütten，N C Krämer. How design characteristics of robots determine evaluation and uncanny valley related responses [J]. Computers in Human Behavior，2014，36 (C)：422-439.

[3] 王化劼. 雙機器人合作運動學分析與仿真研究[D]. 青島：青島科技大學，2014.

[4] A Cherubini，R Passama，A Crosnier，et al. Collaborative manufacturing with physical human-robot interaction[J]. Robotics and Computer-Integrated Manufacturing，2016，40 (C)：1-13.

[5] 羅慶生，韓寶玲，趙小川，等. 現代仿生機器人設計[M]. 北京：電子工業出版社，2008.

[6] 沙豐永，高軍，李學偉，等. 基於 Simulink 的數控機床多慣量伺服進給系統的建模與仿真[J]. 機床與液壓，2015，43 (24)：51-55.

[7] 梁嘉輝. 基於雷射線結構光 3D 視覺的機器人軌跡追蹤方法與應用[D]. 廣州：華南理工大學，2015.

[8] 鞠文龍. 基於結構光視覺的爬行式弧焊機器人控制系統設計[D]. 哈爾濱：哈爾濱工程大學，2014.

[9] 張曉龍，尹仕斌，任永傑，等. 基於全局空間控制的高精確度柔性視覺測量系統研究[J]. 紅外與雷射工程，2015，44 (9)：2805-2812.

[10] 黃英傑. 基於視覺的多機器人協同控制研究[D]. 濟南：濟南大學，2015.

[11] 溫錦華. 續紗機器人及主控軟體研究[D]. 上海：東華大學，2015.

[12] 畢魯雁，劉立生. 基於 RTX 的工業機器人控制系統設計與實現[J]. 組合機床與自動化加工技術，2013，(3)：87-89.

[13] 王魯平，朱華炳，秦磊. 基於 MATLAB 的工業機器人碼垛單位軌跡規劃[J]. 組合機床與自動化加工技術，2014，(11)：128-132.

[14] 高煥兵. 帶電搶修作業機器人運動分析與控制方法研究[D]. 濟南：山東大學，2015.

[15] 劉建. 礦用救援機器人關鍵技術研究[D]. 徐州：中國礦業大學，2014.

[16] 王殿君，彭文祥，高錦宏，等. 六自由度輕載搬運機器人控制系統設計[J]. 機床與液壓，2017，45 (3)：14-18.

[17] 尚偉燕，邱法聚，李舜酩，等. 複合式移動探測機器人行駛平順性研究與分析[J]. 機械工程學報，2013，49 (7)：155-161.

[18] 胡鴻，李岩，張進，等. 基於高頻穩態視覺誘

發電位的仿人機器人導航[J]. 資訊與控制，2016，45(5)：513-520.

[19] 徐蓉瑞. 雙目自主機器車系統的設計及研究[D]. 南昌：南昌航空大學，2015.

[20] 王洪川. DL-20MST 數控機床關鍵零部件結構優化設計[D]. 大連：大連理工大學，2013.

[21] 徐風堯，王恒升. 移動機器人導航中的樓道場景語義分割[J/OL]. 電腦應用研究，[2017-05-25]. http：//www. aroc-mag. com/article/02-2018-05-047. html.

[22] R M Ferrús， M D Somonte. Design in robotics based in the voice of the customer of household robots[J]. Robotics and Autonomous Systems，2016，79：99-107.

[23] 劉夏清，江維，吳功平，等. 高壓線路末端可重構四臂移動作業機器人控制系統設計[J]. 高壓電器，2017，(5)：63-69.

[24] DAschenbrenner，M Fritscher，F Sittner，et al. Teleoperation of an Industrial Robot in an Active Production Line[J]. IFAC-PapersOnLine， 2015， 48 (10)：159-164.

第2章

工業機器人特點及作業要求

工業機器人指由操作機（機械本體）、控制器、伺服驅動系統和傳感裝置構成的一種仿人操作、自動控制、可重複編寫並且能在三維空間完成各種作業的光機電一體化生產設備[1,2]。特別適合於多品種、變批量的柔性生產。它對穩定、提高產品品質及生產效率，改善勞動條件和產品的快速更新換代起著十分重要的作用。

針對工業機器人特點，當從機器人開發角度理解時，大多數工業機器人擁有一些共同的特性。

首先，幾乎所有機器人都有可以移動的身體。有些擁有機械化的輪子，而有些則擁有大量可移動的部件，這些部件一般是由金屬或塑膠製成的，並用於靈活獨立地移動。與人體骨骼類似，這些獨立部件是用關節連接起來的，機器人的輪與軸是用某種傳動裝置連接起來的，有些機器人使用的是電動機和螺線管作為傳動裝置，也有一些則使用液壓系統，還有一些使用氣動系統，如由壓縮氣體驅動的系統。機器人可以使用上述任何類型的傳動裝置。

其次，機器人需要一個能量源來驅動這些傳動裝置。大多數機器人會使用電池或電源插座來供電，液壓機器人還需要液壓泵來為液體加壓，而氣動機器人則需要氣體壓縮機或壓縮氣罐等。幾乎所有傳動裝置都透過導線與電路相連，該電路直接為電動機供電，並操縱電子閥門來啓動液壓系統，電子閥門可以控制承壓流體在機器内流動的路徑。例如，如果機器人要移動一條由液壓驅動的腿，它的控制器會打開一個閥門，這個閥門由液壓泵通向腿上的活塞筒，這時承壓流體將推動活塞，使腿部向前運動。通常，機器人使用可提供雙向推力的活塞，以使部件能向兩個方向運動。

還有，機器人的電腦可以控制與電路相連的所有部件。為了使機器人動起來，電腦會打開所有需要的電動機和閥門。由於大多數機器人是可重新編寫的，如果要改變某臺機器人的行為，只需將一個新的程式寫入它的電腦即可。

工業機器人擁有的最常見的一種感覺是運動感，也就是它監控自身運動的能力。例如在通用設計中，機器人的關節處安裝帶有凹槽的輪子，在輪子的一側有一個發光二極管，它發出一道光束，光束穿過凹槽照在位於輪子另一側的光傳感器上。當機器人移動某個特定的關節時，有凹槽的輪子會轉動。在此過程中凹槽將擋住光束，光學傳感器讀取光束閃動的模式，並將數據傳送給電腦，電腦可以根據這一模式準確地計算出關節已經旋轉的圈數。但是，並非所有的機器人都有傳感系統，目前，很少的工業機器人同時具有視覺、聽覺、嗅覺或味覺。

對於機器人使用者來說，通常是從應用方面看其特點。工業機器人並不僅是指像人的機器，凡是替代人類勞動的自動化機器都可稱為工業機器人。自20世紀60年代初第一代機器人在美國問世以來，工業機器人的研製和應用有了飛速的發展，但工業機器人最顯著的特點有以下幾個。

（1）可編寫

生產自動化的進一步發展是柔性自動化，工業機器人可隨其工作環境變化的需要進行再編寫。因此，工業機器人在小批量，多品種，具有均衡、高效率的柔性製造過程中能發揮很好的功用，是柔性製造系統（FMS）中的一個重要組成部分。

（2）擬人化

工業機器人在機械結構上有類似人的大臂、小臂、手腕及手爪，能行走、腰轉等，並有電腦控制。此外，智慧化工業機器人還有許多類似人類的「生物傳感器」，如皮膚型接觸傳感器、力傳感器、負載傳感器、視覺傳感器、聲覺傳感器及語言功能等[3,4]。傳感器提高了工業機器人對周圍環境的自適應能力。

（3）通用性

除了專用工業機器人外，一般工業機器人在執行不同的作業任務時具有較好的通用性。比如，透過更換工業機器人末端操作器（如手爪、工具等）便可以執行不同的作業任務。

（4）機電一體化

工業機器人技術涉及的學科相當廣泛，但是歸納起來是機械學和微電子學的結合，即機電一體化技術。例如，智慧機器人具有獲取外部環境資訊的各種傳感器，而且還具有記憶能力、語言理解能力、圖像識別能力及推理判斷能力等人工智慧，這些都和微電子技術的應用，特別是電腦技術的應用密切相關。因此，機器人技術的發展也必將帶動機電一體化的發展，機器人技術的發展水平也可以驗證一個國家科學技術和工業技術的發展水平。

對於工業機器人的作業要求，應包括路徑及運動規劃，機器人關節空間位置控制，機器人力控制、定位問題及導航等，但是，不同的工業機器人其作業要求也有差異[5-7]。例如模組化機器人，其作業範圍與本體硬體、機器人整體協調運動、重構變形或運動等方面有關[8]。由於模組化機器人可以構型多變，因此其作業範圍較廣，但由於其運動自由度冗餘性高，也使得它的運動規劃和控制變得異常困難，同時限制了該機器人的應用。

整體協調運動是機器人的基本能力，關於模組化機器人運動能力自動生成的理論與技術是機器人整體協調運動的依據，能在可接受的時間內自動規劃出適應環境和任務的運動或運動模式，是提升機器人作業要求急需解決的問題。

透過對工業機器人的介紹，進一步了解工業機器人的應用。對機器人運動規劃、機器人關節空間位置控制及機器人力控制等基本方法進行闡述，提出工業機器人作業要求，並為工業機器人的設計與應用提供理論基礎。

2.1 工業機器人特點及應用

對於工業機器人，首先要知道機器人將用於何處。世界上有百萬多臺工業機器人在各種生產現場工作，在非製造領域，上至太空艙、宇宙飛船，下至極限環境作業，均有機器人技術的應用。在傳統制造領域，工業機器人經過誕生、成長及成熟期後，已成為不可或缺的核心自動化裝備。

（1）製造類機器人

最常見的製造類機器人是機械臂。典型的機械臂由七個部件構成，它們是用六個關節連接起來的。機械臂可以用步進式電動機控制，某些大型機械臂一般使用液壓或氣動系統。步進式電動機會以增量方式精確移動，這使電腦可以精確地移動機械臂，使得機械臂不斷重複完全相同的動作。機械臂也是製造汽車時使用的基本部件之一。大多數工業機器人在汽車裝配線上工作，負責組裝汽車，在進行大量的此類工作時，機器人的效率比人類高得多，而且它們非常精確。無論已經工作了多少小時，它們仍能在相同的位置鑽孔，用相同的力度扭螺釘等。

在現代化製造工業中，六自由度串聯機器人是工業機器人領域最常用的一種自動化裝置，被廣泛地應用在焊接、搬運及噴塗等方面，它能夠在一定範圍內取代人力完成重複性強且勞動強度大的工作，甚至來完成一些人工無法完成的任務[9,10]。該類工業機器人與人類手臂極為相似，它具有相當於肩膀、肘關節和腕關節的部位。它的「肩膀」通常安裝在一個固定的基座結構上，而不是移動的身體上。該類型的機器人有六個自由度，也就是說，它能向六個不同的方向運動，與之相比，人的手臂有七個自由度。人類手臂的作用是將手移動到不同的位置，類似地，機械臂的作用則是移動末端執行器，因此可以在機械臂上安裝適用於特定應用場景的各種末端執行器。常見的末端執行器能抓握並移動不同的物品，該末端執行器一般有內建的壓力傳感器，用來將機器人抓握某一特定物體時的力度告訴電腦，這使得機器人手中的物體不致掉落或被擠破。其他末端執行器還包括噴燈、鑽頭和噴漆器等。

製造類機器人專門用來在受控環境下反復執行完全相同的操作。例如，某部機器人可能會負責給裝配線上傳送的花生醬罐扭上蓋子。為了教機器人如何做這項工作，程式員會用一隻手持控制器來引導機械臂完成整套動作。機器人將動作序列準確地儲存在記憶體中，此後每當裝配線上有新的罐子傳送過來時，它就會反復地做這套動作。製造類機器人在電腦產業中也發揮著十分重要的作用，它們無比精確的巧手可以將一塊極小的微型晶片組裝起來。

(2) 行走機器人

行走機器人首要的難題是為機器人提供一個可行的運動系統。如果機器人只需要在平地上移動，輪子或軌道往往是最好的選擇。如果輪子和軌道足夠寬，它們還適用於較為崎嶇的地形。但是機器人的設計者希望使用腿狀結構，因為它們的適應性更強，製造有腿的機器人還有助於使研究人員了解自然運動學的知識，這在生物研究領域是有益的實踐。

機器人的腿通常是在液壓或氣動活塞的驅動下前後移動的。使各個活塞連接在不同的腿部部件上，就像不同骨骼上附著的肌肉。如何使這些活塞以正確的方式協同工作是一個難題，機器人設計師必須弄清與行走有關的活塞運動組合，並將這一資訊編入機器人的電腦中。許多移動型機器人都有一個內建平衡系統，該平衡系統會告訴電腦何時需要校正機器人的動作。例如，兩足行走的運動方式本身是不穩定的，因此在機器人的製造中實現難度極大。為了設計出行走更穩的機器人，設計師們常會將眼光投向動物界，尤其是昆蟲。昆蟲有六條腿，它們往往具有超凡的平衡能力，對許多不同的地形都能適應自如。

某些行走型機器人是遠端控制的，人類可以指揮它們在特定的時間從事特定的工作。遙控裝置可以透過連接線、無線電或紅外訊號與機器人通信。遠端機器人常被稱為傀儡機器人，它們在探索充滿危險或人類無法進入的環境時非常有用，如深海或火山內部探索。有些機器人只是部分受到遙控，例如，操作人員可能會指示機器人到達某個特定的地點，但不會為它指引路線，而是任由它找到自己的路徑。

近年來，在分析和借鑒人類行走特性基礎上，研究者已經研製開發出多款更趨合理的行走機器人原型機。原型機結構與運行環境工況複雜性的不斷提高，對機器人提出了更高的要求，如系統控制結構與演算法，特別是有關動態行走週期步態優化控制與環境適應性及魯棒性等問題，給研究者提出了新的挑戰。實際上，人們更希望機器人行走過程中可以根據實際工況資訊，透過調整控制輸入實現動態行走的週期步態[11]，使具有週期運動的行走機器人能夠適合在人類生活和工作的環境中與人類協同工作，還可以代替人類在危險環境中高效地作業，以拓寬人類的活動空間。

（3）移動型機器人

移動型機器人可以自主行動，無需依賴於任何控制人員，其基本原理是對機器人進行編寫，使之能以某種方式對外界刺激做出反應。例如碰撞反應機器人，這種機器人有一個用來檢查障礙物的碰撞傳感器。當啓動機器人後，它大體上是沿一條直線曲折地行進，當它碰到障礙物時，衝擊力會作用在它的碰撞傳感器上。每次發生碰撞時機器人的程式會指示它後退，再向右轉，然後繼續前進。按照這種方法，機器人只要遇到障礙物就會改變它的方向。高級機器人會以更精巧的方式運用這些原理。

較為簡單的移動型機器人使用紅外或超音波傳感器來感知障礙物。這些傳感器的工作方式類似於動物的回聲定位系統，即機器人發出一個聲音訊號或一束紅外光線，並檢測訊號的反射情況，此時機器人會根據訊號反射所用的時間計算出它與障礙物之間的距離。

某些移動型機器人只能在它們熟悉的有限環境中工作。例如，割草機器人依靠埋在地下的界標確定草場的範圍；而用來清潔辦公室的機器人則需要建築物的地圖才能在不同的地點之間移動。

較高級的移動型機器人利用立體視覺來觀察周圍的世界。例如，攝影頭可以為機器人提供深度感知，而圖像識別軟體則使機器人有能力確定物體的位置，並辨認各種物體。機器人還可以使用麥克風和氣味傳感器來分析周圍的環境。較高級的機器人可以分析和適應不熟悉的環境，甚至能適應地形崎嶇的地區。這些機器人可以將特定的地形模式與特定的動作相關聯。例如，一個漫遊車機器人會利用它的視覺傳感器生成前方地面的地圖。如果地圖上顯示的是崎嶇不平的地形模式，機器人會知道它該走另一條道。這種系統對於在其他行星上工作的探索型機器人是非常有用的。

較高級移動型機器人有一套備選設計方案，該方案採用較為松散的結構，引入了隨機化因素。當機器人被卡住時，它會向各個方向移動附肢，直到它的動作產生效果為止。該機器人透過力傳感器和傳動裝置緊密合作完成任務，而不是由電腦透過程式指導一切，當它需要通過障礙物時不會當機立斷，而是不斷嘗試各種做法，直到繞過障礙物為止。

(4) 自製機器人

和專業機器人一樣，自製機器人的種類也是五花八門。例如機器人愛好者們製造出了非常精巧的行走機械，而另一些則為自己設計了家政機器人，還有一些愛好者熱衷於製造競技類機器人。家庭自製機器人也是一種正在迅速發展的文化，在網際網路上具有相當大的影響力。業餘機器人愛好者利用各種商業機器人工具、郵購的零件、玩具甚至老式錄像機組裝出他們自己的作品。自製競技類機器人或許算不上「真正的機器人」，因為它們通常沒有可重新編寫的電腦大腦，它們像是加強型遙控汽車。比較高級的競技類機器人是由電腦控制的，例如足球機器人在進行小型足球比賽時完全不需要人類輸入資訊。標準的機器人足球隊由幾個單獨的機器人組成，它們與一臺中央電腦進行通信，這臺電腦透過一部攝影機「觀察」整個球場，並根據顏色分辨足球、球門以及己方和對方的球員，電腦隨時都在處理此類資訊，並決定如何指揮它的球隊。機器人專家們製造出特定用途的機器人，但是，目前它們對完全不同的應用場景的適應能力並不是很強。

(5) 人工智慧機器人

人工智慧是機器人學中最令人興奮的領域，也是最有争議的，許多人都認為，機器人可以在裝配線上工作，但對於它是否可以具有智慧則存在分歧。就像「機器人」這個術語本身一樣，同樣很難對「人工智慧機器人」進行定義，終極的人工智慧將是對人類思維過程的再現，即一部具有人類智慧的人造機器。人工智慧包括學習任何知識的能力、推理能力、語言能力和形成自己的觀點的能力。目前機器人專家還遠遠無法實現這種水平的人工智慧，但他們已經在有限的人工智慧領域取得了很大進展[12]。如今，具有人工智慧的機器人已經可以模仿某些特定的智慧要素。

用人工智慧解決問題的執行過程很複雜，但基本原理卻非常簡單，因為電腦已經具備了在有限領域内解決問題的能力。首先，人工智慧機器人或電腦會透過傳感器或人工輸入的方式來收集關於某個情景的事實。然後，電腦將此資訊與已儲存的資訊進行比較，以確定它的含義。最後，電腦會根據收集來的資訊計算各種可能的動作，然後預測哪種動作的效果最好。當然，電腦只能解決其程式允許它解決的問題，它不具備一般意義上的分析能力，例如，棋類電腦。

某些現代機器人還具備有限的學習能力。學習型機器人能夠識別某種動作是否實現了所需的結果，機器人儲存此類資訊，當它下次遇到相同情景時，會嘗試做出可以成功應對的動作。同樣，現代電腦只能在非常有限的情景中做到這一點，因為它們無法像人類那樣收集所有類型的資訊。一些機器人可以透過模仿人類的動作進行學習，例如，日本機器人專家們向一部機器人演示舞蹈動作，讓它學會了跳舞。有些機器人具有人際交流能力，例如，麻省理工學院人工智慧實驗室曾製作機器人，它能識別人類的肢體語言和說話的音調，並做出相應的反應。

人工智慧的真正難題在於理解自然智慧的工作原理。開發人工智慧與製造人造心臟不同，科學家手中並沒有一個簡單而具體的模型可供參考。我們知道，大腦中含有上百億個神經元，我們的思考和學習是透過在不同的神經元之間建立電子連接來完成的。但是我們並不知道這些連接如何實現高級的推理，甚至對低層次操作的實現原理也並不了解。大腦神經網路似乎複雜得不可理解，因此，人工智慧在很大程度上還只是理論。科學家們針對人類學習和思考的原理提出假說，然後利用機器人來驗證他們的想法。正如機器人的物理設計是了解動物和人類解剖學的便利工具，對人工智慧的研究也有助於理解自然智慧的工作原理。對於某些機器人專家而言，這種見解是設計機器人的終極目標。而其他人則在幻想一個人類與智慧機器共同生活的世界，在這個世界裹，人類使用各種小型機器人來從事手工勞動、健康護理和通信。許多機器人專家預言，機器人的進化最終將使我們徹底成為半機器人，即與機器融合的人類。

2.2 工業機器人作業要求

由於工業機器人具有多功能特性及多自由度結構的複雜性，要求機器人在作業前需要進行運動規劃及控制以配合其完成作業[7]。例如串聯結構機器人，作業要求其具有多軸即時運動控制系統，該控制系統是機器人的核心部分，由它來處理複雜的環境目標等資訊[13]，並要求它結合機器人運動要求以規劃出機器手臂最佳的運動路徑，然後透過伺服驅動器來驅動各個關節電動機運轉，完成機器人的工作過程[14,15]。再者，良好的重複編寫和控制能力是工業機器人的基本作業要求，用以完成製造過程中的多種操作任務。

從理論觀點看，機器人運動規劃及機器人控制是工業機器人作業必不可少的基本要求[8,16]。

2.2.1 機器人路徑及運動規劃

機器人路徑及運動規劃主要包括路徑規劃[17]、機器人避障[18]、路徑及運動規劃仿真[19]、模組化機器人自建模及路徑規劃數學方法等[20]。

(1) 路徑規劃

路徑規劃在對機器人進行開發中具有重要作用，是機器人能夠進行自主決策的基礎。路徑規劃是機器人研究領域的一個重要分支，其任務是在一定性能指標的要求下，在機器人運動環境中尋找出一條從起始位置到目標位置的最優或次優無碰撞路徑[21]。

在環境完全未知的情況下，路徑規劃問題是機器人研究領域的難點，目前採用的方法主要有人工勢場法[22,23]、柵格法[24]、可視圖法、遺傳演算法、粒子群演算法及人工神經網路演算法等[25]，這些路徑規劃方案各有特點。雖然這些方法能夠在一定程度上解決問題，但也存在一些不足。例如，人工勢場法存在局部最優點，但不能保證路徑最優且有時無法到達目標點；柵格法在複雜的大面積環境中容易引起儲存容量的激增；可視圖法在路徑的搜索複雜性和搜索效率上存在不足；遺傳演算法搜索能力和收斂性較差；粒子群演算法易出現早熟、搜索速度慢的問題；人工神經網路演算法易陷入局部極小點，而且學習時間長，求解精確度低等。

儘管人們十分關注機器人的安全性問題，但路徑規劃的驗證仍然是一項十分有挑戰性的工作[26]。現實中的機器人要同時考慮很多因素，比如環境不確定性、測量元件誤差、執行元件誤差及演算法即時性等。目前，現有機器人融入了很多統計和機率的演算法，比如機器學習演算法、神經網路演算法以及深度學習演算法等。

基於柵格環境建模和基於人工勢場法是針對非結構化環境及路徑規劃進行研究的方法[24]。這些方法需要建立環境建模模組，在非結構化環境中能夠簡單地生成規則的靜態障礙物和動態障礙物，在其位置座標均不知道的情況下可以進行兩種仿真。

① 使機器人漫遊一遍環境，用雷射雷達將環境中的靜態障礙物的位

置記錄下來並傳遞給環境建模模組。當機器人將整個環境漫遊一遍時，將數據庫中的數據調出來與原來的全局地圖對比並更新，然後在基於人工勢場法中規劃路徑，以取得較好的效果。

② 使機器人直接局部建模，即邊運動邊規劃路徑，當機器人將雷射雷達和超音波傳感器測試的數據傳遞給建模模組時，根據柵格法進行局部環境建模，然後再進行路徑規劃。

路徑規劃是對高級機器人進行開發的前提，也是對其進行控制的基礎。根據環境資訊的已知程度不同，路徑規劃可以分為基於環境資訊已知的全局路徑規劃和基於環境資訊未知或局部已知的局部路徑規劃。

(2) 機器人避障

路徑規劃要解決的是機器人在環境中如何運動的問題，而機器人避障是指機器人遵循一定的性能要求，如最優路徑、用時最短及無碰撞等尋求最優路徑。因此，機器人在進行避障時常會遇到定位精確度問題、環境感官性問題以及避障演算法問題等[27,28]。

機器人避障包括利用多種傳感器[29]，如超音波傳感器、紅外傳感器及 RGBD（Red，Green，Blue，Depth Map）傳感器等感知外界環境。其中超音波傳感器成本低，但是無法在視覺上感知障礙物，並且測距精確度受環境溫度影響。RGBD 傳感器可以在視覺上形成對障礙物的感知性，但是具有一定的盲區，在動態環境下無法對障礙物進行有效避障。紅外傳感器反射光較弱，需要使用棱鏡並且成本較高。雷射雷達雖然獲取的外界環境資訊較多，但是成本較高。

(3) 模組化機器人運動規劃與運動能力

模組化機器人整體協調運動的實現，從控制角度分析可分為集中式和分佈式。集中式控制採用一個控制器協調機器人所有模組的關節轉動，即受控於中央大腦的規劃；分佈式控制中各個模組作為一個獨立個體，根據局部交互資訊自主規劃產生下一個動作。但無論是集中式還是分佈式，機器人的整體節律運動控制器歸根結底是一系列字符串表達式，表達式的形式和參數的設計選擇決定了機器人的運動模式[30]。所以從該角度出發，將模組化機器人整體協調運動自動規劃的關鍵技術劃分為以下三個層次。

① 控制器表達式設計與參數設計結合。基於機器人的形態特徵來建立模型，根據不同環境和任務人為設計控制器表達式和參數選擇規律，該過程稱為基於模型的運動規劃。例如，基於模型的鏈式構型開環形式，挖掘其多樣性的仿生運動模式，針對其閉環形式開展基於蛇形曲線的多

邊形滾動運動規劃和分析，最終得出該類構型的適應模組數量改變的、具有普適性的運動模型，得出其確定性表達式及參數設計規範。

② 控制器表達式設計與參數搜索結合。基於機器人的形態特徵來人為設定控制器表達式，但利用電腦對參數進行優化搜索，從而得出滿意的運動效果，該過程稱為基於參數搜索的運動能力進化。例如，可以建立基於粒子群演算法的參數搜索的模組化機器人運動能力進化框架，研究以運動速度為目標的運動進化、面向運動模式多樣性的運動進化以及多種構型的進化仿真。

③ 控制器表達式自動生成與參數搜索結合。基於給定的機器人形態使電腦自動分析生成其控制器表達式，並且透過運動進化獲取控制參數，該過程稱為機器人自建模運動能力進化。面向任意構型的自建模運動進化方法，基於機器人的拓撲連接關係，拓撲解析並自動生成任意構型的運動模型，制定任意構型運動控制器的設計規則和模組化運動關聯機制，基於遺傳演算法混合編碼參數優化的任意構型自建模運動能力進化，開展多種構型的自建模運動進化研究[31]。

對於模組化機器人，其運動規劃可以根據其模組組成構型的特點，借鑒相應的成熟的機器人關節規劃理論與技術，例如蛇形機器人、四足機器人及六足機器人等的步態與關節規劃方法。

對於多形態複雜結構機器人的運動規劃而言，常用的方法是基於機器人構型特點，基於運動學和動力學相關理論建立末端軌跡與關節空間之間的數學關係，然後規劃末端軌跡並將其映射到關節空間[32-34]。

對於模組化機器人的節律運動而言，核心技術為關節間的配合。從規劃的角度分析，即設計驅動函數及其參數。常用的驅動機器人進行節律運動的關節控制函數為諧波（正餘弦）函數、中樞模式產生器（Central Pattern Generator，CPG）、高斯函數以及其他可以用來產生節律訊號的函數。其中，中樞模式產生器是一種不需要傳感器反饋就能產生節律模式輸出的神經網路，有研究表明，即便缺少運動和傳感器反饋，CPG 仍能產生有節律的輸出並形成「節律運動模式」。

除以上關節驅動函數式方法外，也可以採用關節姿態法。該方法也常被應用於節律運動規劃，即透過分析機器人各個運動階段的整體姿態，計算關鍵姿態的關節角度，然後使用一些插值演算法來實現機器人的連續運動。對於鏈式或者混合式模組化機器人，其組成構型可以看成是一個超冗餘自由度關節型機器人，由於組成構型千變萬化，如何使機器人實現有效的協調運動是一個重要問題。

從控制和實現的角度分析，機器人運動過程中需要保證各個關節在某個時間點旋轉到設定的角度位置，或者根據整體的姿態即時動態地調整關節角度[8]。例如，機器人的關節電動機應跟隨規劃的角度函數進行運動，在實際應用中需要將各個關節的驅動函數進行離散化。

(4) 模組化機器人自建模

對於任意構型的模組化機器人，可以預設構型的運動關節和控制器參數，即確定哪些關節需要運動，並且確定控制參數間的關聯關係，以減少開放進化參數個數[35]。如果沒有預設或者難以預設，則需要對機器人控制器進行自建模，即確定自身的運動模型。對於節律運動而言就是自動分析和確定機器人構型的驅動關節、關節間的節律訊號關聯性等。

一些研究者對模組化可重構機器人的運動學及動力學自建模進行了研究，為機器人組成鏈式操作臂等需要處理末端笛卡兒爾空間到關節空間的映射和控制提供了便利。

研究者曾採用了一種分佈式控制器，各個控制器的參數調整方向是獨立的，從而實現了一種分佈式的形態不相關運動學習過程。為了提高機器人的進化速度，將先驗知識和關節關聯性定義為構型識別規則，透過拓撲分析可以實現機器人的自建模過程。研究人員曾定義了模組化機器人的肢體和驅動關節的識別規則，從而實現了對任意構型機器人的簡化 CPG 網路自建模，避免了人工設置進化參數。例如，將構型表達為一個無向圖，透過制定的規則識別出肢體和軀幹，並確定用來運動的關節。缺點是其規則不具有通用性，針對不同類型的機器人需要重新定義規則，並且沒有考慮功能子結構的控制器模型嵌入。

在機器人任意構型的運動控制器自建模方面，部分研究者已引入了拓撲解析和角色分類的研究方法，但是沒有考慮機器人同構子結構關節配置對機器人構型協調運動的作用，從而限制了機器人新型運動模式的湧現。

(5) 路徑及運動規劃仿真

對模組化機器人節律運動規劃與運動能力進化而言，有幾個關鍵問題需要解決，這也是路徑及運動規劃需要解決的重要問題[36]。

首先，傳統動力學仿真軟體無法適應模組化機器人構型多樣、自由度冗餘的特點，所以需要一個適應模組化機器人特徵的仿真軟體平臺，而且機器人運動能力進化涉及大量的運動仿真評價，因此要求軟體平臺具有較高的計算效率，從而大幅減少機器人運動進化的時間[37]。

其次，當前通用的模組化機器人仿真軟體平臺沒有出現，所以有必要針對固有樣機開發專用的進化仿真軟體平臺[38]。以運動控制器為核心的模組化機器人節律運動規劃及能力進化，目前存在一些待研究的問題。在人工規劃控制器方面，具有特定結構的模組化機器人構型可以歸納出運動模型，尤其是最常見的一類鏈式構型，尚且沒有統一的多模式運動規劃方法。在基於參數搜索的運動控制器設計方面，當前的研究皆以機器人運動性能為直接導向，搜索結果容易陷入局部最優，而且缺乏多模式運動發掘的研究。由於仿真結果與實際機器人之間存在著「現實鴻溝」(Reality Gap)，因此，對進化仿真得出的運動步態應進行有效性驗證。考慮到機器人構型與步態結果的多樣性，應建立虛擬仿真機器人與實際機器人的步態映射和同步控制機制，便於對進化步態進行快速執行和有效性驗證。

(6) 路徑規劃數學方法

為了保證機器人的末端沿給定的路徑從初始姿態均勻運動到期望姿態，需要計算出路徑上各點的位置以及在各個位置點上機器人所需要達到的姿態。空間運動規劃包括位置規劃及姿態規劃兩個概念[19]。

① 位置規劃　用於求取機器人在給定路徑上各點處的位置，主要包括直線運動和圓弧運動的位置規劃。

對於直線運動，假設起點位置為 P_1，目標位置為 P_2，則第 i 步的位置用式 (2-1) 表示。

$$P_i = P_1 + \alpha i \tag{2-1}$$

其中，P_i 為機器人在第 i 步時的位置；α 為每步的運動步長。

假設從起點位置 P_1 到目標位置 P_2 的直線運動規劃為 n 步，則步長為：

$$\alpha = (P_2 - P_1)/n \tag{2-2}$$

對於圓弧運動，如圖 2.1 所示，假設圓弧由 P_1、P_2 和 P_3 點構成，其位置記為：

$$P_1 = [x_1 \quad y_1 \quad z_1]^{\mathrm{T}}, P_2 = [x_2 \quad y_2 \quad z_2]^{\mathrm{T}}, P_3 = [x_3 \quad y_3 \quad z_3]^{\mathrm{T}}$$

首先，確定圓弧運動的圓心。如圖 2.1 所示，圓心點為 3 個平面 Π_1、Π_2、Π_3 的交點。其中，Π_1 是由 P_1、P_2 和 P_3 點構成的平面，Π_2 是過直線 P_1P_2 的中點且與直線 P_1P_2 垂直的平面，Π_3 是過直線 P_2P_3 的中點且與直線 P_2P_3 垂直的平面。Π_1 平面的方程為：

$$A_1 x + B_1 y + C_1 z - D_1 = 0 \tag{2-3}$$

其中，

$$A_1=\begin{vmatrix} y_1 & z_1 & 1 \\ y_2 & z_2 & 1 \\ y_3 & z_3 & 1 \end{vmatrix}$$

$$B_1=-\begin{vmatrix} x_1 & z_1 & 1 \\ x_2 & z_2 & 1 \\ x_3 & z_3 & 1 \end{vmatrix}$$

$$C_1=\begin{vmatrix} x_1 & y_1 & 1 \\ x_2 & y_2 & 1 \\ x_3 & y_3 & 1 \end{vmatrix}$$

$$D_1=\begin{vmatrix} x_1 & y_1 & z_1 \\ x_2 & y_2 & z_2 \\ x_3 & y_3 & z_3 \end{vmatrix}$$

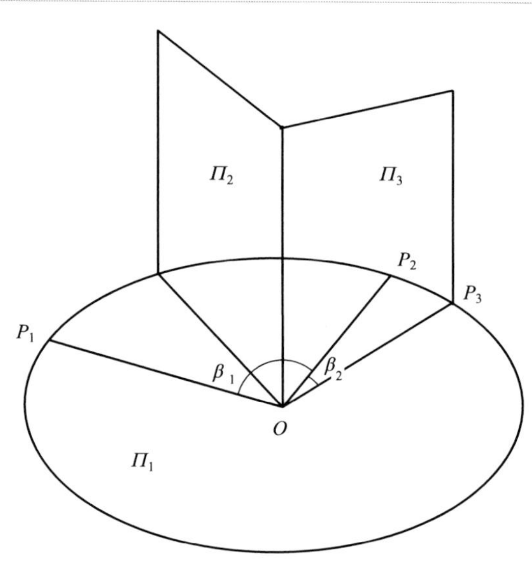

圖 2.1　圓弧運動圓心的求取

Π_2 平面的方程為：

$$A_2x+B_2y+C_2z-D_2=0 \tag{2-4}$$

其中，

$A_2=x_2-x_1$；$B_2=y_2-y_1$；$C_2=z_2-z_1$；

$D_2=\frac{1}{2}(x_2^2+y_2^2+z_2^2-x_1^2-y_1^2-z_1^2)$

Π_3 平面的方程為：

$$A_3x+B_3y+C_3z-D_3=0 \tag{2-5}$$

其中，

$$A_3=x_2-x_3;B_3=y_2-y_3;C_3=z_2-z_3;$$

$$D_3=\frac{1}{2}(x_2^2+y_2^2+z_2^2-x_3^2-y_3^2-z_3^2)$$

求解式(2-3)～式(2-5)，得到圓心點座標，見式(2-6)。

$$x_0=\frac{F_x}{E};y_0=\frac{F_y}{E};z_0=\frac{F_z}{E} \tag{2-6}$$

其中，

$$E=\begin{vmatrix}A_1 & B_1 & C_1\\ A_2 & B_2 & C_2\\ A_3 & B_3 & C_3\end{vmatrix};F_x=\begin{vmatrix}D_1 & B_1 & C_1\\ D_2 & B_2 & C_2\\ D_3 & B_3 & C_3\end{vmatrix};F_y=\begin{vmatrix}A_1 & D_1 & C_1\\ A_2 & D_2 & C_2\\ A_3 & D_3 & C_3\end{vmatrix};$$

$$F_z=\begin{vmatrix}A_1 & B_1 & D_1\\ A_2 & B_2 & D_2\\ A_3 & B_3 & D_3\end{vmatrix}$$

圓的半徑為：

$$R=\sqrt{(x_1-x_0)^2+(y_1-y_0)^2+(z_1-z_0)^2} \tag{2-7}$$

如圖 2.2(a) 所示，延長 P_1O 與圓交於 P_4 點。三角形 P_2OP_4 是等腰三角形，所以$\angle P_1P_4P_2=\frac{\angle P_1OP_2}{2}=\beta_1/2$。而三角形 $P_1P_4P_2$ 是直角三角形，所以 β_1 可以計算如下：

$$\sin\frac{\beta_1}{2}=\frac{P_1P_2}{2R}\Rightarrow\beta_1=2\arcsin\frac{\sqrt{(x_1-x_2)^2+(y_1-y_2)^2+(z_1-z_2)^2}}{2R} \tag{2-8}$$

同樣，β_2 可以由式(2-9)計算：

$$\sin\frac{\beta_2}{2}=\frac{P_2P_3}{2R}\Rightarrow\beta_2=2\arcsin\frac{\sqrt{(x_3-x_2)^2+(y_3-y_2)^2+(z_3-z_2)^2}}{2R} \tag{2-9}$$

參見圖 2.2 (b)，將 $\boldsymbol{OP}_i$ 沿方向 $\boldsymbol{OP}_1$ 和 $\boldsymbol{OP}_2$ 分解。

$$\boldsymbol{OP}_i=\boldsymbol{OP}'_1+\boldsymbol{OP}'_2 \tag{2-10}$$

$$\boldsymbol{OP}'_1=\frac{R\sin(\beta_1-\beta_i)}{\sin\beta_1}\frac{\boldsymbol{OP}_1}{|\boldsymbol{OP}_1|}=\frac{\sin(\beta_1-\beta_i)}{\sin\beta_1}\boldsymbol{OP}_1;\boldsymbol{OP}'_2=\frac{\sin\beta_i}{\sin\beta_1}\boldsymbol{OP}_2 \tag{2-11}$$

其中，β_i 為第 i 步的 $\boldsymbol{OP}_i$ 與 $\boldsymbol{OP}_1$ 的夾角，$\beta_i=(\beta_1/n_1)i$；n_1 是 P_1P_2 圓弧段的總步數。

於是，由式(2-10)和式(2-11)得到向量 $\boldsymbol{OP}_i$。

$$\boldsymbol{OP}_i=\frac{\sin(\beta_1-\beta_i)}{\sin\beta_1}\boldsymbol{OP}_1+\frac{\sin\beta_i}{\sin\beta_1}\boldsymbol{OP}_2=\lambda_1\boldsymbol{OP}_1+\delta_1\boldsymbol{OP}_2 \tag{2-12}$$

其中，$\lambda_1=\dfrac{\sin(\beta_1-\beta_i)}{\sin\beta_1}$； $\delta_1=\dfrac{\sin\beta_i}{\sin\beta_1}$

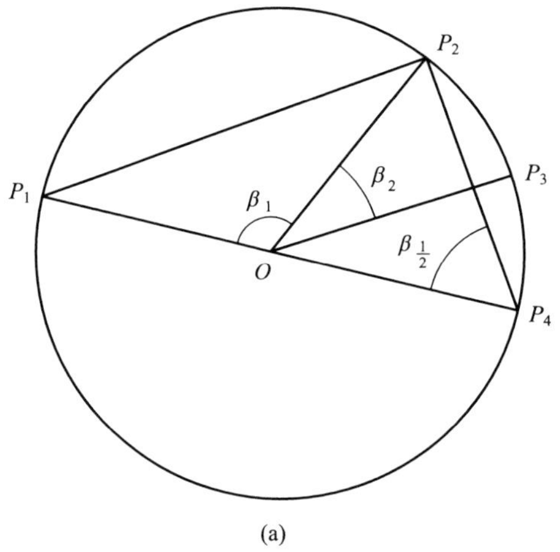

(a)

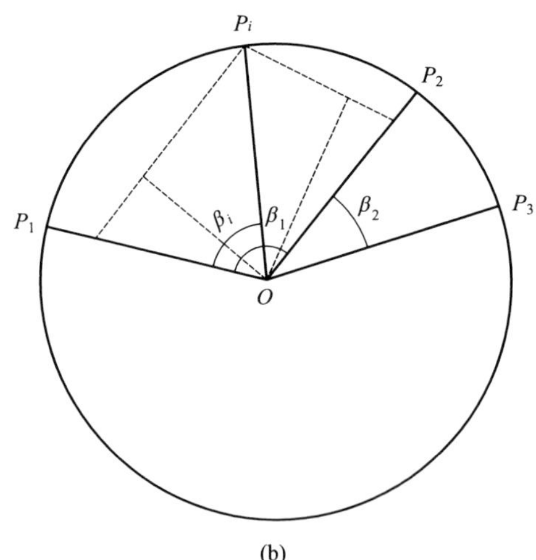

(b)

圖 2.2 圓心角的求取與圓弧規劃

P_1P_2 圓弧段的第 i 步的位置，由向量 $\boldsymbol{OP}_i$ 與圓心 O 的位置向量相加獲得。

$$P_i=\begin{bmatrix}x_i\\y_i\\z_i\end{bmatrix}=\begin{bmatrix}x_0+\lambda_1(x_1-x_0)+\delta_1(x_2-x_0)\\y_0+\lambda_1(y_1-y_0)+\delta_1(y_2-y_0)\\z_0+\lambda_1(z_1-z_0)+\delta_1(z_2-z_0)\end{bmatrix} \tag{2-13}$$

$$i=0,1,2,\cdots,n_1$$

同理，P_2P_3 圓弧段的第 j 步的位置，見式 (2-14)。

$$P_j=\begin{bmatrix}x_j\\y_j\\z_j\end{bmatrix}=\begin{bmatrix}x_0+\lambda_2(x_2-x_0)+\delta_2(x_3-x_0)\\y_0+\lambda_2(y_2-y_0)+\delta_2(y_3-y_0)\\z_0+\lambda_2(z_2-z_0)+\delta_2(z_3-z_0)\end{bmatrix} \tag{2-14}$$

$$j=0,1,2,\cdots,n_2$$

其中，

$$\lambda_2=\frac{\sin(\beta_2-\beta_j)}{\sin\beta_2};\delta_2=\frac{\sin\beta_j}{\sin\beta_2}$$

β_j 為第 j 步的 $\boldsymbol{OP}_j$ 與 $\boldsymbol{OP}_2$ 的夾角，$\beta_j=(\beta_2/n_2)j$；n_2 是 P_2P_3 圓弧段的總步數。

② 姿態規劃　假設機器人在起始位置的姿態為 $\boldsymbol{R}_1$，在目標位置的姿態為 $\boldsymbol{R}_2$，則機器人需要調整的姿態 $\boldsymbol{R}$ 為：

$$\boldsymbol{R}=\boldsymbol{R}_1^{\mathrm{T}}\boldsymbol{R}_2 \tag{2-15}$$

利用旋轉變換求取等效轉軸與轉角，進而求取機器人第 i 步相對於初始姿態的調整量。

$$\boldsymbol{R}_i=\mathrm{Rot}(\boldsymbol{f},\theta_i)$$

$$=\begin{bmatrix}f_xf_x\mathrm{vers}\theta_i+\cos\theta_i & f_yf_x\mathrm{vers}\theta_i-f_z\sin\theta_i & f_zf_x\mathrm{vers}\theta_i+f_y\sin\theta_i & 0\\f_xf_y\mathrm{vers}\theta_i+f_z\sin\theta_i & f_yf_y\mathrm{vers}\theta_i+\cos\theta_i & f_zf_y\mathrm{vers}\theta_i-f_x\sin\theta_i & 0\\f_xf_z\mathrm{vers}\theta_i-f_y\sin\theta_i & f_yf_z\mathrm{vers}\theta_i+f_x\sin\theta_i & f_zf_z\mathrm{vers}\theta_i+\cos\theta_i & 0\\0&0&0&1\end{bmatrix} \tag{2-16}$$

其中，$\boldsymbol{f}=[f_x\quad f_y\quad f_z]^{\mathrm{T}}$ 為旋轉變換的等效轉軸；θ_i 是第 i 步的轉角，$\theta_i=(\theta/m)i$；θ 是旋轉變換的等效轉角；m 是姿態調整的總步數。

在笛卡兒空間運動規劃中，可以將機器人第 i 步的位置與姿態相結合，得到機器人第 i 步的位置與姿態矩陣。

$$\boldsymbol{T}_i=\begin{bmatrix}\boldsymbol{R}_1\boldsymbol{R}_i & \boldsymbol{P}_i\\0&1\end{bmatrix} \tag{2-17}$$

2.2.2 機器人關節空間控制

機器人關節空間是機器人工作空間分析的重要問題，機器人關節空間控制包括對機器人誤差分析、機器人誤差補償方法及關節位置控制等[39]。

(1) 機器人誤差

機器人誤差有不同的分類方法，可以按照機器人誤差的來源和特性、按照機器人受影響的類型及按照工業機器人作業要求為主要因素等進行分類。

從誤差的來源看，機器人誤差主要是指機械零部件的製造誤差、整機裝配誤差、機器人安裝誤差，還包括溫度、負載等的作用使得機器人桿件產生的變形、傳動機構的誤差、控制系統的誤差，如插補誤差、伺服系統誤差、檢測元器件誤差等[14]。

根據機器人誤差特性，又可以將誤差分為確定性誤差、時變誤差和隨機性誤差三種。確定性誤差不隨時間變化，可以事先進行測量。時變誤差又可分為緩變和瞬變兩類，如因為溫度產生的熱變形隨時間變化很慢屬於緩變誤差，而運動軸相對於數控指令間存在的追蹤誤差取決於運動軸的動態特性[40]，並隨時間變化屬於瞬變誤差。隨機性誤差事先無法精確測量，只能利用統計學的方法進行估計，如外部環境振動就是一種十分典型的隨機性誤差。

按照機器人受影響的類型，可分為靜態誤差和動態誤差[41]。前者主要包括連桿尺寸變化、齒輪磨損、關節柔性以及連桿的彈性彎曲等引起的誤差，後者主要為振動引起的誤差。

(2) 機器人誤差補償方法

誤差補償是指人為地造出一種新的原始誤差去抵消當前成為問題的原有的原始誤差，並應盡量使兩者大小相等、方向相反，從而達到減少誤差，提高精確度的目的[42]。誤差補償是機器人設計的重要內容，是提高機器人技術參數水平的重要措施。

誤差補償技術是貫穿於每一設計細節的關鍵技術之一。對機器人設備及輔助器件主要是從兩方面來進行誤差補償：一是待測對象隨環境因素變化而變化，在不同測量條件下，待測量會有較大變化，因而影響測量結果；二是設備及器件自身的結構會隨環境條件變化而略有變形或表現出不同品質。一般而言，對於第一種情況可採用相對測量方法或建立恒定測量條件的方法予以解決，而對於第二種情況應在設計階段就仔細考慮設備及器件各組成零件隨環境變化的情況，進行反復選材，斟酌每一個細小結構。

在精密測量和控制中，誤差補償技術主要有三種形式：誤差分離技術、誤差修正技術和誤差抑制技術。

① 誤差分離技術。誤差分離技術的核心是將有用訊號與誤差訊號進行分離，它有兩種方式：基於訊號源變換和基於模型參數估計的誤差訊號分離。基於訊號源變換的誤差分離技術要建立誤差訊號與有用訊號的確定函數關係，然後再經相應訊號處理，進而達到將有用訊號與誤差訊號分離的目的。基於模型參數估計的誤差分離技術是在確切掌握了誤差作用規律並建立了相應數學模型後，對模型進行求解或估計。

誤差分離技術主要應用於圓度、圓柱度、導軌平行度及軸的迴轉等誤差。訊號測量中，多採用轉位法，即將測頭（或待測對象）放置在不同位置同時或分序對同一待測量進行反復測量，利用確定的位置關係和相同（或已知）的測量條件，根據多次的測量結果按照已經建立的誤差模型求解誤差訊號對測量結果影響值，進而達到將誤差訊號進行分離的目的。該方法可以較好地解決傳感器的漂移問題，當轉位數很大時有較好的誤差抑制作用。其缺點是需要進行多次（或多位）測量，當誤差訊號種類較多或不確定時，難以建立準確的誤差訊號變換模型，一般也不適合動態誤差補償。

② 誤差修正技術。誤差修正技術可分為基於修正量預先獲取和基於即時測量誤差修正技術，其核心是透過某種方式獲取誤差修正量，再從測量數據中消除誤差分量。

誤差修正技術主要應用於環境參數（如溫度等）對測量結果的影響以及傳感器非線性等情況下的誤差補償。一般利用已知的誤差量，經簡單換算或透過建立簡單的誤差參數模型直接對測量結果進行補償。該方法簡單實用，適合於誤差影響量已知或能透過測量誤差參數簡單計算得到的情況，能較好滿足電腦技術控制方向發展需要。缺點是必須事先測定誤差參數或能夠得到其影響量，且能夠補償的誤差參數較為單一。

③ 誤差抑制技術。誤差抑制技術是在掌握誤差作用規律的情況下，在測量系統中預先加入隨誤差源變量變化而自動調控的輸入輸出，從而達到使誤差被抵消或消除的目的。一般可分為直接抑制型和反饋抑制型。

誤差抑制技術主要應用於零位誤差補償，如工作檯的零位誤差、傳感器的零位漂移或閉區誤差處理。典型應用有雷射測長機的閉區誤差消除、定位工作檯的機械漂移的抑制等。其核心技術是在分析已獲得的誤差模型的基礎上，採用合理的機構或者電路設計使誤差抵消或消除，而不需要獲取誤差量或誤差修正量。

(3) 製造中誤差補償

機械加工中的誤差補償是指對出現的誤差採用修正、抵消、均化、「鈍化」等措施使誤差減小或消除。其誤差補償過程為：a. 反復檢測出現的誤差並分析，找出規律及影響誤差的主要因素，確定誤差項目；b. 進行誤差訊號的處理，去除干擾訊號，分離不需要的誤差訊號，找出工件加工誤差與在補償點的補償量之間的關係，建立相應的數學模型；c. 選擇或設計合適的誤差補償控制系統和執行機構，以便在補償點實現補償運動；d. 驗證誤差補償的效果，進行必要的調試，保證達到預期要求。

機械加工中誤差補償的類型，包括即時與非即時誤差補償、軟體與硬體誤差補償、單項與綜合誤差補償及單維與多維誤差補償等。

① 即時誤差補償（在線檢測誤差補償或動態誤差補償）。加工過程中，即時進行誤差檢測，並緊接著進行誤差補償，不僅可以補償系統誤差且可以補償隨機誤差。非即時誤差補償只能補償系統誤差。

② 軟體補償。軟體補償指電腦對所建立的數學模型進行運算後，發出運動指令，由數控伺服系統完成誤差補償動作[43]。軟體與硬體補償的區別是補償資訊是由軟體還是硬體產生的。軟體補償的動態性能好，機械結構簡單、經濟、工作方便可靠。

③ 綜合誤差補償是同時補償幾項誤差，比單項誤差補償要複雜，但效率高、效果好。

④ 多維誤差補償是在多座標上進行誤差補償，其難度和工作量較大，是近年來發展起來的誤差補償技術。

(4) 機器人關節位置控制模型

機器人的位置控制，著重研究如何控制機器人的各個關節使之到達指定位置，是機器人進行運動控制的基礎。以工業機器人為例，其位置控制可以分為關節空間的位置控制和笛卡兒空間的位置控制，關節空間的位置控制是常用的控制方式。

關節位置控制可以根據各個關節控制器是否關聯分為單關節位置控制和多關節位置控制。

① 單關節位置控制。所謂單關節控制器，是指不考慮關節之間相互

影響而根據一個關節獨立設計的控制器。在單關節控制器中，機器人的機械慣性影響常常被作為擾動項考慮。

a. 單關節位置控制原理。如圖 2.3 所示，該系統採用變頻器作為電動機的驅動器，構成三閉環控制系統。這三個閉環分別是位置環、速度環和電流環。

電流環常採用 PI 控制器進行控制，控制器的增益 K_{pp} 和 K_{pi} 透過變頻驅動器進行設定。速度環通常採用 PI 控制器進行控制，控制器的增益 K_{vp} 和 K_{vi} 透過變頻驅動器進行設定。速度環的調節器是一個帶有限幅的 PI 控制器。位置環常採用 PID 控制器、模糊控制器等進行控制[44]。

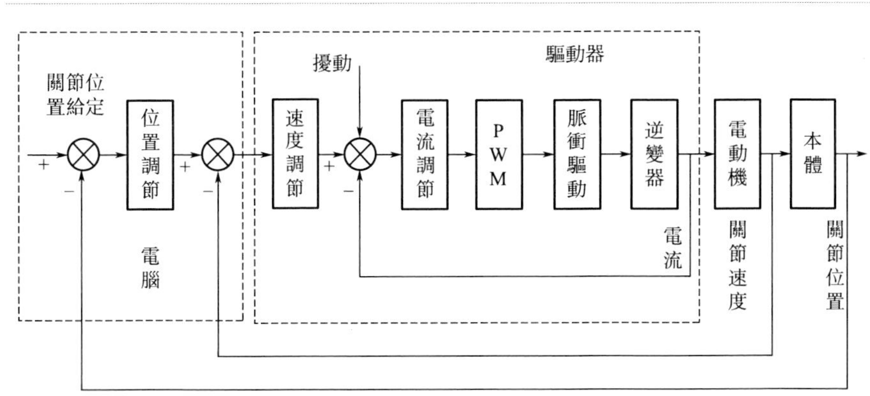

圖 2.3 單關節位置控制原理

• 電流環為控制系統內環，在變頻驅動器內部完成，其作用是透過對電動機電流的控制使電動機表現出期望的力矩特性。電流環的給定是速度調節器的輸出，反饋電流採樣在變頻驅動器內部完成。電流環的電流調節器一般具有限幅功能，限幅值可利用變頻驅動器進行設定。電流調節器的輸出作為脈寬調制器的控制電壓，用於產生 PWM 脈沖。PWM 脈沖的占空比與電流調節器的輸出電壓成正比。PWM 脈沖經過脈沖驅動電路控制逆變器的大功率開關元件的通斷，從而實現對電動機的控制。電流環的主要特點是慣性時間常數小，並具有明顯擾動。產生電流擾動的因素較多，例如負載的突然變化、關節位置的變化等因素都可導致關節力矩發生波動，從而導致電流波動。

• 速度環也是控制系統內環，它處在電流環之外、位置環之內。速度環在變頻驅動器內部完成，其作用是使電動機表現出期望的速度特性。速度環的給定是位置調節器的輸出，速度反饋可由安裝在電動機上的測速發電機提供，或者由旋轉編碼器提供。速度環的調節器輸出，是電流環的輸入。與電流環相比，速度環的主要特點是慣性時間常數較大，並具有一定的遲滯。

• 位置環是控制系統外環，其控制器由控制電腦實現，其作用是使電動機到達期望的位置。位置環的位置反饋由機器人本體關節上的位置變送器提供，常用的位置變送器包括旋轉編碼器、光柵尺等。位置環的調節器輸出，是速度環的輸入。為保證每次運動時關節位置的一致性，應設有關節絕對位置參考點。常用的方法包括兩種，一種是採用絕對位置碼盤檢測關節位置，另一種是採用相對位置碼盤和原位（即零點）相結合。對於後者，通常需要在工作之前尋找零點位置。對於串聯機構機器人，關節電動機一般需要採用抱閘裝置，以便在系統斷電後鎖住關節電動機，保持當前關節位置。

b. 直流電機傳遞函數。電動機及其調速技術發展非常迅速，向量調速的交流伺服系統已經比較成熟，這類系統具有良好的機械特性與調速特性，其調速性能已經能夠與直流調速相媲美[45,46]。從控制角度而言，電動機和驅動器作為控制系統中的被控對象，無論是交流還是直流調速，其作用和原理是類似的。由於向量調速的模型比較複雜，為便於理解，以直流電動機為例説明單關節位置控制系統的傳遞函數。當以電動機的電樞電壓為輸入，以電動機的角位移為輸出時，直流電動機的模型如圖 2.4 所示。

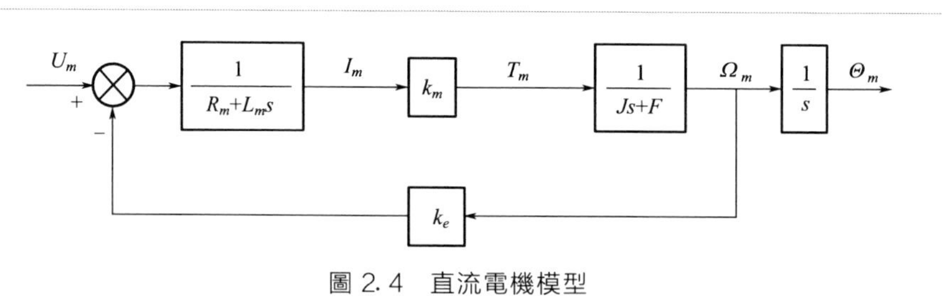

圖 2.4　直流電機模型

由圖 2.4，可以得到電樞電壓控制下直流電機的傳遞函數為：

$$\frac{\Theta_m(s)}{U_m(s)}=\frac{1}{s}\times\frac{k_m}{(R_m+L_m s)(F+Js)+k_m k_e} \tag{2-18}$$

其中，R_m 是電樞電阻；L_m 是電樞電感；k_m 是電流-力矩係數；J 是總轉動慣量；F 是總黏滯摩擦係數；k_e 是反電動勢係數；U_m 是電樞電壓；I_m 是電樞電流；T_m 是電動機力矩；Ω_m 是電動機角速度；Θ_m 是電動機的角位移。

在式(2-18)中，由於 F 很小，通常可以忽略，於是得到：

$$\frac{\Theta_m(s)}{U_m(s)}=\frac{1}{s}\times\frac{1/k_e}{\tau_m\tau_e s^2+\tau_m s+1} \tag{2-19}$$

其中，$\tau_m=\dfrac{R_m J}{k_e k_m}$是機電時間常數；$\tau_e=\dfrac{L_m}{R_m}$是電磁時間常數。

c. 位置閉環傳遞函數。對於直流電動機構成的位置控制調速系統，通常不採用電流環，而是採用由速度環和位置環構成的雙閉環系統。單關節位置控制如圖 2.5 所示。

• 驅動放大器可以看作是帶有比例係數、具有微小電磁慣性時間常數的一階慣性環節。在該電磁慣性時間常數很小，可以忽略不計的情況下，驅動放大器可以看作是比例環節。

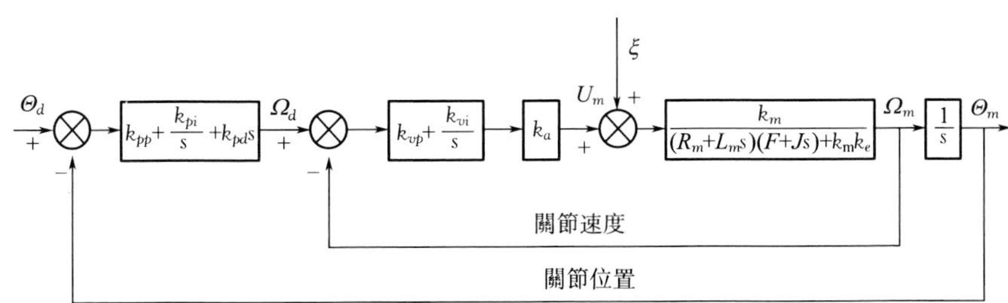

圖 2.5 單關節位置控制框圖

• 對於內環即速度環而言，被控對象是一個二階慣性環節。對於此類環節，透過調整 PI 控制器的參數 k_{vp} 和 k_{vi} 能夠保證速度環的穩定性，並可以比較容易地得到期望的速度特性。速度環的閉環傳遞函數見式 (2-20)。

$$\frac{\Omega_m(s)}{\Omega_d(s)}=\frac{k_a k_m(k_{vp}s+k_{vi})}{L_m J s^3+(L_m F+R_m J)s^2+(R_m F+k_m k_e+k_{vp}k_a k_m)s+k_{vi}k_m k_a} \tag{2-20}$$

在忽略黏滯摩擦係數 F 的情況下，式 (2-20) 可以改寫為式 (2-21)。

$$G_v(s)=\frac{\Omega_m(s)}{\Omega_d(s)}=\frac{k_{ae}(k_{vp}s+k_{vi})}{\tau_m\tau_e s^3+\tau_m s^2+(1+k_{vp}k_{ae})s+k_{vi}k_{ae}} \tag{2-21}$$

其中，$k_{ae}=\dfrac{k_a}{k_e}$。

當 PI 控制器的積分係數 k_{vi} 較小時，式(2-21)近似於二階慣性環節，能夠漸近穩定。當 PI 控制器的積分係數 k_{vi} 較大時，式(2-21)是帶有一個零點的三階環節，有可能不穩定。

• 對於外環即位置環，其被控對象是式(2-21)所示的環節。因此，在忽略黏滯摩擦係數 F 的情況下，根據式(2-21)可以得到位置閉環的傳遞函數。

$$G_p(s)=\frac{\Theta_m(s)}{\Theta_d(s)}=\frac{G_v(s)G_{cp}(s)G_i(s)}{1+G_v(s)G_{cp}(s)G_i(s)}$$

$$=[k_{pd}k_{vp}k_{ae}s^3+(k_{pd}k_{vi}+k_{pp}k_{vp})k_{ae}s^2+(k_{pp}k_{vi}+k_{pi}k_{vp})k_{ae}s+k_{pi}k_{vi}k_{ae}]/$$

$$\left\{\tau_m\tau_e s^5+\tau_m s^4+[1+(k_{pd}k_{vp}+k_{vp})k_{ae}]s^3+(k_{pd}k_{vi}+k_{pp}k_{vp}+k_{vi})k_{ae}s^2+\right.$$

$$\left.(k_{pp}k_{vi}+k_{pi}k_{vp})k_{ae}s+k_{pi}k_{vi}k_{ae}\right\} \tag{2-22}$$

其中，$G_{cp}(s)=k_{pp}+\frac{k_{pi}}{s}+k_{pd}s$ 是 PID 控制器的傳遞函數；$G_v(s)$ 是速度環的閉環傳遞函數，見式(2-21)；$G_i(s)$是關節速度到關節位置的積分環節。

d. 關節位置控制的穩定性。對於速度內環，其閉環特徵多項式為式(2-21)分母中的三階多項式。由勞斯判據可知，當式(2-23)成立時，速度內環穩定。

$$1+k_{vp}k_{ae}>\tau_e k_{vi}k_{ae} \tag{2-23}$$

可見，對於速度內環的 PI 控制器的參數 k_{vp} 和 k_{vi}，在選定 k_{vp} 的情況下，k_{vi} 應滿足式(2-24)，才能保證速度內環的穩定性。

$$k_{vi}<\frac{1+k_{vp}k_{ae}}{\tau_e k_{ae}} \tag{2-24}$$

另外，當 k_{vp} 較大時，系統會工作在欠阻尼振盪狀態。因此，需要根據系統的性能要求首先選擇合適的 k_{vp}，再參考式(2-24)的約束條件選擇 k_{vi}，使速度內環工作於臨界阻尼或者略微過阻尼狀態。

對於位置外環，其閉環特徵多項式為式(2-22)分母中的五階多項式。相應的勞斯表如下：

s^5 $\quad a_0=\tau_m\tau_e \qquad a_2=1+(k_{pd}k_{vp}+k_{vp})k_{ae}$

$\quad a_4=(k_{pp}k_{vi}+k_{pi}k_{vp})k_{ae}$

s^4 $\quad a_1=\tau_m \quad a_3=(k_{pd}k_{vi}+k_{pp}k_{vp}+k_{vi})k_{ae} \quad a_5=k_{pi}k_{vi}k_{ae}$

s^3 $\quad b_1=1+(k_{pd}k_{vp}+k_{vp})k_{ae}-(k_{pd}k_{vi}+k_{pp}k_{vp}+k_{vi})k_{ae}\tau_e$

$\quad b_2=(k_{pp}k_{vi}+k_{pi}k_{vp})k_{ae}-k_{pi}k_{vi}k_{ae}\tau_e$

$s^2 \quad c_1=\dfrac{b_1a_3-b_2a_1}{b_1} \qquad c_2=a_5$

$s^1 \quad d_1=\dfrac{c_1b_2-c_2b_1}{c_1} \qquad 0$

$s^0 \quad a_5$

特徵多項式的係數 $a_0 \sim a_5$ 大於 0，由勞斯判據可知，只有當 b_1、c_1、d_1 均大於 0 時，系統穩定。以 $b_1>0$、$c_1>0$、$d_1>0$ 為約束條件，合適地選擇 PID 控制器的參數，可以保證位置外環的穩定性[47,48]。

考慮 $\tau_e \ll \varepsilon$ 的情況，ε 是任意小的正數。在這種情況下，$b_1 \approx 1+(k_{pd}k_{vp}+k_{vp})k_{ae}>0$。又因 $k_{ae} \gg 1$，故 $b_1 \approx (k_{pd}k_{vp}+k_{vp})k_{ae}$。於是，約束條件 $c_1>0$ 變成式(2-25)所示的不定式：

$$(k_{pd}k_{vp}+k_{vp})(k_{pd}k_{vi}+k_{pp}k_{vp}+k_{vi})k_{ae}-(k_{pp}k_{vi}+k_{pi}k_{vp})\tau_m>0 \tag{2-25}$$

式(2-25)經過整理，得到一個關於 k_{pp} 的約束條件，見式(2-26)。

$$k_{pp}>\frac{k_{pi}k_{vp}\tau_m-(1+k_{pd})^2k_{vi}k_{vp}k_{ae}}{(1+k_{pd})k_{vp}^2k_{ae}-k_{vi}\tau_m} \tag{2-26}$$

一般地，k_{pd} 的數值較小，可以忽略不計。於是，在忽略式(2-26)中次要項的情況下，式(2-26)可以近似為式(2-27)。

$$k_{pp}>\frac{k_{pi}\tau_m/k_{vp}-k_{vi}k_{ae}/k_{vp}}{k_{ae}-k_{vi}\tau_m/k_{vp}^2}\approx-\frac{k_{vi}}{k_{vp}} \tag{2-27}$$

可見，只要 k_{pp} 取正值，式(2-27)約束條件就能夠滿足，即 $c_1>0$ 能夠滿足。

由約束條件 $d_1>0$，並將係數 $a_0 \sim a_5$ 代入，得到式(2-28)所示的約束條件。

$$a_2a_3a_4>a_1a_4^2+a_2^2a_5 \tag{2-28}$$

這樣，PID 控制器的參數只要能夠使式(2-28)成立，系統就能夠穩定。透過選擇合適 PID 控制器的三個參數，式(2-28)約束條件容易滿足。

e. 關節位置控制演算法。由穩定性分析可知，透過合理選擇 PID 或 PI 控制器的參數，能夠保證上述單關節位置控制系統是穩定的[44]。但是，對於串聯式機器人的旋轉關節，隨著關節位置的變化，關節電動機的負載會由於受重力影響而發生變化，同時機構的機械慣性也會發生變化。固定參數的 PID 或 PI 控制器，雖然對對象的參數變化具有一定的適應能力，但難以保證控制系統動態響應品質的一致性，會影響控制系統的性能。顯然，重力矩和機械慣性是關節位置的函數，在某些特定條件下這種函數是可建模的。因此，可以根據關節位置的不同，採用不同的控制器參數，構成變參數 PID 或 PI 控制器或者其他智慧控制器，以消除重力矩和機械慣性變化對控制系統性能的影響。

位置環的一種變參數模糊 PID 控制器，如圖 2.6 所示。它由速度前饋、模糊控制器、PID 控制器、濾波以及校正環節等構成。

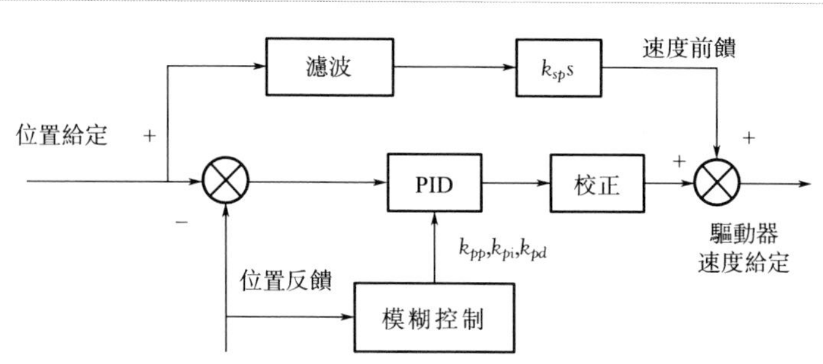

圖 2.6　位置環變參數模糊 PID 控制器框圖

• 由於位置變化會導致機器人本體重心的變化，從而使被控對象的參數發生變化，所以應該根據對象參數的變化調整 PID 控制器的參數。被控對象的參數變化是位置的函數，所以，可以利用位置的實際測量值作為模糊控制器的輸入，按照一定的模糊控制規則導出 PID 控制器參數 k_{pp}、k_{pi}、k_{pd} 的修正量。PID 控制器的參數以設定值為主分量，以模糊控制器產生的 k_{pp}、k_{pi}、k_{pd} 參數修正量為次要分量，兩者相加構成 PID 控制器的參數當前值。PID 控制器以給定位置與實際位置的偏差作為輸入，利用 PID 控制器的當前參數值，經過運算產生位置環的速度輸出。

• 速度前饋通道中的濾波器，用於對位置給定訊號濾波。該濾波器是一個高阻濾波器，只濾除高頻分量，保留中頻和低頻分量。位置給定訊號經過濾波後，再經過微分並乘以一個比例係數，作為速度前饋通道的速度輸出。

• 位置環的速度輸出和前饋通道的速度輸出，經過疊加後作為總的輸出，用作驅動器的速度給定。

• 校正環節用於改善系統的動態品質，需要根據對象和驅動器的模型進行設計。校正環節的設計[49]，也是控制系統設計的一個關鍵問題。

f. 帶力矩閉環的關節位置控制。帶有力矩閉環的單關節位置控制系統，如圖 2.7 所示。該控制系統是一個三閉環控制系統，由位置環、力矩環和速度環構成。

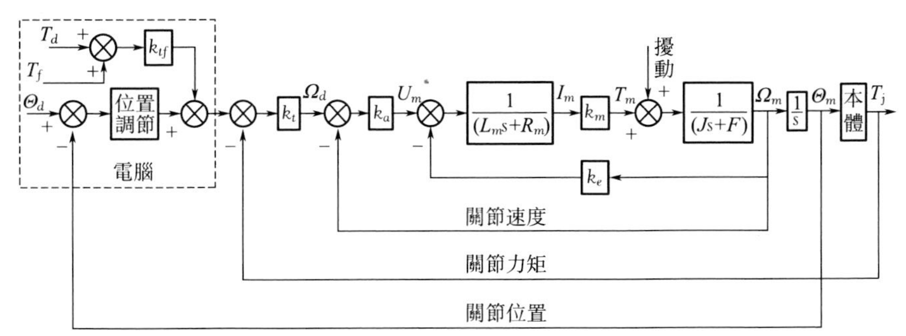

圖 2.7　帶有力矩閉環的單關節位置控制系統結構示意圖

• 速度環為控制系統內環，其作用是透過對電動機電壓的控制使電動機表現出期望的速度特性。速度環的給定是力矩環偏差經過放大後的輸出 Ω_d，速度環的反饋是關節角速度 Ω_m。Ω_d 與 Ω_m 的偏差作為電動機電壓驅動器的輸入，經過放大後成為電壓 U_m，其中 k_a 為比例係數。電動機在電壓 U_m 的作用下，以角速度 Ω_m 旋轉。$1/(R_m+L_m s)$ 為電動機的電磁慣性環節，其中 L_m 是電樞電感，R_m 是電樞電阻，I_m 是電樞電流。一般地，$L_m \ll R_m$，L_m 可以忽略不計，此時，環節 $1/(R_m+L_m s)$ 可以用比例環節 $1/R_m$ 代替。$1/(F+Js)$ 為電機的機電慣性環節，其中 J 是總轉動量，F 是總黏滯摩擦係數。k_m 是電流-力矩係數，即電機力矩 T_m 與電樞電流 I_m 之間的係數。另外，k_e 是反電動勢係數。

• 力矩環為控制系統內環，介於速度環和位置環之間，其作用是透過對電動機電壓的控制使電動機表現出期望的力矩特性。力矩環的給定由兩部分構成，一部分是位置環的位置調節器的輸出，另一部分由前饋力矩 T_f 和期望力矩 T_d 組成。力矩環的反饋是關節力矩 T_j。k_{tf} 是力矩前饋通道的比例係數，k_t 是力矩環的比例係數。給定力矩與反饋力矩 T_j 的偏差經過比例係數 k_t 放大後，作為速度環的給定 Ω_d。在關節到達期望位置，位置環調節器的輸出為 0 時，關節力矩 $T_j \approx k_{tf}(T_f+T_d)$。由於力矩環採用比例調節，所以穩態時關節力矩與期望力矩之間存在誤差。

• 位置環為控制系統外環，用於控制關節到達期望的位置。位置環的給定為期望的關節位置 Θ_d，反饋為關節位置 Θ_m。Θ_d 與 Θ_m 的偏差作為位置調節器的輸入，經過位置調節器運算後形成的輸出作為力矩環給定的一部分。位置調節器常採用 PID 或 PI 控制器，構成的位置閉環系統為無靜差系統。

② 多關節位置控制。所謂多關節控制器，是指考慮關節之間相互影響而對每一個關節分別設計的控制器[19]。在多關節控制器中，機器人的機械慣性影響常常被作為前饋項考慮。

串聯機構機器人的動力學模型見式(2-29)。

$$M_i=\sum_{j=1}^{n}D_{ij}\ddot{q}_j+I_{ai}\ddot{q}_i+\sum_{j=1}^{n}\sum_{k=1}^{j}D_{ijk}\dot{q}_j\dot{q}_k+D_i \tag{2-29}$$

其中，M_i 是第 i 關節的力矩；I_{ai} 是連桿 i 傳動裝置的轉動慣量；$\dot{q}_j$ 為關節 j 的速度；$\ddot{q}_j$ 為關節 i 的加速度；$D_{ij}=\sum_{p=\max i,j}^{j}\mathrm{Trace}\left(\frac{\partial T_P}{\partial q_j}I_p\frac{\partial T_p^{\mathrm{T}}}{\partial q_i}\right)$，是機器人各個關節的慣量項；$D_{ijk}=\sum_{p=\max i,j,k}^{n}\mathrm{Trace}\left(\frac{\partial^2 T_P}{\partial q_k\partial q_j}I_p\frac{\partial T_p^{\mathrm{T}}}{\partial q_i}\right)$，是向心加速度係數/哥氏向心加速度係數項；$D_i=-\sum_{p=i}^{n}m_p g^{\mathrm{T}}\frac{\partial T_p}{\partial q_i}p\bar{r}_p$，是重力項。

以該動力學模型為基礎，將其他關節對第 i 關節的影響作為前饋項引入位置控制器，構成第 i 關節的多關節控制系統，如圖 2.8 所示。

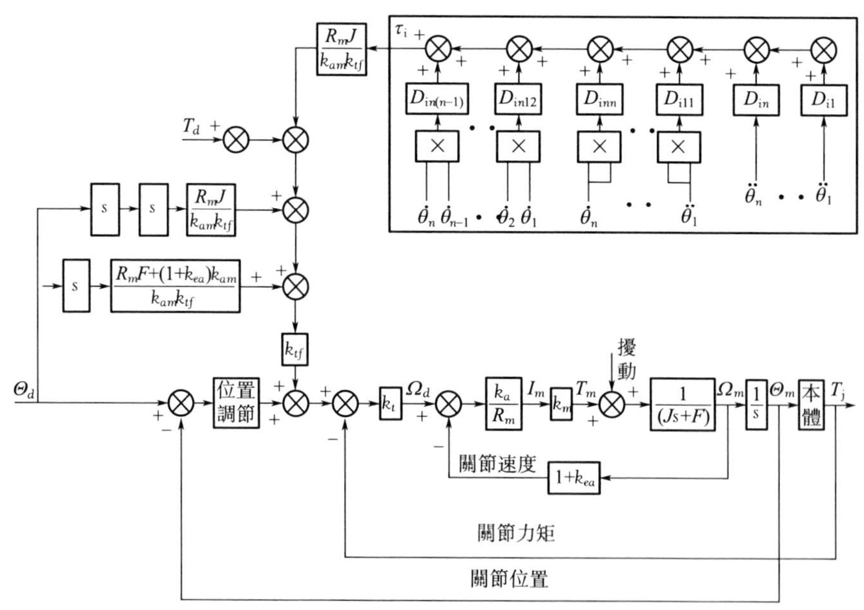

圖 2.8 帶有力矩閉環的多關節位置控制系統結構示意圖

圖 2.8 中考慮到前向通道中具有係數$(k_{tf}k_{am})/R_m$，為了使前饋力矩的量值在電動機模型的力矩位置處在合理的範圍，在力矩前饋通道中增加了比例環節$R_m/(k_{tf}k_{am})$。k_{am}是係數k_a與k_m的乘積，$k_{am}=k_ak_m$；k_{ea}是係數k_e與k_a之比，$k_{ea}=k_e/k_a$。

在忽略電動機電感係數L_m的前提下，由式(2-18)得到速度環的閉環傳遞函數，見式(2-30)。

$$\frac{\Omega_m(s)}{\Omega_d(s)}=\frac{k_{am}}{R_mJs+R_mF+(1+k_{ea})k_{am}} \tag{2-30}$$

顯然，如果速度期望值設定為式 (2-31)

$$\Omega_d(s)=\frac{R_mJs+R_mF+(1+k_{ea})k_{am}}{k_{am}}\Omega_{d1}(s) \tag{2-31}$$

則$\Omega_m(s)=\Omega_{d1}(s)$。此時，速度閉環對期望速度值$\Omega_{d1}$具有良好的跟隨特性。

由此可見，增加速度前饋項，有助於提高系統的動態響應性能。在圖 2.8 中，由位置給定經過微分得到期望速度值Ω_{d1}，利用式(2-31)構成速度前饋。另外，為了消除前饋通道中係數影響，在速度前饋環節的係數中除以k_{tf}。

2.2.3 機器人力控制

機器人的力控制就是電動機的轉矩控制，確定轉矩的扭力。如何控制機器人的各個關節使其末端表現出一定的力或力矩特性[50]，是利用機器人進行自動加工的基礎。

以工業機器人為例，其力控制可以分為關節空間的力控制、笛卡兒空間的力控制以及柔順控制等[51]。柔順控制是目前常用的控制方式，柔順控制又可以分為主動阻抗控制以及力和位置混合控制等。

阻抗控制主動柔順是指透過力與位置之間的動態關係實現的柔順控制。機器人與環境接觸時，力和位置的同步控制演算法通常比較煩瑣，運用阻抗控制方法的優勢在於它只需要建立估計模型，而模型不必太過精確。力位混合柔順控制是指分別組成位置控制回路和力控制回路，透過控制律的綜合實現的柔順控制。

阻抗控制主動柔順可以劃分為力反饋型阻抗控制、位置型阻抗控制和柔順型阻抗控制。力反饋型阻抗控制，是指將力傳感器測量到的力訊號引入位置控制系統，可以構成力反饋型阻抗控制。目前，已經有多種型號的六維力傳感器，用於測量機器人末端所受到的力和力矩。

位置型阻抗控制，是指機器人末端沒有受到外力作用時，透過位置與速度的協調而產生柔順性的控制方法。位置型阻抗控制，根據位置偏差和速度偏差產生笛卡兒空間的廣義控制力，轉換為關節空間的力或力矩後，控制機器人的運動。柔順型阻抗控制，是指機器人末端受到環境的外力作用時，透過位置與外力的協調而產生柔順性的控制方法。柔順型阻抗控制，根據環境外力、位置偏差和速度偏差產生笛卡兒空間的廣義控制力，轉換為關節空間的力或力矩後，控制機器人的運動。柔順型阻抗控制與位置型阻抗控制相比，只是在笛卡兒空間的廣義控制力中增加了環境力。

阻抗控制透過統一自由運動和約束運動略去了離線任務的規劃，實現了兩者間的轉化。該控制方式可以降低任務規劃量和即時計算量，且無需控制模式的轉換，比力位混合控制更實用。同時，阻抗控制可以把力和位置的控制歸納進同一體系之內，從而使系統擁有良好的柔順性。例如，工業機器人打磨管體螺紋作業時可以採用阻抗控制。該控制方式與機械式管螺紋磨削機的動力學規律原理類似，採用機器人進行螺紋磨削加工時，磨削管道每旋轉一轉，刀架沿軸向進給一個螺距長度，同時機器人末端的軸向與徑向也按照一定的比例進給。

2.2.4 機器人定位

機器人定位是在給定環境地圖的前提下確定機器人在環境中的位置，因此機器人定位問題又被叫做位姿估值問題或者位姿追蹤問題。定位問題一直是機器人研究領域的基礎和關鍵技術之一[52-54]。這裏主要討論機器人的定位能力和定位方法。

(1) 定位能力

機器人定位能力也是機器人最基本的感知能力，幾乎在所有涉及機器人運動或者抓取的任務中，都需要知道機器人距離目的地或者物體之間的位置資訊。機器人在環境中的位姿資訊通常無法直接被傳感器感知到或者測量到，因此機器人需要根據地圖資訊和機器人的傳感器數據來計算出機器人的位姿。實際上，機器人需要綜合之前的觀察才能確定其自身在當前環境中的位置，因為環境中通常存在著很多相似的區域，僅憑當前的觀察數據很難確定其具體的位置，這也是機器人定位問題中存在的歧義性。

機器人定位問題根據其先驗知識的不同可以分為位姿追蹤、全局定位及綁架問題等。位姿追蹤、全局定位及綁架問題是機器人定位能力的重要方面。

位姿追蹤指假設機器人在環境中的初始位姿已知或者大概已知。機器人開始運動時其真實位姿和估計位姿之間可能存在偏差，但是偏差通常比較小。這種偏差為位姿的不確定性，通常是單峰分佈函數，另外機器人在環境中運動的同時也需要不斷地更新自己的位姿，這類問題也叫做局部定位。

全局定位是指假設機器人在環境中的初始位姿未知，機器人有可能出現在環境中的任意位置，但是機器人自身並不知道。這種位姿的不確定性，通常是均勻分佈或者多峰分佈。全局定位通常比局部定位要困難。

綁架問題是指機器人全局定位的變種問題，比全局定位問題更複雜。其假設機器人一開始知道其在環境中的位姿，但是在其不知道的情況下被外界移動到另一個位姿。因為在全局問題中，機器人不知道其在環境中的位置，而在綁架問題中，機器人甚至不知道自己的位姿已經被改變，機器人需要自己感知到這一變化並能夠正確處理。

(2) 定位方法

目前，機器人的定位方法主要有基於自身攜帶加速度計、陀螺儀等傳感器的自定位法，透過雷射測距、超聲測距、圖像匹配的地圖定位法、基於視覺與聽覺的定位方法及網路環境平臺等[55]。

① 感知能力影響定位方法。在許多應用中只有機器人位置狀態已知的情況下，才能更有效地發揮監測功能。雖然機器人機動性能突出，但感知能力在某些環境下還存在一定的局限性，只有在適宜的環境下，傳感器節點纔可以根據目標傳感資訊，自動地感知目標即時位置，從而實現定位追蹤。例如，密歇根大學的學者將 WSNs（Wireless Sensor Networks）節點作為動態路標，組成局部定位系統以輔助機器人定位，該方法與自定位等傳統方法相比具有較好的定位精確度。國內學者為了提高機器人的定位精確度和穩定性，設計仿真了一種基於 EKF（Extended Kalman Filter）濾波演算法的定位方法，該演算法使得定位精確度大幅提高。透過使用異質傳感器資訊融合的粒子群定位演算法，不僅定位精確度得到了有效提高，也改善了定位的收斂速度。還有，針對觀測中多傳感器的資訊融合會產生噪聲誤差影響的問題，提出了一種 CKF（Cabature Kalman Filter）定位導航演算法，該演算法的有效性和可行性均高於傳統的 EKF 和 UKF（Unscented Kalman Filter）演算法，在 WSNs 環境下，利用極大似然估計函數求解 CKF 觀測矩陣的方法，同樣取得了較好的定位效果。

② 超音波定位及誤差分析。例如，基於超音波定位的智慧跟隨小車，利用超音波定位和紅外線避障，能夠對特定移動目標進行即時追蹤。該定位技術具有體積小、電路簡單及價格低等優勢，在小範圍定位方面得到越來越廣泛的應用。利用超音波定位技術和跟隨性技術，可以根據不同場合的追蹤要求設置小車的追蹤距離和追蹤速度等參數，以實現對運動目標的準確追蹤，但是機器人的載物能力以及透過障礙能力較弱。當跟隨機器人採用超音波和無線模組定位技術時，其機械結構設計巧妙，不但能夠準確定位承載能力較強的物體，而且具有無正方向及零轉彎半徑等特點。超音波測距是超音波定位的基礎，超音波測距時引起機器人不同距離下響應時間不同的因素有很多，一般可以歸結為如下三種主要誤差。

a. 超音波訊號強度在傳播過程中衰減和傳播速度變化。超音波訊號在傳播過程中，隨著檢測距離的增大，聲波訊號減弱、測距精確度降低。由於超音波在不同溫度中傳播速度有差異，導致超音波模組在計算距離時產生計算誤差。

b. 檢測電路靈敏度產生的誤差。由於檢測電路的靈敏度有限，會導致傳感器接收的訊號比實際傳送到處理器的訊號有一定滯後現象。超音波傳感器靈敏度過低，在很大程度上限制了檢測距離。由於判斷滯後會隨著聲波的強弱而變化，故這部分誤差是導致數據不穩定的主要來源。

c. 啓動計時和啓動超音波發射之間的偏差。例如，從手持設備同時發出無線訊號和超音波訊號，若計算中忽略了無線訊號在空氣中傳播的時間，則會由於忽略傳播時間而導致定位誤差，此誤差相對來說很小，可以忽略不計。

③ 網路環境平臺。為了使機器人的定位更加準確，通常需要建立網路環境平臺，如無線傳感器網路環境平臺。透過平臺可以實現機器人與周邊環境節點的資訊交互，從而使自身的定位更加準確。例如，在機器人機身上安裝閱讀器，使信標（Beacon）節點分佈在作業區域內，機器人對全局環境資訊的了解便透過機器人機身上節點對環境信標節點進行讀取來實現。

2.2.5 機器人導航

機器人導航是指機器人透過傳感器感知環境和自身狀態，實現在有障礙物的環境中面向目標的自主狀態。這裏僅簡單介紹機器人導航的目的、導航的基本任務及導航方式[6,56]等。

（1）導航的目的

機器人導航的目的就是讓機器人具備從當前位置移動到環境中某一目標位置的能力，並且在這過程中能夠保證機器人自身和周圍環境的安全性。其核心在於解決所處環境怎麼樣，當前所處的位置在哪裏，怎麼到達目的地等問題。

為了使機器人的導航行為能夠被接受，機器人導航行為應具備舒適性、自然性及社交性等特性[57]。舒適性是指機器人導航交互行為不會讓人感覺到驚擾或者緊張，舒適性包括機器人導航強調的安全性，但並不限於安全性。自然性是指機器人的導航交互行為能夠和人與人之間的交互行為相似，這種相似性體現在對機器人運動控制上，例如運動的加速度、速度及距離控制等因素。社交性是指機器人的導航行為能夠符合社交習慣，社交性從較高層次來要求機器人行為，例如避讓行人、排隊保持合適距離等。

機器人導航是機器人領域的一項基本研究，其重要意義在於在所處環境中能夠自主運動，是機器人能夠完成其他複雜任務的前提[58,59]。近幾十年來，隨著機器人技術和人工智慧技術的不斷發展以及整個社會對機器人日益成長的使用需求，學術界和工業界都投入大量的資源對機器人導航技術進行了深入研究和應用探索，使得機器人的導航技術日趨成熟[3,60]。

（2）導航的基本任務

機器人導航的基本任務主要包括地圖構建，定位及規劃控制等。地圖構建是指機器人能夠感知環境資訊、收集環境資訊及處理環境資訊，進而獲取外部環境在機器人內部的模型表示，即地圖構建功能。定位是指機器人在其運動的過程中能夠透過對周圍的環境進行感知及識別環境特徵，並根據已有的環境模型確定其在環境中的位置，即定位功能。規劃控制是指機器人需要根據環境資訊規劃出可行的路徑，並根據規劃結果驅動執行機構來執行控制指令直至到達目標位置，即規劃控制功能。

要實現機器人導航基本任務，必須有配置資訊、伺服器維護資訊及運行資訊等支撐[58]。當機器人執行任務時，其運行所需的配置資訊應集中存放在機器人伺服器上，機器人運行時需要從伺服器獲取最新的資訊。伺服器維護資訊主要分為運行資訊、配置資訊及交互資訊等。通常，運行資訊必須包括機器人當前的位置、任務狀態和硬體狀態。配置資訊主要包括地理及地圖資訊。交互資訊則主要包括使用者交互時的文本資訊及語音資訊等。

(3) 導航方式

機器人導航方式主要包括電磁導航、光電導航、磁帶導航、雷射導航及檢測光柵導航等。

① 電磁導航是較為傳統的導引方式之一，電磁導航是在 AGV（Automated Guided Vehicle）的行駛路徑上埋設金屬線，並給金屬線加載導引頻率，透過對導引頻率的識別來實現 AGV 的導引。特點是引線隱蔽，不易污染和破損，導引簡單可靠，對聲光無干擾及成本較低，但是電磁導航致命的缺點是路徑難以更改擴展，對複雜路徑的局限性大及電磁導航 AGV 線路埋設需要破壞等。電磁導航、光電導航及磁帶導航要求傳感器與被檢測金屬線（磁帶）的距離必須限制在一定範圍內，距離太大將會使傳感器無法檢測到訊號。

② 雷射導航是指利用雷射的不發散性對機器人所處的位置精確定位來指導機器人行走。雷射導航是伴隨雷射技術不斷成熟而發展起來的一種新興導航應用技術，適用於視線不良情況下的運行導航、野外勘測定向等工作，將它作為民用或軍用導航手段是十分可取的。在機器人領域，雷射雷達傳感器被用於幫助機器人完全自主地應對複雜、未知的環境，使機器人具備精細的環境感知能力。經過不斷的優化，雷射雷達傳感器目前已經基本實現了模組化和小型化。例如，雷射頭安裝在機器人頂部，每隔數十毫秒旋轉一周，發出經過調制的雷射。經調制的反射板的反射光被接收後，經過解調，就可以得到有效的訊號。透過雷射頭下部角度數據的編碼器，電腦可以及時讀入當時收到反射訊號時雷射器的旋轉速度。但在機器人的工作場所需預先安置具有一定間隔的反射板，其座標預先輸入電腦中。

另外，雷射導航有很高的水平度要求，否則會影響其精確度。

③ 檢測光柵導航工作原理是透過安全光幕發射紅外線，形成保護光幕，當光幕有物體透過導致紅外線被遮擋，裝置會發出遮光訊號，從而控制潛在危險設備停止工作或者報警，以避免安全事故的發生。檢測光柵導航可以實現機器人在凹凸不平路面上自動導航。

④ 其他導航，如利用顏色傳感器導航。顏色傳感器是透過將物體顏色同前面已經示教過的參考顏色進行比較來檢測顏色，當兩個顏色在一定的誤差範圍內相吻合時，輸出檢測結果。但顏色傳感器對檢測距離有一定的要求。

參考文獻

[1] 胡鴻，李岩，張進，等. 基於高頻穩態視覺誘發電位的仿人機器人導航[J]. 資訊與控制，2016，45(5)：513-520.

[2] 吳明陽. 機電系統 simulink 仿真[J]. 林業機械與木工設備，2005，33(6)：34-35.

[3] 鞠文龍. 基於結構光視覺的爬行式弧焊機器人控制系統設計[D]. 哈爾濱：哈爾濱工程大學，2014.

[4] 張唐爍. 輪式移動機器人慣性定位系統的研發[D]. 廣州：廣東工業大學，2014.

[5] 曾明如，徐小勇，羅浩，等. 多步長蟻群演算法的機器人路徑規劃研究[J]. 小型微型電腦系統，2016，37(2)：366-369.

[6] 謝偉楓. 自移動式機器人自主導航研究的新進展[J]. 江蘇科技資訊，2015，(6)：49-50.

[7] 陸冬平. 仿生四足-輪複合移動機構設計與多運動模式步態規劃研究[D]. 北京：中國科學技術大學，2015.

[8] 高焕兵. 帶電搶修作業機器人運動分析與控制方法研究[D]. 濟南：山東大學，2015.

[9] 蘇學滿，孫麗麗，楊明，等. 基於 matlab 的六自由度機器人運動特性分析[J]. 機械設計與製造，2013，(1)：78-80.

[10] 王戰中，楊長建，劉超穎，等. 基於 MATLAB 和 ADAMS 的六自由度機器人聯合仿真[J]. 製造業自動化，2013，(18)：30-33.

[11] 姜明浩，陳洋，李威凌. 基於動態運動基元的移動機器人路徑規劃[J]. 高技術通訊，2016，26(12)：997-1005.

[12] 譚民，王碩. 機器人技術研究進展[J]. 自動化學報，2013，39(7)：963-972.

[13] 向博，高丙團，張曉華，等. 非連續系統的 Simulink 仿真方法研究[J]. 系統仿真學報，2006，18(7)：1750-1754.

[14] 謝黎明，董建國. 數控機床進給系統伺服精確度的分析及 SIMULINK 仿真[J]. 機床與液壓，2007，35(4)：206-208.

[15] FNagata，S Yoshitake，A Otsuka，et al. Development of CAM system based on industrial robotic servo controller without using robot language [J]. Robotics and Computer-Integrated Manufacturing，2013，29(2)：454-462.

[16] 吳潮華. 多工業機器人基座標系標定及協同作業研究與實現[D]. 杭州：浙江大學，2015.

[17] 馬西良，朱華. 對瓦斯分佈區域避障的煤礦機器人路徑規劃方法[J]. 煤炭工程，2016，48(7)：107-110.

[18] 盧振利，謝亞飛，劉超，等. 基於幅值調整法的蛇形機器人避障研究[J]. 高技術通訊，2016，26(8-9)：761-766.

[19] 譚民，徐德，侯增廣，等. 先進機器人控制[M]. 北京：高等教育出版社，2007.

[20] 周冬冬，王國棟，肖聚亮，等. 新型模組化可重構機器人設計與運動學分析[J]. 工程設計學報，2016，23(1)：74-81.

[21] 王曉露. 模組化機器人協調運動規劃與運動能力進化研究[D]. 哈爾濱：哈爾濱工業大學，2016.

[22] 趙東輝，李偉莉. 改進人工勢場的機器人路徑規劃[J]. 機械設計與製造，2017，(7)：252-255.

[23] 仇恒坦，平雪良，高文研，等. 改進人工勢場法的移動機器人路徑規劃分析[J]. 機械設計與研究，2017，(4)：36-40.

[24] 劉曉磊，蔣林，金祖飛，等. 非結構化環境

中基於柵格法環境建模的移動機器人路徑規劃[J].機床與液壓，2016，44（17）：1-7.

[25] 吳挺，吳國魁，吳海彬. 6R 工業機器人運動學演算法的改進[J]. 機電工程，2013，30（7）：882-887.

[26] 成賢鍇，顧國剛，陳琦，等. 基於樣條插值演算法的工業機器人軌跡規劃研究[J]. 組合機床與自動化加工技術，2014，（11）：122-124.

[27] 嚴鋮，吳洪濤，申浩宇. 一種基於虛擬推力的冗餘度機器人避障演算法[J]. 機械設計與製造，2016，（11）：5-8.

[28] 楊麗紅，秦緒祥，蔡錦達，等. 工業機器人定位精確度標定技術的研究[J]. 控制工程，2013，20（4）：785-788.

[29] 李長勇，蔡駿，房愛青，等. 多傳感器融合的機器人導航演算法研究[J]. 機械設計與製造，2017，（5）：238-240.

[30] 那奇. 四足機器人運動控制技術研究與實現[D]. 北京：北京理工大學，2015.

[31] D Tarapore， J B Mouret. Evolvability signatures of generative encodings： Beyond standard performance benchmarks [J]. Information Sciences， 2015， 313：43-61.

[32] 李林峰，馬蕾. 三次均勻 B 樣條在工業機器人軌跡規劃中的應用研究[J]. 科學技術與工程，2013，13（13）：3621-3625.

[33] 餘志龍，趙利軍，田建濤. 基於 simulink 的單鋼輪壓路機機架減振參數的分析[J]. 建築機械，2014，（8）：57-62.

[34] 馬睿，胡曉兵，殷國富，等. 六關節工業機器人最短時間軌跡優化[J]. 械設計與製造，2014，（4）：30-32.

[35] 蔡錦達，張劍皓，秦緒祥. 六軸工業機器人的參數辨識方法[J]. 控制工程，2013，20（5）：805-808.

[36] 陳雪. 二階串聯諧振系統 Matlab/Simulink 仿真[J]. 長春工業大學學報，2011，32（3）：243-246.

[37] 陳禮聰，柯建宏，代朝旭. 關節型機器人運動仿真平臺的研究[J]. 組合機床與自動化加工技術，2014，（2）：69-71.

[38] 溫錦華. 繢紗機器人及主控軟體研究[D]. 上海：東華大學，2015.

[39] 邾繼貴，鄒劍，林嘉睿. 面向測量的工業機器人定位誤差補償[J]. 光電子 · 雷射，2013，（4）：746-750.

[40] 劉濤. 層碼垛機器人結構設計及動態性能分析[D]. 蘭州：蘭州理工大學，2010.

[41] 侯士傑，李成剛，陳鵬. 工業機器人關節柔性特徵研究[J]. 機械與電子，2013，（2）：74-77.

[42] R Li， Y Zhao. Dynamic error compensation for industrial robot based on thermal effect model [J]. Measurement， 2016， 88：113-120.

[43] 沙豐永，高軍，李學偉，等. 基於 Simulink 的數控機床多慣量伺服進給系統的建模與仿真[J].機床與液壓，2015，43（24）：51-55.

[44] 付瑞玲，樂麗琴. MATLAB/Simulink 仿真在 PID 參數整定中的應用[J]. 現代顯示，2013，（6）：13-16.

[45] 張波，鄧則名. 直流調速系統的 SIMULINK 仿真[J]. 電子測試，2008，（6）：58-61.

[46] 尚麗，崔鳴，陳傑. Matlab/Simulink 仿真技術在雙閉環直流調速實驗教學中的應用[J]. 實驗室研究與探索，2011，30（1）：181-185.

[47] 高珏. Simulink 仿真在 PID 控制教學中的探索與設計[J]. 廣州化工，2013，41（20）：199-200.

[48] 張亞琴. 參數自調整的模糊二自由度 PID 控制的 SIMULINK 仿真[J]. 沈陽師範大學學報（自然科學版），2006，24（2）：170-172.

[49] H Giberti，S Cinquemani， S Ambrosetti. 5R 2dof parallel kinematic manipulator-A multidisciplinary test case in mechatronics [J]. Mechatronics， 2013， 23 （8）：949-959.

[50] 常同立，劉學哲，顧昕岑，等. 仿生四足機器人設計及運動學足端受力分析[J]. 電腦工

程，2017，43(4)：292-297.

[51] A G Dunning，N Tolou，J L Herder. A compact low-stiffness six degrees of freedom compliant precision stage[J]. Precision Engineering，2013，37 (2)：380-388.

[52] 張鳳，黃陸君，袁帥，等. NLOS 環境下基於 EKF 的移動機器人定位研究[J]. 控制工程，2015，22(1)：14-19.

[53] 劉洞波，劉國榮，喻妙華. 融合異質傳感資訊的機器人粒子濾波定位方法[J]. 電子測量與儀器學報，2011，25(1)：38-43.

[54] 鄧先瑞，聶雪媛，劉國平. WSNs 下移動機器人 HuberM-CKF 離散濾波定位[J]. 電腦應用研究，2016，33(6)：1839-1842.

[55] 王穎，張波. 傳感器網路中利用反演集合估計的機器人定位方法[J]. 電腦應用研究，2017，34(4)：1055-1059.

[56] 徐世保，李世成，梁慶華. 帶電檢修履帶式移動機器人導航系統設計與分析[J]. 機械設計與研究，2017，33(3)：26-34.

[57] 陳贏峰. 大規模複雜場景下室内服務機器人導航的研究[D]. 北京：中國科學技術大學，2017.

[58] 郝昕玉，姬長英. 農業機器人導航系統故障檢測模組的設計[J]. 安徽農業科學，2015，43(34)：334-336.

[59] 高健. 小型履帶式移動機器人遙自主導航控制技術研究[D]. 北京：北京理工大學，2015.

[60] 王宏健，李村，麼洪飛，等. 基於高斯混合容積卡爾曼濾波的 UUV 自主導航定位演算法[J]. 儀器儀表學報，2015，36(2)：254-261.

第3章

工業機器人
整合系統

工業機器人整合系統把工業機器人配套裝置、控制軟體及機器人配置設備等結合起來，綜合其各功能特點並整合為工程實用基礎，將有利於特定的工業自動化系統開發和工業機器人作業。

早期的機器人通常固定執行預先設定的動作來替代人工完成簡單的、機械的及重複的工作，這在流水線生產環境下有大規模的應用。然而，在機器人作業複雜、多機器人製造及隨機生產環境下，機器人及整個製造單位如何協調、高效運作成為重要的問題，對此需要對工業機器人整合系統進行研究。例如，透過具體的製造特徵以及不確定生產環境構建通用抽象模型，建立多機器人運動模型及衝突消解、仿真反饋與優化求解[1,43,44]等。

工業機器人整合系統的構建是一項複雜的工作，其工作量大、涉及的知識面很廣，需要多方面來共同完成，它面向客户，不斷地分析使用者的要求，並尋求和完善解決方案。隨著科學技術的發展及社會需求的變化，工業機器人整合系統將是不斷升級的過程。

當前機器人的發展趨勢是「開放式、模組化、標準化」。開放式機器人系統是指機器人系統對使用者開放，使用者可以根據自己的需求來設置甚至拓展其性能。這就要求機器人系統採用標準的系統和標準的開發語言，採用標準的總線結構，這樣纔可以改變傳統專用機器人語言並存並且相互之間不兼容的情況。本章將對工業機器人結構及配置進行較全面的描述及解析，以便為工業機器人的控制提供基礎。

3.1 工業機器人基本技術參數

人們經常提到「工業機器人」，從字面上來説不難理解，但是如果真正要使用、設計及研究它，必須首先了解其基本技術參數。

工業機器人結構和類型很多，從材料搬運到機器維護，從焊接到切割等[2,3]。世界各國已經開發了多種適用於應用的工業機器人產品[4]。人們需要做的是確定你想要機器人做什麼或者在結構和類型衆多的機器人中如何選擇合適的一款。此時，工業機器人的基本技術參數便起著決定性的作用。

3.1.1 機器人負載

機器人負載是指機器人在工作時能夠承受的最大載重。它一般用質量、力矩、慣性矩表示，還和運行速度和加速度大小、方向有關。要確定機器人負載，首先要知道機器人將要從事何工作，之後才是負載數值。

例如，一般規定將高速運行時所能抓取的工件重量作為承載能力指標。如果你需要將零件從一臺設備上搬至另外一處，就需要將零件的重量和機器人抓手的重量合併計算在負載內。

3.1.2 最大運動範圍

機器人的最大運動範圍是指機器人手臂或手部安裝點所能達到的所有空間區域，其形狀取決於機器人的自由度數和各運動關節的類型與配置。最大運動範圍或機器人工作空間通常用圖解法和解析法進行表示。

在設計或選擇機器人的時候，不單要關注機器人負載，還要關注其最大運動範圍，需要了解機器人要到達的最大距離。例如，每一個機器人製造公司都會給出機器人的運動範圍，使用者可以從中查閱是否符合其應用的需要。機器人的最大垂直運動範圍是指機器人腕部能夠到達的最低點（通常低於機器人的基座）與最高點之間的範圍。機器人的最大水平運動範圍是指機器人腕部能水平到達的最遠點與機器人基座中心線的距離。另外，還需要參考最大動作範圍（一般用運行角度表示）。規格不同的機器人最大運動範圍區別很大，而且對某些特定的應用存在限制。

3.1.3 自由度

機器人的自由度是指確定機器人手部空間位置和姿態所需要的獨立運動參數的數目，也就是機器人具有獨立座標軸運動的數目。機器人的自由度數一般等於關節數目。機器人常用的自由度數一般不超過 5～6 個，手指的開、合以及手指關節的自由度一般不包括在内。

機器人軸的數量決定了其自由度。如果只是進行一些簡單的應用，例如在傳送帶之間拾取-放置零件，那麼四軸的機器人就足夠了。如果機器人需要在一個狹小的空間内工作，而且機械臂需要扭曲-反轉，六軸或者七軸機器人是最好的選擇[5]。因此，軸的數量選擇通常取決於具體的應用。

需要注意的是，軸數多一點並不只為靈活性。事實上，如果機器人還用於其他的應用，可能需要更多的軸，「軸」到用時方恨少。但是軸多時也有缺點，例如，對於六軸機器人，如果只需要其中的四軸，但還必須為剩下的那兩個軸編寫。機器人說明書中，製造商傾向於用稍微有區別的名字為軸或者關節進行命名。一般來説，最靠近機器人基座的關節為 J1，接下來是 J2、J3、J4，以此類推，直到腕部。也有一些廠商則使用字母為軸命名。

3.1.4 精確度

機器人的精確度多指重複精確度。重複定位精確度指機器人重複到達某一目標位置的差異程度，或在相同的位置指令下，機器人連續重複若干次其位置的分散情況。重複精確度也是衡量一系列誤差值的密集程度，即重複度。

重複精確度的選擇取決於應用。通常來説，機器人可以達到 0.5mm 以內的精確度，甚至更高。例如，如果機器人是用於製造電路板，這就需要一臺超高重複精確度的機器人。如果所從事的應用精確度要求不高，那麼機器人的重複精確度也不必太高，以免產生不必要的費用。設計時，重複精確度在二維視圖中通常用「±」表示其數值。

3.1.5 速度

速度是指機器人在工作載荷條件下勻速運動過程中，其機械接口中心或工具中心點在單位時間內所移動的距離或轉動的角度。

速度對於不同的使用者需求也不同。通常它取決於工作完成需要的時間。規格表上通常只是給出最大速度，機器人能提供的速度為介於 0 和最大速度之間值。其單位通常為度/秒。一些機器人製造商還給出了最大加速度。

3.1.6 機器人重量

同其他設備相似，機器人重量也是設計者、應用者關注的一個重要參數。例如，如果工業機器人需要安裝在定制的工作檯甚至軌道上，就需要知道它的重量並設計相應的支撐。

3.1.7 制動和慣性力矩

為了在工作空間內確定精準和可重複的位置，機器人需要足夠量的制動和制動力矩。制動或制動力矩對於機器人的安全也至關重要，還應該關注各軸的允許力矩。例如，當應用需要一定的力矩去完成時，就應該檢查該軸的允許力矩能否滿足要求，否則機器人很可能會因為超負載而出現故障。

機器人製造商一般都會給出制動系統的相關資訊，某些機器人會給出所有軸的制動資訊，機器人特定部位的慣性力矩可以向製造商索取。

3.1.8 防護等級

防護等級取決於機器人的應用環境。通常是按照國際標準選擇實際應用所需的防護等級或者按照當地的規範選擇。一些製造商會根據機器人工作的環境不同而為同型號的機器人提供不同的防護等級。例如，機器人與食品相關的產品、實驗室儀器、醫療儀器一起工作或者處在易燃的環境中，其所需的防護等級各有不同。

3.1.9 機器人材料

工業機器人所用的金屬材料主要有不鏽鋼、鋁合金、鈦合金及鑄鐵等。常用材料包括：

(1) 碳素結構鋼和合金結構鋼

這類材料強度好，特別是合金結構鋼，其強度增大數倍，彈性模量 E 大，抗變形能力強，是應用最廣泛的材料。

(2) 鋁、鋁合金及其他輕合金材料

這類材料的共同特點是重量輕，彈性模量 E 並不大，但是材料密度 ρ 小，故 E/ρ 仍可與鋼材相比。有些稀貴鋁合金的品質得到了明顯的改善，例如添加鋰的鋁合金，彈性模量增加，E/ρ 增加。

(3) 纖維增強合金

這類合金如硼纖維增強鋁合金、石墨纖維增強鎂合金等，這種纖維增強金屬材料具有非常高的 E/ρ，但價格昂貴。

(4) 陶瓷

陶瓷材料具有良好的品質，但是脆性大，不易加工，日本已經試製了在小型高精確度機器人上使用陶瓷。

(5) 纖維增強複合材料

這類材料具有極好的 E/ρ，而且還具有十分突出的大阻尼的優點。傳統金屬材料不可能具有這麼大的阻尼，所以在高速機器人上應用複合材料的實例越來越多。

(6) 黏彈性大阻尼材料

增大機器人連桿件的阻尼是改善機器人動態特性的有效方法。目前有許多方法用來增加結構件材料的阻尼，其中最適合機器人用的一種方法是用黏彈性大阻尼材料對原構件進行約束層阻尼處理。

3.2 機器人機構建模

機器人機構建模主要從機器人建模影響因素、機器人本體設計、機器人桿件設計及機器人結構優化等方面進行[6-8]。

3.2.1 機器人建模影響因素

機器人機構建模是工業機器人系統設計的基礎。機器人機構建模時涉及機械結構、自由度數、驅動方式和傳動機構等方面，這些都會直接影響其系統運動和動力性能。對於簡單結構的機器人，機構建模時主要考慮其組成部件的結構特點，而對於複雜結構機器人，機構建模時不僅要考慮其組成部件的結構，還應考慮各部件位姿及協調運動能力等。

（1）機器人形態與模組結構

機構建模時機器人的形態是必須考慮的問題。機器人的形態是由具有一定結構特點的基本模組構成的，根據基本模組的外形與結構特點可以分為鏈式結構、晶格結構和混合結構。

鏈式結構的機器人具有較好的協調運動能力，多用來研究機器人的整體運動規劃和控制，但當模組間採用魔術貼方式連接時，不具有局部通信和連接方位判斷功能。例如，固接式模組機器人，其機器人模組間皆為機械式連接，每個模組僅具有一個轉動自由度。

晶格結構的機器人具有較好的空間位置填充能力，常用來研究機器人的重構路徑規劃。例如，1998 年日本人研製的三維晶格結構的自重構機器人，該機器人每個模組的空間位置改變是依靠其他模組的旋轉輔助，從而實現機器人空間結構的改變，該機器人具有三維重構能力時，模組位置的改變可以透過其他模組的伸縮輔助來實現。某些晶格式模組化機器人具有連續旋轉自由度，可以執行部分協調運動任務，也具有連續轉動自由度，其模組是由兩個可以相互轉動的半立方體組成，模組的連接採用卡扣式結構實現，另一些模組由兩個類似分子轉動自由度連接的立方體組成，在立方體之間採用一個旋轉自由度連接。具有類似 3D 單位的空間運動結構，可以藉助相鄰模組實現自身的空間位置變換。

混合結構的模組化自重構機器人兼具鏈式和晶格結構的特點，不僅具有較好的運動能力，而且重構運動下具有良好的空間位置填充能力。為了提高機器人模組化的運動能力，研究人員曾對混合結構的模組化做了一些有益的嘗試，證實可組裝成為多自由度機器人實現多關節機器人的整體協調運動，該模組混合了鏈式結構、晶格結構與移動式結構的功能特點。

(2) 建模工具

傳統工業機器人在組合分析、裝配、製造及維護的過程中，產品的設計改動量較大，開發週期長而導致開發成本增加。現在，工業機器人的開發，當運用建模工具時，可以把設計決策過程中相關的影響因素結合在一起，運用其演算法來確定可能的設計方案。透過建模能夠清楚表達設計需求，減少設計過程的重複，快速地排除設計過程中的不合理方案，提高設計效率，且能夠使得多模組化工業機器人進行形式化描述，易於電腦的操作和表達。

(3) 機器人全局與局部關係

工業機器人關節數量為機器人機構建模的關鍵問題之一。例如，串聯工業機器人的關節數量與工作載荷、運動及靈活性有重大關係[9]。其他因素，如穩定性、節能性、冗餘性、關節控制性能的要求、製造成本、品質、所需傳感器的複雜性等則可以作為輔助因素考慮[10]。在對關節數量與性能定性評價的基礎上設計機器人的結構，可以從理論上保證機器人的動態穩定性和負載能力。

需要說明，機器人的運動關節從機械機體上看是開鏈結構，相當於串聯結構。但是，當其檢測環節與機械本體同時工作時將會構成多自由度機構的閉鏈結構。因此，機器人機構自由度的計算既可以依據常用的機械原理公式，也可以參照並聯機器人[11,12] 自由度模型簡化後進行。

機器人機構建模除了需要滿足系統的技術性能外，還需要滿足經濟性要求，即必須在滿足機器人的預期技術指標的同時，考慮用材合理、製造安裝便捷、價格低廉以及可靠性高等問題。

從系統角度考慮，機器人機構建模時應同時考慮本體機械結構和控制系統的簡單性，機器人結構優化等[3,13]。當確定配置和分佈形式時，也需要考慮重要桿件設計的細節問題，例如，桿件在主平面內的幾何構型、桿件的相對彎曲方向等。

3.2.2 機器人本體設計

機器人本體結構是指機體結構和機械傳動系統，也是機器人的支承基礎和執行機構。

機器人本體由傳動部件、機身及行走機構、臂部、腕部及手部等部分組成。其主要特點如下：

① 開式運動鏈：結構剛度不高。為了便於加工以及安裝控制元器件，工業機器人本體設計常採用剛性桿件鉸接的結構。當剛性桿件與機體相連時，還需考慮整體布局與安裝定位。

② 相對機架：獨立驅動器，運動靈活。在設計機器人本體時，可以採用轉動提升結構，增大機器人工作的轉動空間。轉動提升結構内部應預留安裝空間及安裝孔，便於控制元器件、檢測系統、模組等的安裝及走線[14,15]。

③ 扭矩變化非常複雜：對剛度、間隙和運動精確度都有較高的要求。

④ 動力學參數（力、剛度、動態性能）都是隨位姿的變化而變化：易發生振動或出現其他不穩定現象[8,16]。為了運動穩定，機器人在工作過程中，機體重心的投影必須落在工作區域内，因為當重心靠近邊界時會使機器人的穩定性急劇降低，在此應設定重心投影到工作區域邊界的最小值，即獲得最佳穩定性能，可以透過對機器人工作範圍進行運動學仿真得到[17]。

為此，對機器人本體設計的基本要求是：

① 自重小：改善機器人操作的動態性能。機器人的機體使用高強度鋁合金為原料，以減輕機器人質量。

② 靜動態剛度高：提高定位精確度和追蹤精確度；增加機械系統設計的靈活性；減少定位時的超調量穩定時間；降低對控制系統的要求和系統造價[18,19]。

③ 固有頻率高：避開機器人的工作頻率，有利於系統的穩定。

機器人本體設計的兩個重要特性是機器人的剛度和機器人的柔順。

(1) 機器人的剛度

當機器人的末端遇到障礙不能到達期望的位置時，機器人的關節也不能到達期望的位置，關節位置的期望值與當前值之間存在偏差。可以認為，保證機器人的剛度，是為了達到期望的機器人末端位置和姿態，機器人所能夠表現的力或力矩的能力。

影響機器人末端端點剛度的因素，主要包括以下幾個方面：

① 連桿的撓性（Flexibility）：在連桿受力時，連桿彎曲變形的程度對末端的剛度具有重要影響。連桿撓性越高，機器人末端的剛度越低，反之，連桿撓性越低，機器人末端的剛度受連桿的影響越小。在連桿撓性較高時，機器人末端的剛度難以提高，末端能夠承受的力或力矩降低。因此，為了降低連桿撓性對機器人末端剛度的影響，在製造機器人時，通常將各個連桿的撓性設計得很低。

② 關節的機械形變：與連桿的撓性類似，在關節受力或力矩作用時，機械形變越大，機器人末端的剛度越低。為保證機器人末端具有一定的剛度，通常希望關節的機械形變越小越好。

③ 關節的剛度：類似於機器人的剛度，為了達到期望的關節位置，該關節所能夠表現的力或力矩的能力稱為關節的剛度。關節的剛度對機器人的剛度具有直接影響，如果關節剛度低，則機器人的剛度也低。

一般地，為了保證機器人能夠具有一定的負載能力，機器人的連桿撓性和關節機械形變都設計得很低。在這種情況下，機器人的剛度主要取決於其關節剛度。

(2) 機器人的柔順

所謂柔順，是指機器人的末端能夠對外力的變化作出相應的響應，表現為低剛度。在機器人剛度很強的情況下，對外力的變化響應很弱，缺乏柔順性。根據柔順性是否透過控制方法獲得，可以將柔順分為被動柔順和主動柔順。

被動柔順是指不需要對機器人進行專門的控制即具有的柔順能力，具有低的橫向剛度和旋轉剛度。被動柔順的柔順能力由機械裝置提供，只能用於特定的任務，響應速度快，成本低。

主動柔順是指透過對機器人進行專門的控制獲得的柔順能力。通常，主動柔順透過控制機器人各個關節的剛度，使機器人的末端表現出所需要的柔順性。例如，利用機器人進行鑽孔作業時，需要機器人沿鑽孔方向施加一定的力，而在其他方向不施加任何力。對於這種具有約束的任務，需要控制機器人在特定的方向上表現出柔順性[20]。主動柔順是透過控制機器人各個關節的剛度實現的。換言之，關節空間的力或力矩與機器人末端的力或力矩具有直接聯繫。通常，靜力和靜力矩可以用六維向量表示。

$$\boldsymbol{F}=[f_x \quad f_y \quad f_z \quad m_x \quad m_y \quad m_z]^{\mathrm{T}}$$

其中，$\boldsymbol{F}$ 為廣義力向量；$[f_x, f_y, f_z]$為靜力；$[m_x, m_y, m_z]$為靜

力矩。

3.2.3 機器人桿件設計

(1) 桿件參數確定原則

桿件包括機器人的肩、臂、肘及腕等。桿件是機器人的重要組成部分，也是機器人機械設計的關鍵之一。

一般來説桿件模組結構的剛度比強度更為重要，若模組結構輕、剛度大，則機器人重複定位精確度高，因此提高模組剛度非常重要。例如，手臂模組的懸臂盡量短，拉伸壓縮軸用實心軸，扭轉軸用空心軸，並控制其連接間隙；採用矩形截面的小臂結構設計，保障了更高的抗拉、抗扭、抗彎曲性能。

① 撓度變形計算。該項計算涉及的參數有負載、定位單位長度、材料彈性模量、材料截面慣性矩及撓度形變。應注意的是在計算靜態形變的撓度形變時，梁的自重產生的變形不能忽視，梁的自重按均布載荷計算。

實際應用中，因為機器人一直處於變速運動狀態，還必須考慮由加速、減速產生的慣性力所產生的形變，因為這種形變也直接影響機器人的運行精確度。

② 扭轉形變計算。當一根梁的一端固定，另一端施加一個繞軸扭矩後，將產生扭曲變形。實際中產生該形變的原因一般是負載偏心或有繞軸加速旋轉的物體存在。

桿件設計的要求可以歸納如下：

① 實現運動的要求。機器人應當具有實現轉動和平移運動的能力且要求能夠靈活轉向，末端件具備特定的運動和工作空間。

② 承載能力的要求。機器人的桿件能夠在運動過程中支撐機體及載荷的質量，必須具備與整機質量相適應的剛性和承載能力。

③ 結構實現和方便控制的要求。從結構設計的要求看，機器人的桿件不能過於複雜，桿件過多會導致結構龐大和傳動困難[21]。各關節可以分別由電動機、減速器和齒輪機構共同驅動，以便用簡單的結構獲得較大的工作空間和靈活度。

(2) 桿件驅動系統設計

桿件驅動系統在機器人中的作用相當於生物的肌肉。例如，它可以透過轉動關節來改變機器人的姿態。驅動系統必須擁有足夠的功率對關節進行運動控制並帶動負載，而且自身必須輕便、經濟、精確、靈敏、可靠且便於維護[22]。桿件驅動系統設計內容包括電動機選擇、傳動設計、軸承選擇及桿件其他部分的設計。

① 電動機選擇。電動機尤其是伺服電動機已成為機器人最常用的驅動器。電動機控制性能好，且有較高的柔性和可靠性，適於高精確度、高性能機器人。由於電動機類型衆多，選擇電動機作為驅動器時應綜合考慮各影響因素。因此，為了滿足機器人作業的各項要求，其驅動電動機的選擇至關重要，它與機器人運動功能的實現、控制硬體的配置、電源能量的消耗、系統控制的效果都有很大關係。首先必須考慮電動機能夠提供負載所需的瞬時轉矩和轉速，從注重系統安全的角度出發，還要求電動機具備能夠克服峰值負載所需的功率。主要因素有以下幾點：

a. 質量和體積。在初擬設計方案時，機器人的總質量往往是預先設定的，而在機器人的總系統中，電動機及其附件的質量和體積所占比重較為突出，因而選擇體積小、質量輕的電動機，能夠有效達到減輕系統總質量、縮小系統總體積的目的。

b. 驅動功率。機器人在不同工況條件下工作時，各桿件的姿態不同，所需的驅動力矩也不同，需要具體問題具體分析、不同問題不同處理。因此，電動機的確定必須綜合考慮系統的傳動效率、安全係數以及所需最大驅動力矩等多項要求。

c. 轉速。工業機器人的運動速度在一定範圍內，且多數關節的轉速都是由高速轉動的電動機軸經過減速得到的，因此電動機必須有足夠的轉速調節範圍。

不同環境下機器人的受力狀況變化大且複雜，需要對其進行仔細分析和科學研究才能為機器人驅動器性能指標的合理確定提供依據，透過對機器人進行靜力學分析來初步估算機器人桿件穩定工作條件下的受力情況，並得到一些有價值的結論。從保證機器人機械結構設計的合理性出發，需要知道機器人在運動過程中桿件處於何種姿態時承受的負載力最大，每一個關節所需的驅動力矩有多少，需要多大的關節驅動力矩才能夠滿足機器人在複雜環境中的運動。

經分析與比較之後，選用電動機、減速器以及相應配套使用的編碼器和制動器。

② 傳動設計。機器人第一關節的驅動裝置為電動機連接的減速器，第一關節的轉動由減速器主軸的旋轉運動予以實現，而肩、臂、肘及腕關節的驅動裝置中除採用電動機連接減速器外還需要增加齒輪傳動等傳動裝置，即將經減速器主軸傳出的旋轉運動改變運動大小或方向，最終使運動輸出到桿件或機構上。根據機器人預期運動目標，對減速器和傳

動比進行設計或選擇，以實現機器人特性參數的要求。

③ 軸承選擇。機器人的運動是依賴於關節的正常工作來實現的，因此運動副的摩擦性能對機器人的工作性能影響很大。採用什麼樣的軸承，提供什麼樣的潤滑，如何保持良好的工作條件，這些都對機器人的正常運動起著非常重要的作用。不同結構的軸承具有不同的工作特性，不同使用場合和安裝部位對軸承結構和性能也有不同的要求。選擇軸承時，通常都是從軸承的有效空間、承載能力、速度特性、摩擦特性、調心性質、運轉精確度和疲勞壽命等方面進行綜合考慮。

軸承選擇時需重視下列因素：首先，由於機器人系統能量有限，如電動機連續轉矩的扭矩所限，在選取軸承時應考慮摩擦力矩、系統能耗對機器人工作效率的影響[23]。其次，機器人控制除了需要完成預定運動以外，還要求達到規定的定位精確度，但加工、製造、安裝及使用過程存在的種種偏差都會影響機器人各控制任務的精確執行。

影響機器人運動和姿態精確度的主要因素有：機器人的結構參數誤差，即各構件的尺寸誤差；關節磨損後出現間隙等引起的動態誤差；構件的彈性變形與熱變形；關節伺服定位誤差[24]。常用的誤差分析方法往往對關節軸承間隙、構件彈性變形等重視不足，經常會把構件抽象為剛體，把各種誤差都折算為結構誤差再進行總體補償，但這與機器人的實際情況差別較大。另外，軸承的旋轉精確度不僅要由各個相關零件本身而定，而且也由其運行的間隙而定。如果在軸承內圈與軸或軸承外圈與座孔之間存在過量間隙，即使高精確度軸承也不能保證位置精確度。因此，選取軸承時除了軸承本身的結構外，摩擦力矩和旋轉精確度是主要的衡量標準。

④ 桿件其他部分的設計。透過聯軸器連接電動機和齒輪傳動時，兩連接部件之間的間隙可以減小外力對電動機軸的軸向衝擊。透過安裝接觸傳感器，可以在近距離內獲取末端和對象物體空間相對關係的資訊，並檢測目標的位置和姿態，為機器人作業提供資訊[25]。

3.2.4 機器人結構優化

由於機器人機械結構複雜、關節多，因此需要對機器人結構進行優化。首先是對機器人進行架構設計，它是機器人主要作業及實現功能的前提。在機器人架構設計之後，對機器人機體及桿件本身進行結構優化，機體及桿件是實現機器人整體結構優化的基礎。其次是限定條件，如擴展末端的工作空間及增加桿件的靈活性等，這些是機器人整體結構優化的保障，由此形成了科學結構和尺度優化的兩個方面。這兩個方面為機器人的總體設計和運動規劃提供相對準確數據及理論依據。但是，限定條件越多，機器人結構優化的難度越大。

機器人結構優化方法很多，常用的有經驗優選法、實驗優選法及數學優選法等。經驗優選法即人工優選，是設計人員憑著多年設計經驗對方案進行優選，該方法適用於處理簡單的方案。實驗優選法是透過實驗來得到相應數據，再推導出最優解，隨之而來的是成本的升高。數學優選法則是用數學方法進行模型推理、分析、計算，得到一些定量的評價參數，方法本身比較複雜，但是使用起來卻最為方便，並且易於電腦表達。例如層次分析法，這種數學方法常用來對模組化工業機器人的架構設計進行方案優選。

目前海內外也根據機器人的機構學、運動學特性，利用數值分析方法和虛擬樣機技術等，對機器人的結構進行優化。

（1）架構設計

對於產品設計，尤其是複雜產品的設計，它的架構設計是產品生命週期中比較早期的活動，而此時難以取得關於需求及約束等方面的精確資訊。架構設計本身也較為複雜，需要結合不同方面及不同類型的知識，如性能、成本、環境、效率、數學、物理及經驗等。因此對於複雜的產品，必須採用恰當的模型來準確、有效地表達不同方面和類型的知識，更全面反映產品設計資訊，排除不合理方案，提高設計的效率。通常是透過機器功能、機器行為和機械載體這三方面來描述一個機械產品架構。所謂機器功能是指使用者能接觸了解到的機械產品的用途，即使用該產品的目的。機器行為是指機械產品要實現它的功能需要經歷的狀態。機械載體則指的是完成該機器行為的產品的直接零部件。

實現電腦架構設計的基礎是建立產品的形式化模型，為了適當地描述設計的方案、功能以及它們之間的複雜聯繫，必須選用合適的形式化語言。在架構設計階段，通常是採用圖和樹的形式對產品的屬性、功能、行為、需求、結構和約束等進行描述，它們都是藉助幾何圖形，透過功能方法樹、功能結構圖、域結構模型等來表達。由於電腦建模和人腦建模不同，電腦建模偏重於圖形和符號的處理以及計算推理過程，而人腦主要透過感官和視覺來建模，因此人腦和電腦的建模方式側重點是不同的。電腦在推理過程中會產生約束，由於作用對象不同也會導致約束類型不同。對於簡單系統，這些約束可能是一種、幾種或者不一定都存在，但是對於複雜系統有較多約束，這樣鮮明的區分具有重要的意義，既能全面地反映產品的設計資訊，提高設計效率，又能防止組合爆炸。

(2) 機構參數對機器人工作空間的影響

在進行工業機器人結構參數分析和優化設計時，可以把機器人視作是串聯式多關節機械，這時，運動末端件可達範圍即是機器人的工作空間，並作為衡量機器人運動能力的重要指標。由於機器人相當於串聯式多關節機械結構，因而求解的工作空間即相當於求解機器人末端參考點所能達到的空間點的集合。該集合代表了機器人運動的活動範圍，是機器人的優化設計和驅動控制需要考慮的重要方面。目前，機器人工作空間的求解方法主要有解析法、圖解法以及數值法。

解析法是透過多次包絡來確定工作空間邊界，雖然可以把工作空間的邊界用方程表示出來，但從工程的角度來說，其直觀性不強，十分煩瑣。

圖解法可以用來求解機器人的工作空間邊界，得到的往往是工作空間的各類剖截面或者截面線。這種方法直觀性強，但是也受到自由度數的限制，當關節數較多時必須進行分組處理。

數值法是以極值理論和優化方法為基礎對機器人工作空間進行計算。首先電腦器人工作空間邊界曲面上的特徵點，用這些點構成的線表示機器人的邊界曲線，用這些邊界曲線構成的面表示機器人的邊界曲面。隨著電腦的廣泛應用，對機器人工作空間的分析越來越傾向於數值方法，在電腦上用數值法電腦器人的工作空間，實質上就是隨機地選取盡可能多的獨立的不同各關節變量組合，再利用機器人的正向運動學方程計算出機器人末端桿件端點的座標值，這些座標值就形成了機器人的工作空間。座標值的數目越多，就越能反映機器人的實際工作空間，這種方法速度快、精確度高、應用簡便，且適用於任意形式的機器人結構，因而得到廣泛應用。

(3) 機構參數對機器人靈活度的影響

機器人的靈活性是保證其在選定點以勻速運動時，機構能在工作空間中自由地、大幅度地改變位姿。機器人靈活性可用靈活度作為評價目標，即採用機器人的靈活度作為目標函數，進行機器人靈活性分析和結構優化性驗證。

機器人機構參數的優化可以採用運動學正解法或虛擬樣機技術。運用機器人運動學正解法進行機器人機構參數優化，其過程非常複雜。虛擬樣機技術是建立機構模型進行運動仿真，能夠使分析過程簡便易行，國際上已出現多種虛擬樣機技術的商業軟體。

3.3 機器人總體結構類型

工業機器人按結構形式進行分類的方法很多。當按照工業機器人操作機的機械結構形式分類時，最常用的有直角座標機器人、圓柱座標機器人、球座標機器人及關節型機器人等。

3.3.1 直角座標機器人結構

直角座標機器人的空間運動是透過三個相互垂直的直線運動實現的，直角座標由三個相互正交的平移座標軸組成，各個座標軸運動獨立，如圖 3.1 所示。由於直線運動易於實現全閉環的位置控制，所以直角座標機器人有可能達到很高的位置精確度。但是，直角座標機器人的運動空間相對機器人的結構尺寸來講是比較小的[7,26]。因此，為了實現一定的運動空間，直角座標機器人的結構尺寸要比其他類型的機器人的結構尺寸大得多。直角座標機器人的工作空間為一空間長方體，該型式機器人主要有懸臂式、龍門式、天車式三種結構，主要用於裝配作業及搬運作業。

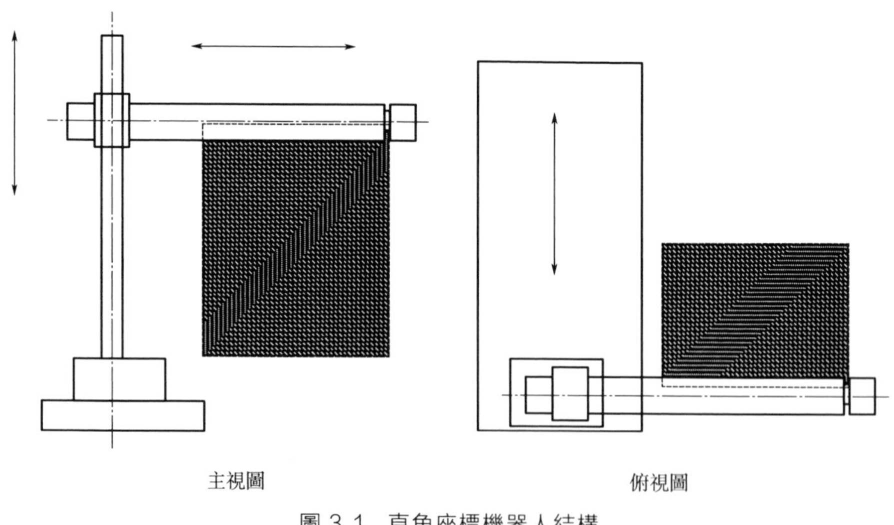

圖 3.1 直角座標機器人結構

例如，笛卡兒操作臂屬於直角座標機器人結構。笛卡兒操作臂很容易透過電腦控制實現，並容易達到高精確度。但是有妨礙工作的可能性，且占地面積大，運動速度低，密封性不好。

笛卡兒操作臂的應用：

① 焊接、搬運、上下料、包裝、碼垛、拆垛、檢測、探傷、分類、裝配、貼標、噴碼、打碼、噴塗、目標跟隨及排爆等一系列工作[27-30]。

② 特別適用於多品種、變批量的柔性化作業，對穩定提高產品品質，提高勞動生產率，改善勞動條件和產品的快速更新換代有著十分重要的作用。

3.3.2 圓柱座標機器人結構

圓柱座標機器人的空間運動是透過一個迴轉運動及兩個直線運動實現的，如圖 3.2 所示，其工作空間是一個圓柱狀的空間。圓柱座標機器人可以看作由立柱和一個安裝在立柱上的水平臂組成，其立柱安裝在迴轉機座上，水平臂可以自由伸縮，並可沿立柱上下移動，即該類機器人具有一個旋轉軸和兩個平移軸。這種機器人構造比較簡單，精確度較高，常用於搬運作業。

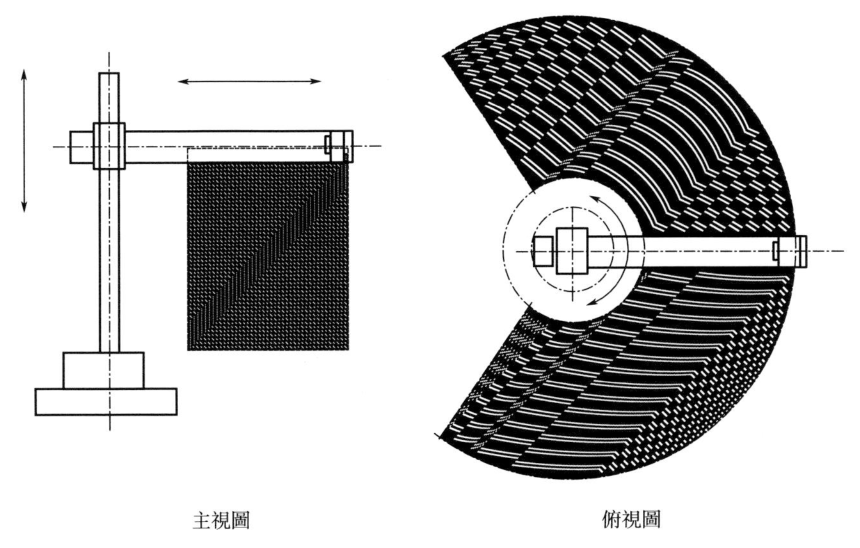

圖 3.2 圓柱座標機器人結構

例如圓柱面座標型操作臂。該操作臂的結構設計和計算均較簡單，其直線運動部分可採用液壓驅動，可以輸出較大的動力，能夠伸入型腔式機器內部。但是，其手臂可以到達的空間受限制，例如，不能到達近立柱或近地面的空間，直線驅動結構部分較難密封、需要防塵，工作時手臂的後端有碰到工作範圍內其他物體的可能。

3.3.3 球座標機器人結構

球座標機器人結構的空間運動是由兩個迴轉運動和一個直線運動實現的，其工作空間是一個類球形的空間，如圖 3.3 所示。這種機器人結構簡單、成本較低，但精確度不很高，主要應用於搬運作業。

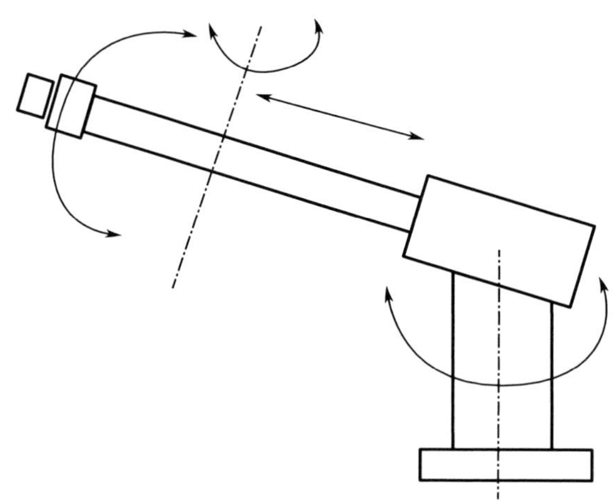

圖 3.3　球座標機器人結構

例如球面座標型操作臂。該操作機手臂具有兩個旋轉運動和一個直線運動關節，按球座標形式動作。該操作臂的中心支架附近工作範圍大，兩個轉動驅動裝置容易密封，覆蓋工作空間較大。但是該座標複雜，難以控制，且直線驅動裝置存在密封難的問題。

3.3.4 關節型機器人結構

關節即運動副，指允許機器人手臂各零件之間發生相對運動的機構。

關節型機器人結構的空間運動是由三個迴轉運動實現的，如圖 3.4 所示。關節型機器人結構，有水平關節型和垂直關節型兩種。關節型機器人動作靈活，結構緊湊，占地面積小。相對機器人本體尺寸，關節型機器人的工作空間比較大。此種機器人的工業應用十分廣泛，如焊接、噴漆、搬運及裝配等作業都廣泛採用這種類型的機器人。

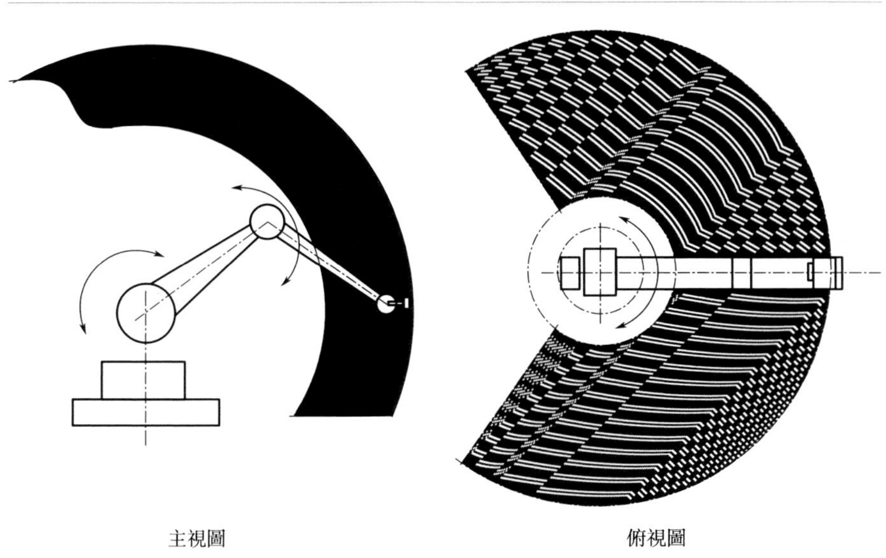

圖 3.4 關節型機器人結構

例如鉸鏈型操作臂。該機器人關節全都是旋轉的，類似於人的手臂，是工業機器人中最常見的結構。鉸鏈型操作臂的工作範圍較為複雜，常應用在多個領域：

① 汽車零配件、模具、鈑金件、塑膠製品、運動器材、玻璃製品、陶瓷、航空等的快速檢測及產品開發。

② 車身裝配、通用機械裝配等製造品質控制等的三座標測量及誤差檢測。

③ 古董、藝術品、雕塑、卡通人物造型、人像製品等的快速原型製作。

④ 汽車整車現場測量和檢測。

⑤ 人體形狀測量、骨骼等醫療器材製作、人體外形制作、醫學整容等。

3.3.5 其他結構

(1) 冗餘機構

冗餘機構通常用於增加結構的可靠性。空間定位需要六個自由度，七個自由度即冗餘機構利用附加的關節幫助機構避開奇異位形。如圖 3.5 所示為雙臂機器人樣機。

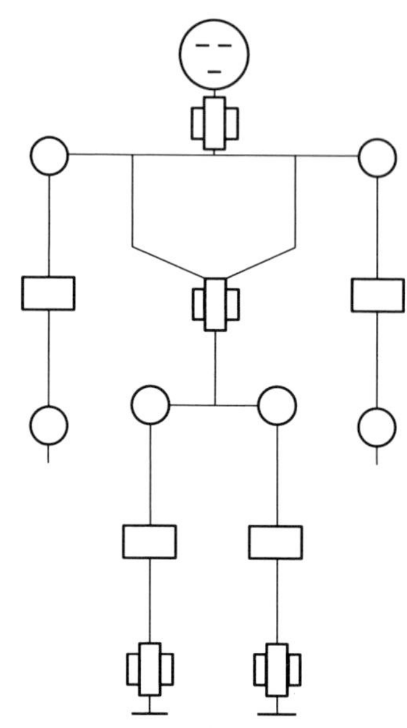

圖 3.5　雙臂機器人樣機

○—三個自由度；□— 一個自由度

雙臂機器人總共有 30 個自由度，其中單機械臂 7 個自由度，單腿 6 個自由度，腰關節 2 個自由度，頭部 2 個自由度。

在自由度配置時，採用 7 自由度冗餘機械臂以增加雙臂機器人運動可靠性和靈活性，提高迴避空間奇異位形和避障能力，雙臂機器人的兩手臂協調操作可擴展操作空間以及提高手臂抓取能力。手臂 7 個自由度均為旋轉自由度，採用串聯形式連接且相鄰兩個自由度相互垂直。每個旋轉關節包含直流電動機、編碼器和電動機驅動器等，此外，對於需要提供較高驅動力矩的關節採用諧波減速器、行星減速器和同步帶進行二級或三級減速傳動以增大關節驅動力矩。

(2) 閉環結構

閉環結構常用於提高機構剛度，但會減小關節的運動範圍，使工作空間減小。閉環結構可以用於下面情況：

① 運動模擬器。

② 並聯機床。

③ 微操作機器人。

④ 力傳感器。

⑤ 生物醫學工程中的細胞操作機器人、可實現細胞的注射和分割。

⑥ 微外科手術機器人。

⑦ 大型射電天文望遠鏡的姿態調整裝置。

⑧ 混聯裝備等。

3.4 機器人基本配置

機器人的分類或種類非常多，這與機器人基本配置密切相關。機器人配置主要是指機器人的末端件相對於機體的位置、方向及傳動方式的安排。對於許多機器人專家或製造機器人的人來說，較為精確地定義機器人時的依據往往是基本配置。

通常，機器人的基本配置是以現有基本模組和元件及其相互組合為基礎。使用這些基本模組和元件，機器人專家有多種方法可以將這些元素組合起來，從而製造出無限複雜的機器人。工業機器人也可以透過自製組裝、添加人工智慧元器件等得到應用。

從本質上講，機器人是由人類製造的「動物」，它們是模仿人類和動物行為的機器，也可以看作是模仿人類或動物器官的整合，動物器官便是動物的基本配置。從這一角度看，典型的機器人應該有一套可移動的身體結構、一部類似於電動機的裝置、一套傳感系統、一個電源和一個用來控制所有這些要素的電腦「大腦」。

3.4.1 工業機器人組合

這裏僅就模組化工業機器人的組合方法及組合模組構成原則等方面內容進行介紹。

(1) 模組化工業機器人的組合方法

模組化的方法和機器人技術結合在一起會產生另一個問題，即對於不同的任務會有不同組合裝配設計，且需要在所有可行的設計中選出優選排序[31,32]。目前，模組化工業機器人的組合方法主要有面向任務構型法和圖論法等。

① 面向任務構型法。面向任務的構型法主要是指基於機器人作業要求進行構型設計或組合。該方法對於作業要求少的情況，機器人構型方便。但當作業要求較多時，模組化機器人的構型空間大、難以針對任務具體構型設計且構型複雜，此時採用遺傳演算法和迭代演算法對機器人構型進行搜索並優化設計較為適宜。遺傳演算法的優點是可以滿足工作

空間的可達性、環境避障、線性誤差及角度誤差等要求。在遺傳演算法後，再運用迭代演算法對構型進行運動學逆解求解，計算出空間工作點的可達性適應度。

② 圖論法。圖論本身是應用數學的一部分，歷史上圖論曾經被好多位數學家各自獨立地建立過。例如，基於圖論，用關聯矩陣表達模組機器人的裝配關係，由這種對稱關係和圖形結合建立等價關係，並產生異構裝配的演算法。以圖論為基礎，在重構設計中，把動力學和力學分析整合到設計過程裏統籌考慮，增加了模組化機器人的優化程度，提高了設計效率。在圖論基礎上分析模組化機器人的裝配並生成樹圖，得到模組化機器人的詳細圖集。也有學者採用組合數學理論對模組化機器人組合裝配特性進行分析，他們把機器人的模組化單位劃分為三類，分別是擺動單位、旋轉單位及輔助單位，將這三類單位和組合數學理論結合在一起表達。

在現有的模組化機器人的設計組合方法中，面向任務法、圖論法或者其他的數學組合的方法，在研究中多偏重於機器人的運動學及力學性能分析，多側重於對機械臂等結構詳細構成的研究[33,34]。從面對不同的環境、任務指令能夠簡單地得出所需的機器人模型這一方面來說，優秀的構型只是一個功能實現的基礎。從宏觀角度來看，雖然已經顯露已有方法存在片面性，但是對於整個機器人產品生命週期這一條主線，快速的組合製造加工會使設計效率更高[35]。

(2) 工業機器人組合模組構成原則

在工業機器人設計中，採用組合模組化設計思路可以很好地解決產品品種、規格與設計製造週期和生產成本之間的矛盾。工業機器人的組合模組化設計為機器人產品快速更新換代，提高產品品質，維修方便及增強競爭力提供了條件[36,37]。隨著敏捷製造時代的到來，模組化設計會越來越顯示出其獨到的優越性。

工業機器人組合模組構成原則主要包括兩個方面。首先，組合模組在功能上和構造上是獨立單位；其次，必須滿足工業機器人每一個模組結構的基本要求。

1) 組合模組具有獨立單位結構　組合模組在功能上和構造上是獨立單位，意指該模組可以單獨或者與其他模組組合使用，以構成具有特定技術性能和控制方式的工業機器人。獨立單位模組在結構上可以分為機械模組、資訊檢測模組和控制模組。

① 機械模組。機械模組的功能是保證工業機器人具有一個或多個運動自由度的基本模組。機械模組一般包括操作機結構元件、配套傳動及

驅動裝置等，它們通常是構成機械模組的最小元件和零部件，並可以接通能源、資訊和控制的外部聯繫。

② 資訊檢測模組。資訊檢測模組通常由驅動機構、轉換機構、傳感器及與控制系統聯繫的各種配套組合裝置構成。該模組通常用於構成系統的閉環回路。

③ 控制模組。控制模組通常指在滿足模組組合原則基礎上構成的，用於不同等級控制的系統硬體及軟體變形的控制。

2）工業機器人模組結構的基本要求　基本要求包括：

① 保證結構上和功能上的獨立性。

② 保證設計的靜態和動態特性。

③ 具有在不同位置和組合下與其他模組構成的可能性。

④ 模組可以連接具有標準化特徵的各元件、管線及配套件。

⑤ 模組組裝單位的標準化，包括單獨單位、相近規格尺寸的組裝及不同類型組件之間的組裝等。

工業機器人組合模組構成原則的制定，對於專用工業機器人設計及構建柔性自動化工藝系統等具有重要的意義。依據組合模組構成原則，可以正確地組織工業機器人構成，確定操作機運動的自由度數目及傳動類型，選擇合適的傳感器及控制系統，以便於確保該工業機器人能夠順利完成特定的工藝功能。另外，依據該原則易於建立基於該機器人的技術綜合體，即柔性自動化工藝系統的柔性生產模組。還可以用來建造柔性輔助系統及搬運子系統，該方式便於實現自動化的管理，方便重新調整基本裝備及完成毛坯、零件及工具流的起重運輸及裝卸工作等。

3.4.2 工業機器人主要組合模組

工業機器人組合模組設計時，其重要步驟是研製標準化的結構模組和配套件。這方面的工作量很大並且任務繁雜，只有當標準化結構模組和配套件具有一定規模和數量以後，工業機器人組合模組設計才會顯現出特有的優勢。其中，標準化結構模組包括機械模組、資訊檢測模組、控制模組及其他通用模組等。配套件包括驅動裝置配件、傳感器配件、程式控制裝置配件、其他附屬配件及夾具配件等。下面僅分別介紹幾種典型工業機器人的相關模組。

圖 3.6 給出了工業機器人主要結構的組合模組。

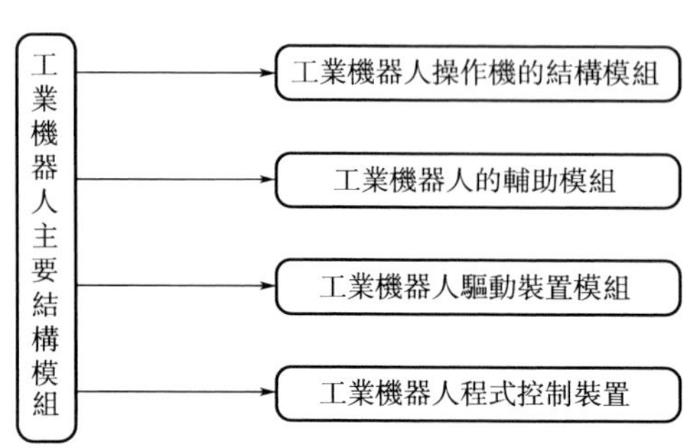

圖 3.6 工業機器人主要結構的組合模組

圖 3.6 中包括工業機器人操作機的結構模組、工業機器人的輔助模組、工業機器人驅動裝置模組及工業機器人程式控制裝置等。

圖 3.7 給出了工業機器人操作機的主要結構模組。

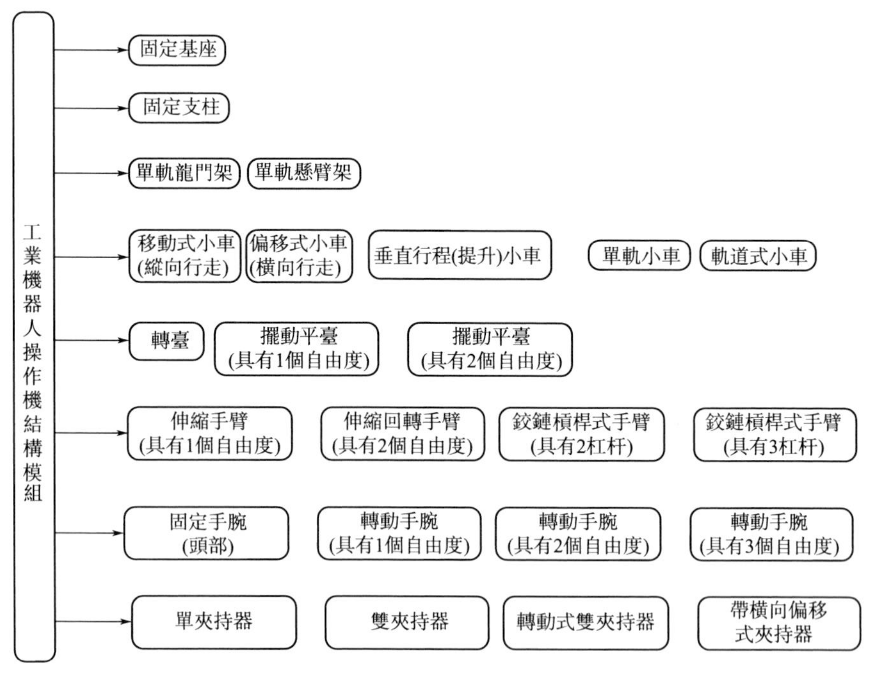

圖 3.7 工業機器人操作機主要結構模組

圖 3.7 中包括固定基座、固定支柱、單軌龍門架及單軌懸臂架；還包括多種小車、轉臺、手臂、手腕及夾持器等[38,39]。

圖 3.8 給出了工業機器人的輔助模組。

圖 3.8 中包括循環式工作檯（加載的）、可換夾持器庫、可換夾持器夾緊裝置及手臂迴轉補償機構等。

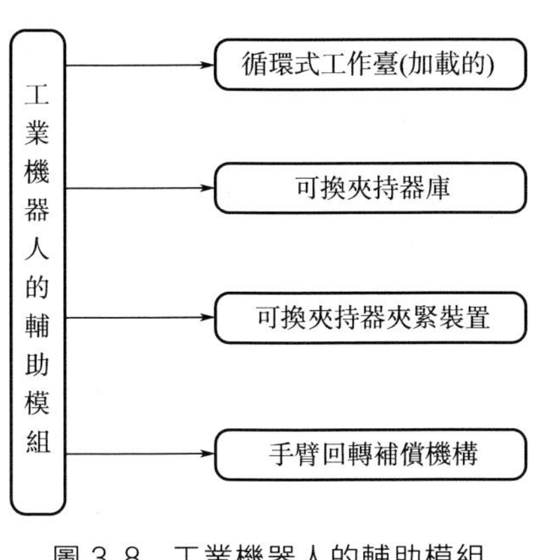

圖 3.8　工業機器人的輔助模組

圖 3.9 給出了工業機器人驅動裝置模組。

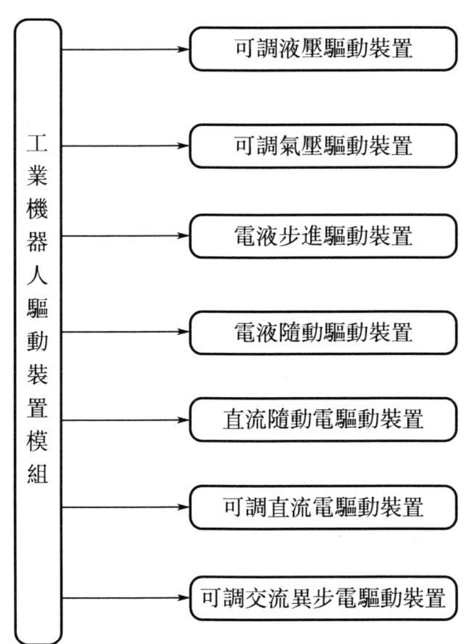

圖 3.9　工業機器人驅動裝置模組

圖 3.9 中包括可調液壓驅動裝置、可調氣壓驅動裝置、電液步進驅動裝置、電液隨動驅動裝置、直流隨動電驅動裝置、可調直流電驅動裝置及可調交流異步電驅動裝置等。

圖 3.10 給出了工業機器人程式控制裝置。

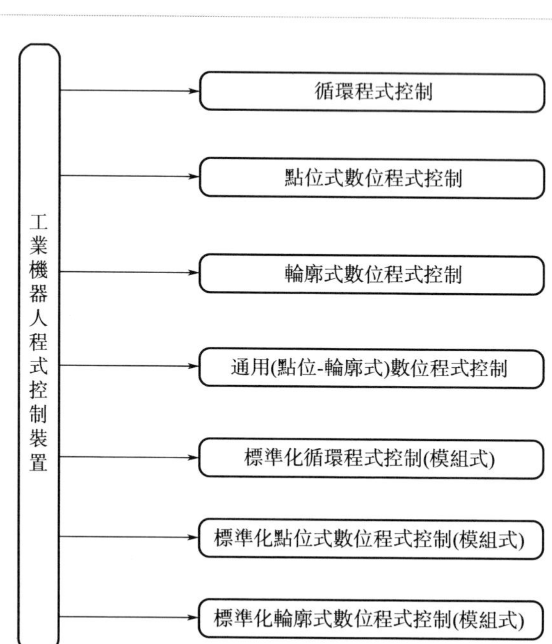

圖 3.10　工業機器人程式控制裝置

圖 3.10 中包括循環程式控制、點位式數位程式控制、輪廓式數位程式控制、通用（點位-輪廓式）數位程式控制、標準化循環程式控制（模組式）、標準化點位式數位程式控制（模組式）及標準化輪廓式數位程式控制（模組式）等。

3.4.3 工業機器人配置方案

當工業機器人的基本技術參數明確後，依據標準化或現有的組合模組便可以實施其配置方案。最常用的配置形式是根據機器人操作機中所採用的關節種類、數量、布置方式等基本要求進行分類，可以分為直角座標機器人、圓柱座標機器人及極座標機器人等。

下面僅以門架軌道式專用工業機器人為例討論其配置方案問題。

門架軌道式專用工業機器人是工業機器人常用的形式。在門架軌道式機器人的配置方案中，除標準化夾持裝置外，均可以由機械模組、驅動裝置、程式控制裝置及資訊檢測模組進行配置。

機械模組形式較多，應用方便[40-42]。它們是：托架、伸縮手臂、迴轉手臂、槓桿式雙連桿手臂、槓桿式三連桿手臂、托架位移驅動裝置、手臂伸縮驅動裝置、肩迴轉驅動裝置、手臂迴轉驅動裝置、肘迴轉驅動裝置、手臂擺動機構、手腕（頭）伸縮機構、手臂桿件迴轉補償機構、手腕迴轉機構、無調頭裝置的單夾持器頭、帶 180°調頭的單夾持器頭、帶 90°和 180°調頭的雙夾持器頭、帶 180°調頭的雙夾持器頭、帶自動更換的夾持器並帶 90°和 180°調頭的單夾持器頭。

(1) 工業機器人直角平面式配置

直角平面式配置如圖 3.11(a)～(d) 所示，該配置具有操作機結構和驅動裝置機構簡單的特點。

圖 3.11(a) 中包含兩個平移運動。配置模組包括：托架、伸縮手臂、托架位移驅動裝置、手臂伸縮驅動裝置及無調頭裝置的單夾持器頭等。

圖 3.11(b) 中包含三個平移運動，對比圖 3.11(a)，多了一套手臂及驅動裝置。

圖 3.11(c) 中包含三個平移運動及一個轉動。配置模組包括：托架、手臂擺動機構、無調頭裝置的單夾持器頭、伸縮手臂、托架位移驅動裝置、手臂伸縮驅動裝置。

圖 3.11(d) 中包含三個平移運動。配置模組包括：托架、無調頭裝置的單夾持器頭、伸縮手臂（2 個）、托架位移驅動裝置、手臂伸縮驅動裝置（2 個）。

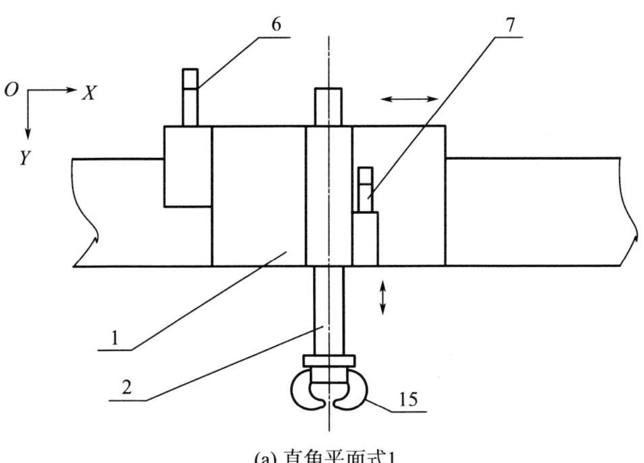

(a) 直角平面式1

1—托架；2—伸縮手臂；6—托架位移驅動裝置；7—手臂伸縮驅動裝置；
15—無調頭裝置的單夾持器頭

圖 3.11

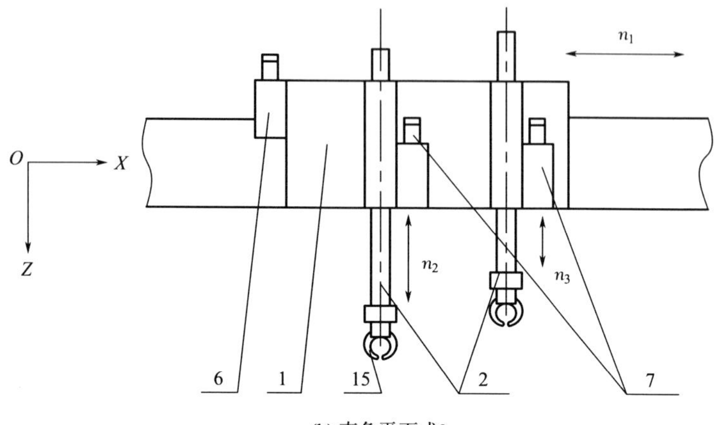

(b) 直角平面式2

1—托架；2—伸縮手臂（2個）；6—托架位移驅動裝置；7—手臂伸縮驅動裝置；
15—無調頭裝置的單夾持器頭

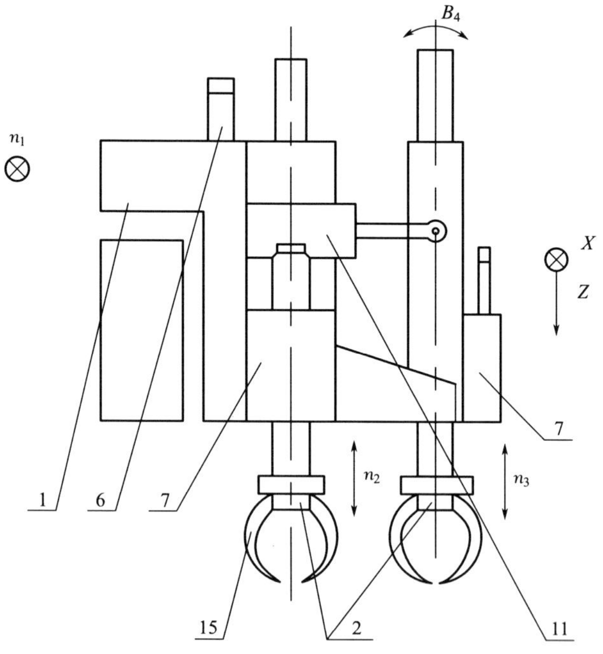

(c) 直角平面式3

1—托架；2—伸縮手臂；6—托架位移驅動裝置；7—手臂伸縮驅動裝置；
11—手臂擺動機構；15—無調頭裝置的單夾持器頭

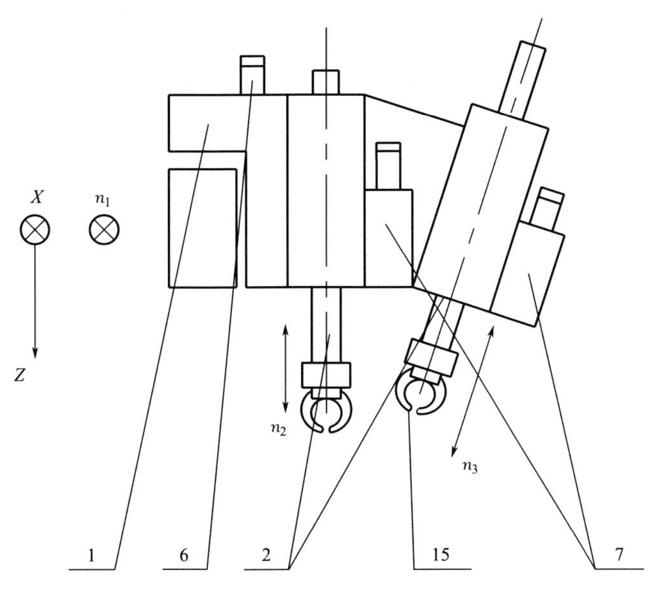

(d) 直角平面式4

1—托架；2—伸縮手臂；6—托架位移驅動裝置；7—手臂伸縮驅動裝置；
15—無調頭裝置的單夾持器頭

圖 3.11　工業機器人直角平面式配置

(2) 工業機器人極座標圓柱式配置

極座標圓柱式配置如圖 3.12(a) ～(d) 所示，該配置可保證機械手臂有較高的機動靈活性，並能從工藝裝備上方和側方進行工作。

圖 3.12(a) 中的配置包括包含兩個平移運動及兩個轉動。包括：托架、托架位移驅動裝置、肩迴轉驅動裝置、手臂伸縮驅動裝置、伸縮手臂、無調頭裝置的單夾持器頭。

圖 3.12(b) 中的配置包括兩個移動及一個轉動。包括：托架、迴轉手臂、托架位移驅動裝置、手臂伸縮驅動裝置、手臂迴轉驅動裝置。

圖 3.12(c) 中的配置包括：托架、托架位移驅動裝置、手臂伸縮驅動裝置、手臂迴轉驅動裝置、迴轉手臂、手腕（頭）伸縮機構、無調頭裝置的單夾持器頭。

圖 3.12(d) 中的配置包括：托架、托架位移驅動裝置、手臂伸縮驅動裝置、手臂迴轉驅動裝置、迴轉手臂、手腕（頭）伸縮機構、帶 180°調頭的單夾持器頭。

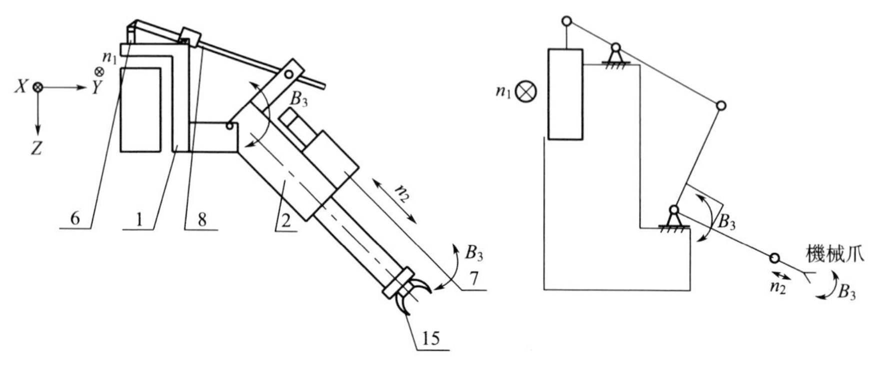

(a) 極座標圓柱式1

1—托架；2—伸縮手臂；6—托架位移驅動裝置；7—手臂伸縮驅動裝置；
8—肩迴轉驅動裝置；15—無調頭裝置的單夾持器頭

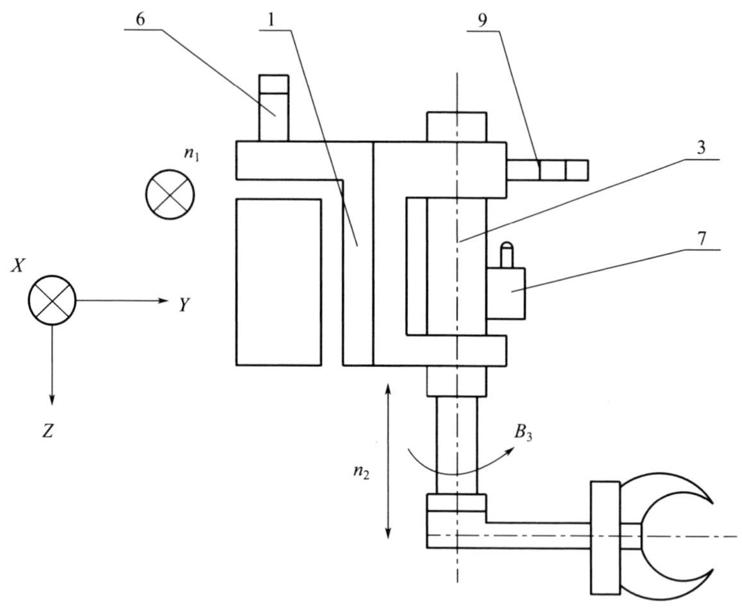

(b) 極座標圓柱式2

1—托架；3—迴轉手臂；6—托架位移驅動裝置；7—手臂伸縮驅動裝置；
9—手臂迴轉驅動裝置

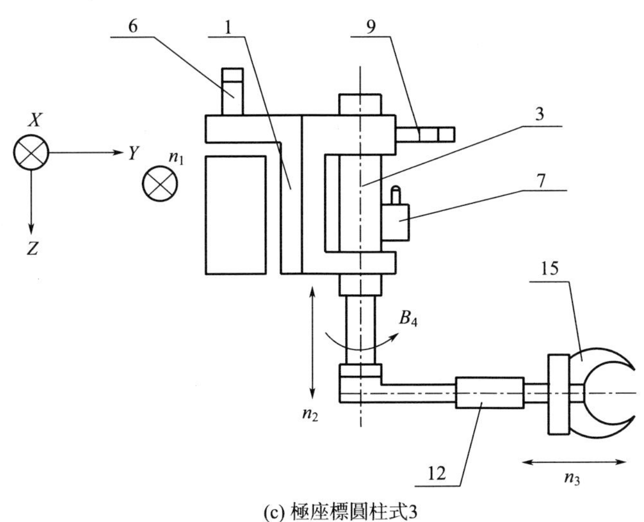

(c) 極座標圓柱式3

1—托架；3—迴轉手臂；6—托架位移驅動裝置；7—手臂伸縮驅動裝置；9—手臂迴轉驅動裝置；
12—手腕（頭）伸縮機構；15—無調頭裝置的單夾持器頭

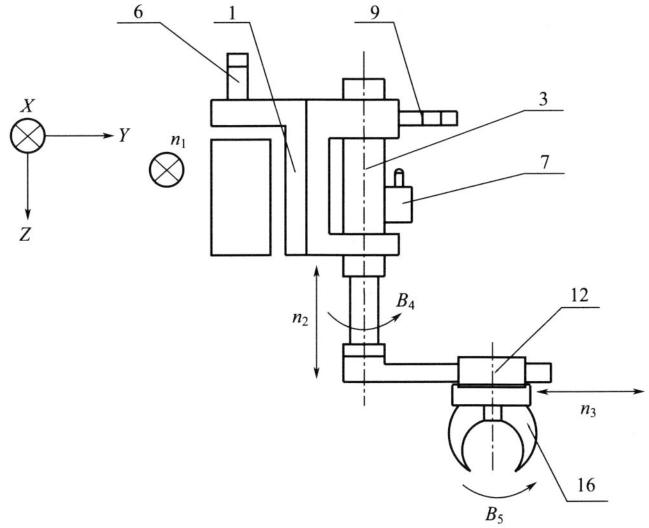

(d) 極座標圓柱式4

1—托架；3—迴轉手臂；6—托架位移驅動裝置；7—手臂伸縮驅動裝置；9—手臂迴轉驅動裝置；
12—手腕（頭）伸縮機構；16—帶 180° 調頭的單夾持器頭

圖 3.12　工業機器人極座標圓柱式配置

(3) 工業機器人極座標複雜式配置

極座標複雜式配置如圖 3.13(a)～(d) 所示，該配置具有最大的機動靈活性。由於有手臂桿件迴轉角補償平移機構，能保證夾持器頭（手腕）穩定的角位置，這種配置與直角平面式、極座標圓柱式相比較為複雜，它們通常用在要求具有綜合作業能力的機器人中。

圖 3.13(a) 中的配置包括：托架、托架位移驅動裝置、肩迴轉驅動裝置、肘迴轉驅動裝置、槓桿式雙連桿手臂、帶 180°調頭的單夾持器頭。

圖 3.13(b) 中的配置包括：托架、托架位移驅動裝置、肩迴轉驅動裝置、肘迴轉驅動裝置、槓桿式雙連桿手臂、帶 180°調頭的單夾持器頭、手腕（頭）伸縮機構。

圖 3.13(c) 中的配置包括：托架、托架位移驅動裝置、肩迴轉驅動裝置、肘迴轉驅動裝置、槓桿式三連桿手臂、帶 180°調頭的單夾持器頭、手臂桿件迴轉補償機構、手腕迴轉機構。

圖 3.13(d) 中的配置包括：托架、托架位移驅動裝置、肩迴轉驅動裝置、肘迴轉驅動裝置、槓桿式三連桿手臂、帶 180°調頭的單夾持器頭、手腕（頭）伸縮機構、手臂桿件迴轉補償機構、手腕迴轉機構。

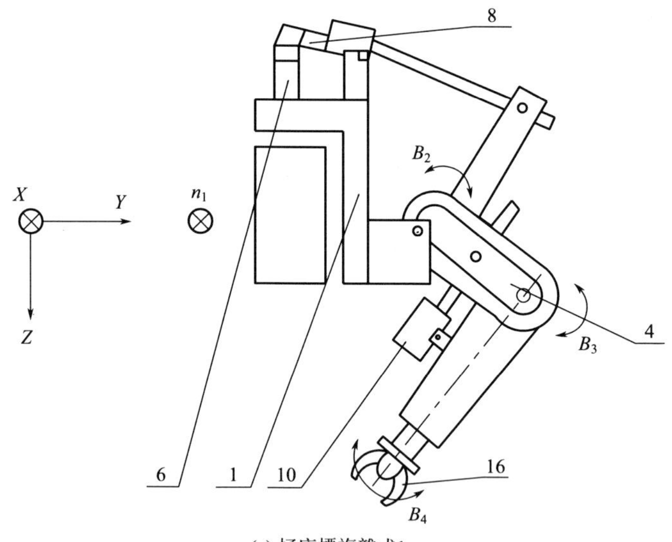

(a) 極座標複雜式1

1—托架；4—槓桿式雙連桿手臂；6—托架位移驅動裝置；8—肩迴轉驅動裝置；
10—肘迴轉驅動裝置；16—帶 180° 調頭的單夾持器頭

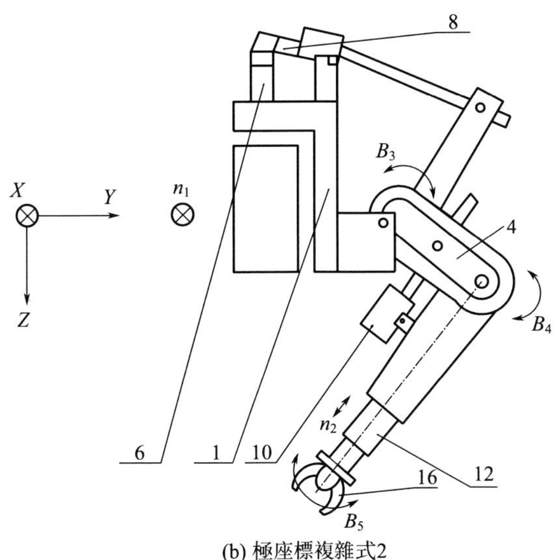

(b) 極座標複雜式2

1—托架；4—槓桿式雙連桿手臂；6—托架位移驅動裝置；8—肩迴轉驅動裝置；
10—肘迴轉驅動裝置；12—手腕（頭）伸縮機構；16—帶 180° 調頭的單夾持器頭

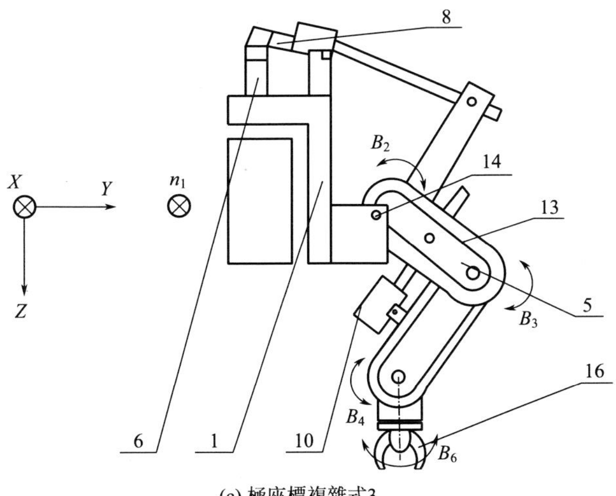

(c) 極座標複雜式3

1—托架；5—槓桿式三連桿手臂；6—托架位移驅動裝置；8—肩迴轉驅動裝置；
10—肘迴轉驅動裝置；13—手臂桿件迴轉補償機構；14—手腕迴轉機構；
16—帶 180° 調頭的單夾持器頭

圖 3.13

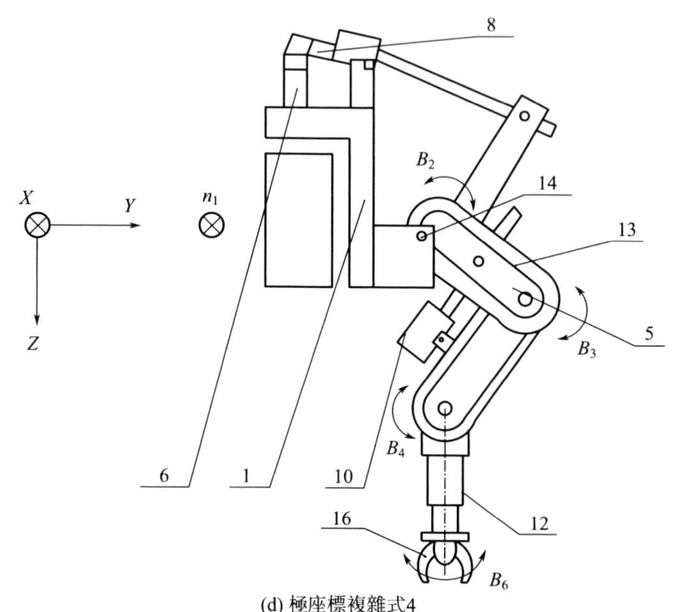

(d) 極座標複雜式4

1—托架；5—槓桿式三連桿手臂；6—托架位移驅動裝置；8—肩迴轉驅動裝置；
10—肘迴轉驅動裝置；12—手腕（頭）伸縮機構；13—手臂桿件迴轉補償機構；
14—手腕迴轉機構；16—帶 180° 調頭的單夾持器頭

圖 3.13 工業機器人極座標複雜式配置

3.5 機器人系統配套及成套裝置

3.5.1 工業機器人操作機配套裝置

要使機器人運行起來，必須給各個關節即每個運動自由度安置配套裝置或傳動裝置。配套裝置可以提供機器人各部位、各關節動作的原動力等。

當工業機器人操作機配套裝置作為驅動系統時，可以是液壓傳動、氣動傳動、電動傳動或者把它們結合起來應用的綜合系統，也可以是直接驅動或者是透過同步帶、鏈條、輪系、諧波齒輪等機械傳動機構進行的間接驅動。不同驅動裝置具有不同的特點。

(1) 電驅動裝置

電動驅動裝置的能源簡單，速度變化範圍大，效率高，速度和位置精確度都很高。但它們多與減速裝置相連，直接驅動比較困難。

工業機器人的電驅動裝置按技術特性來説有多種形式，它與所採用的電動機有關，可分為直流伺服電動機驅動、交流伺服電動機驅動、步進電動機驅動、諧波減速器電動機驅動及電磁線性電動機驅動等。直流伺服電動機電刷易磨損，且易形成火花，因此無刷直流電動機得到了越來越廣泛的應用。步進電動機驅動多為開環控制，控制簡單但功率不大，多用於低精確度小功率機器人系統。諧波減速器電動機結構簡單、體積小、重量輕、傳動比範圍大、承載能力大、運動精確度高、運動平穩、齒側間隙可以調整、傳動效率高、同軸性好，可向密閉空間傳遞運動及動力，並實現高增速運動及差速傳動等。

電驅動裝置在上電運行前要作如下檢查：

① 電源電壓是否合適（例如，過壓很可能造成驅動模組的損壞）；對於直流輸入的正負極一定不能接錯；驅動控制器上的電動機型號或電流設定值是否合適，例如，開始時不要太大。

② 控制訊號線接牢靠，工業現場最好要考慮屏蔽問題，例如，採用雙絞線。

③ 開始時只連成最基本的系統，不要把需要的線全部接上，只有當運行良好時，再逐步連接。

④ 一定要搞清楚接地方式或採用浮空不接。

⑤ 開始運行的半小時內要密切觀察電動機的狀態，如運動是否正常，聲音和溫升情況等，發現問題立即停機調整。

(2) 液壓驅動裝置

液壓驅動是透過高精確度的缸體和活塞來完成，透過缸體和活塞桿的相對運動實現直線運動。特點是功率大，可省去減速裝置直接與被驅動的桿件相連，結構緊湊，剛度好，響應快，其伺服驅動具有較高的精確度。但是，液壓驅動裝置需要獨立的液壓源（泵站）、管道及油源冷卻裝置，並且價格貴、笨重，漏油及調整工作成本高等，不適合高、低溫的場合。液壓系統的工作溫度一般控制在 30～80℃為宜，故液壓驅動多用於特大功率的機器人系統。

液壓驅動裝置具有良好的靜態、動態特性及較高的效率，因此具有液壓、電液調節及隨動調節驅動裝置的工業機器人得到了廣泛的應用，此類工業機器人能在自身尺寸小、重量輕的情況下輸出較大的扭矩。

(3) 氣壓驅動裝置

氣壓的工作介質是壓縮空氣。氣壓驅動系統通常由氣缸、氣閥、氣罐和空壓機組成，其特點是氣源方便、動作迅速、結構簡單、造價較低及維修方便。但是，氣壓不可以太高，抓舉能力較弱，難以進行速度控制。在易燃、易爆場合下可採用氣動邏輯元件組成控制裝置，多用於實現兩位式的或有限點位控制的中小機器人中。

氣壓驅動裝置的特點是：控制簡單、成本低、可靠、沒有污染，有防爆及防火性能。當在不需要大扭矩或大推力的情況下，工業機器人可以採用氣壓驅動裝置。但是，工業機器人氣壓驅動裝置靜剛度不高，難以保持預定速度及實現精確定位，並且必須有專用儲氣罐及防鏽蝕的潤滑裝置。

目前，工業機器人廣泛應用的是成套電液驅動裝置。因為成套電液驅動裝置在恒定轉矩的情況下，具有調速範圍寬的特點，可以實現較大範圍的迴轉及直線運動。

(1) 帶諧波齒輪減速器的電驅動裝置

在工業機器人中廣泛應用的是帶諧波齒輪減速器電驅動裝置、直流成套可調及直流隨動電驅動裝置。電驅動裝置的部件包括電動機、變換器、變換器控制裝置、電源電力變壓器、電樞電路的扼流線圈、內裝測速發電機、位移傳感器、諧波齒輪減速器及電磁制動器等。

① 手臂迴轉用電驅動裝置。以 P-40 型工業機器人操作機手臂迴轉用電驅動裝置機構為例。該裝置為帶諧波齒輪減速器的成套電動機構，可以用於操作機的手臂桿件的迴轉，如圖 3.14 所示。

圖 3.14 中包括：電動機、測速發電機、位置傳感器及驅動裝置、波產生器、齒形帶傳動、聯軸器、箱體、軸承、罩、柔輪、剛輪、齒輪、擋塊、偏心輪及行程開關等。

圖 3.14 給出了 P-40 型工業機器人操作機手臂迴轉用電驅動裝置機構。在諧波齒輪減速器箱體上另外安裝附加箱體，該附加箱體上固定著電動機、測速發電機及電位器式位置傳感器驅動裝置等。

在電動機的軸上安裝帶輪，透過齒形帶與齒形帶輪的組件相連，而齒形帶輪固定在諧波減速器輸入軸上。其中，齒形帶輪組件的一個帶輪透過傳感器齒形帶與傳感器的齒形帶輪相連，該齒形帶輪安裝在傳感器驅動裝置輸入軸上。在齒形帶輪的一端固定測速輸出軸，透過該測速輸出軸使帶輪附加支承在相應的軸承上。

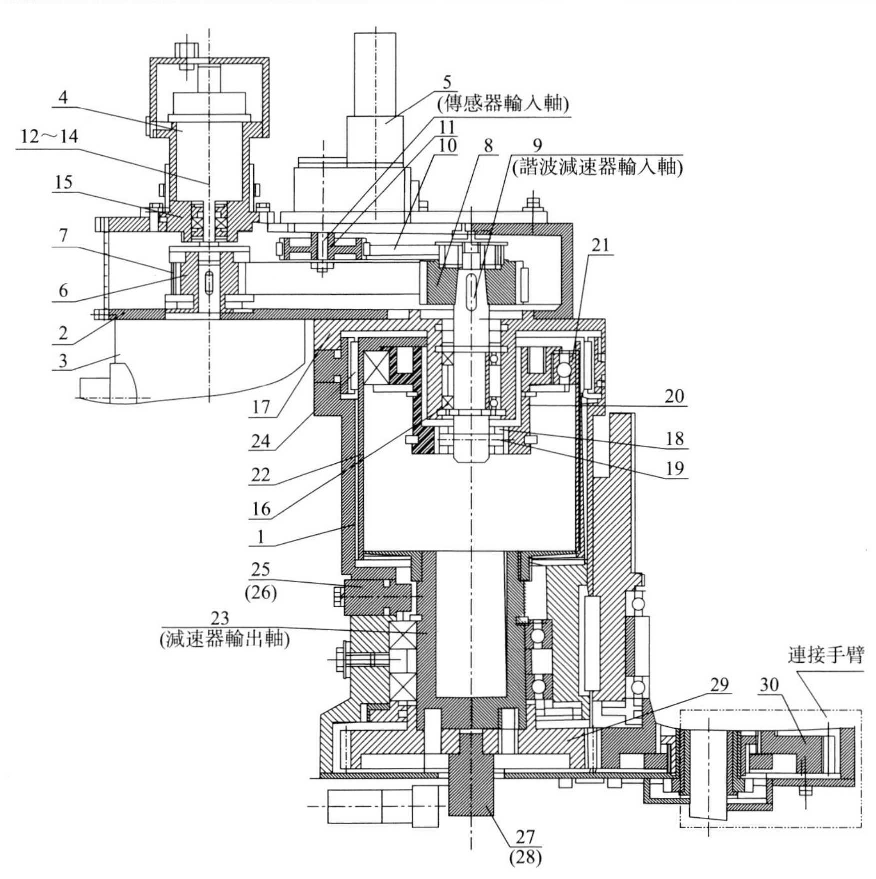

圖 3.14 P-40 型操作機手臂迴轉用電驅動裝置機構

1—諧波齒輪減速器箱體；2—附加箱體；3—電動機；4—測速發電機；5—位置傳感器驅動裝置；6—帶輪；7—齒形帶；8—齒形帶輪；9—諧波減速器輸入軸；10—傳感器齒形帶；11—傳感器的齒形帶輪；12—測速輸出軸；13—軸承；14—聯軸器；15—套筒；16—諧波齒輪減速器軸承；17—罩；18—環；19—銷釘；20—波產生器；21—柔性軸承；22—柔輪；23—減速器輸出軸；24—剛輪；25—可動擋塊；26—固定擋塊；27—偏心輪；28—行程開關；29—減速器輸出軸的齒輪；30—手臂套筒的齒輪

透過聯軸器將測速輸出軸與測速發電機的軸相連，測速發電機的殼體裝在套筒中，而該套筒由法蘭固定在附加箱體的機體上。

諧波減速器輸入軸安裝在自身機體的軸承上，該軸承覆蓋在罩內，波產生器透過環和銷釘與諧波減速器輸入軸相連。波產生器做成橢圓形，在其外表面固定柔性軸承，當諧波減速器軸旋轉時，柔性軸承沿著柔輪的內表面滾動。該柔輪做成薄壁筒形，用法蘭與減速器的輸出軸剛性連接，柔輪透過波產生器的作用，在其最大徑向變形範圍內與固定剛輪相嚙合。

用可動擋塊、固定擋塊來限定減速器輸出軸的轉角。

在減速器輸出軸的一端固定有齒輪，並與固裝在操作機手臂套筒上的齒輪嚙合。在減速器輸出軸的自由端裝有偏心輪，該偏心輪用以控制行程開關。

② 手臂單自由度機電傳動的驅動裝置。以 P-4 型工業機器人操作機手臂驅動裝置為例，如圖 3.15 所示。該裝置為單自由度機電傳動的驅動裝置。

圖 3.15 中包括：電動機、諧波齒輪減速器、聯軸器、位置編碼器、柔性軸承、剛輪、托架、齒形帶傳動、軸、軸承、套筒、彈簧、凸輪及機體等。

圖 3.15 中，驅動裝置可以用於單自由度手臂的通用結構，該驅動裝置包括電動機、裝在機體中的諧波齒輪減速器、固定在托架上的角位置編碼器和測速發電機。其中，測速發電機直接固定在電動機的罩上，並用聯軸器與電動機轉子相連。電動機的軸與諧波齒輪減速器空心軸剛性連接，該空心軸的附加支承在空心軸的軸承上，減速器輸出軸在該軸承的內孔中。並且左端軸承內環壓配在空心軸上，該軸與減速器輸出軸同時實現滾珠聯軸器的功能，將扭矩傳到附加支承軸承及諧波齒輪減速器輸入軸上。為了能傳遞扭矩，可以在諧波齒輪減速器輸入軸的軸端部開槽，在其槽中放置左端軸承的滾珠。左端軸承的外環安裝在沿軸運動的套筒中，靠彈簧將外環始終壓向滾珠，以保證左端軸承中的張緊力。

在具有徑向間隙的諧波齒輪減速器輸入軸上固定有波產生器的專用成形凸輪，補償凸輪聯軸器與諧波齒輪減速器輸入軸相連，用該補償凸輪聯軸器保證波產生器在工作過程中自動調整。在專用成形凸輪上安裝的柔性軸承與柔輪相互作用，該柔輪為從動柔輪。為了使柔輪與機體中固定剛輪在兩個最大徑向變形區內嚙合，從動柔輪需要與減速器輸出軸相連，該輸出軸裝在軸承上。

該機構中也採用了齒形帶傳動進行減速運動，齒形帶傳動的零部件包括：裝在減速器輸入軸上的帶輪、傳感器軸上的帶輪和齒形帶等。

(2) 液壓與氣動式手臂迴轉裝置

以 MS5-R 型組合模組工業機器人操作機手臂迴轉傳動裝置為例，如圖 3.16 所示。該裝置為液壓與氣動驅動手臂迴轉裝置。

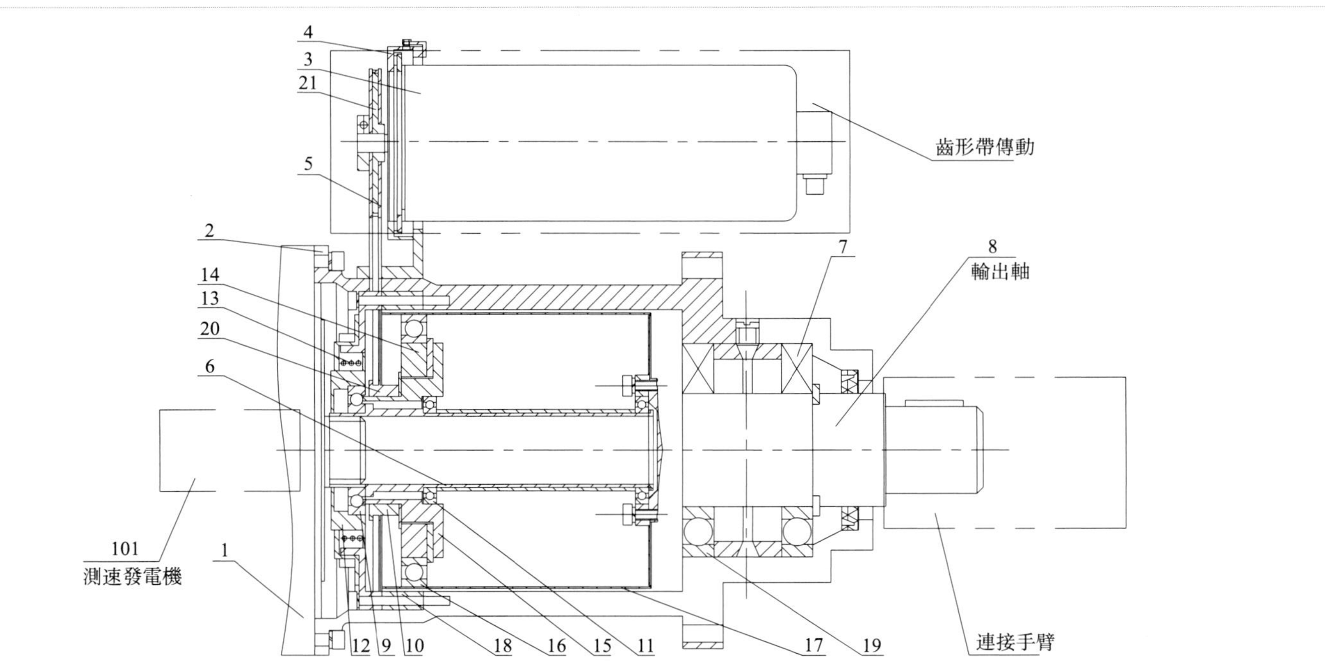

圖 3.15　P-4 型操作機手臂單自由度機電傳動的驅動裝置

1—電動機；2—機體；3—角位置編碼器；4—托架；5—齒形帶；6—諧波齒輪減速器空心軸；7—空心軸的軸承；8—減速器輸出軸；9—左端軸承；10—諧波齒輪減速器輸入軸；11—附加支承軸承；12—套筒；13—彈簧；14—專用成形凸輪；15—補償凸輪聯軸器；16—柔性軸承；17—動柔輪；18—固定剛輪；19—輸出端軸承；20—減速器輸入軸端的帶輪；21—傳感器軸上的帶輪；101—測速發電機

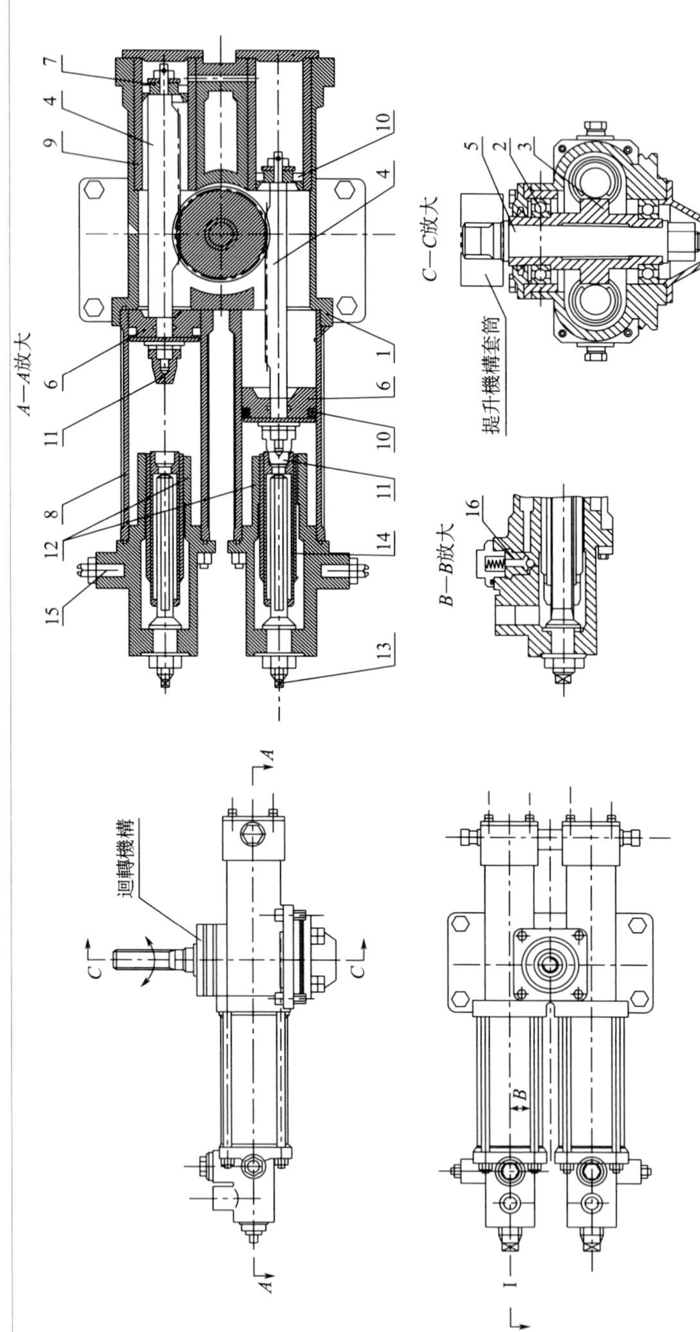

圖 3.16　MS5-R 型液壓與氣動式手臂迴轉驅動裝置

1—機體；2—滾動軸承；3—齒輪軸；4—齒條；5—花鍵軸；6—液壓缸活塞；7—氣缸活塞；8—液壓缸；9—氣缸；10—U 形密封圈；11—液壓緩衝器；12—缸體端蓋；13—方柄小軸；14—襯套；15—節流閥；16—單向閥

圖 3.16 中包括：機體、滾動軸承、齒輪軸、齒條、花鍵軸、活塞、液壓缸、氣缸、U 形密封圈、液壓緩衝器、缸體端蓋、方柄小軸、襯套、節流閥及單向閥等。

圖 3.16 中，該手臂迴轉裝置安裝在機體中，在滾動軸承上安裝有帶齒輪的軸，齒條與該齒輪軸的齒輪相嚙合。在齒輪軸內部裝有花鍵軸，該花鍵軸和提升機構的套筒相連接。在齒條上相應地安裝著兩個活塞，兩個活塞分別對應在液壓缸及氣缸的內部。液壓缸活塞、活塞桿及缸套的連接是由 U 形密封圈沿帶液壓緩衝器的液壓缸活塞工作表面的方向加以密封的。

在缸體端蓋上安裝有做扳手用的方柄小軸，該方柄小軸的花鍵部分嵌入襯套中，當方柄小軸旋轉時，襯套就沿螺紋移動。該襯套上開有液壓緩衝器用的槽。旋轉方柄小軸可以改變套筒的位置，亦即改變液壓缸活塞和氣缸活塞的位移（或行程），同時亦能夠改變操作機手臂的轉動角。此外，在缸體端蓋上裝有節流閥，當制動時用該節流閥來改變速度。

單向閥用來控制液壓缸的工作腔供油，該迴轉機構由氣液轉換器驅動。當向液壓缸的工作腔中注入油時，此時向液壓缸一個工作腔注入壓力油，則液壓缸另一個腔與排油端相連。在液壓缸活塞之一產生壓力時，液壓缸活塞則由一端極限位置移動到另一端，同時實現花鍵軸的轉動。此時，另一缸的液壓缸活塞被強制推到擋塊上進入襯套中。當液壓緩衝器進入襯套的孔中時，便逐步遮住縫隙，從而實現整個機構的制動。當另一缸的工作腔注入油時，花鍵軸則進行換向轉動。

當氣缸活塞產生作用力時，氣缸是用來在齒輪-齒條傳動中自動選擇間隙的。因此，氣缸的工作腔及彼此之間與從管路來的空氣儲存器應該始終保持連接。

(3) 氣動式手臂提升迴轉裝置

以 P-1 型工業機器人操作機手臂裝置為例，如圖 3.17 所示。該裝置為氣動式手臂提升迴轉機構。

圖 3.17 中包括：固定橫梁、立柱、導向套、框架、壓蓋、氣液變換器、可動橫梁、軸承、中心活塞桿、平臺、套筒、花鍵軸、氣缸、制動缸、槓桿、托架及轉動機構等。

圖 3.17 中，該裝置是由四個立柱及固定橫梁組成的剛性支承結構。在固定橫梁有中心孔，用以安裝導向套。四個立柱分別用壓蓋剛性固定在框架上。在固定橫梁上還裝有兩個氣液變換器，該氣液變換器為轉動機構所用。可動橫梁上有圓錐滾子軸承。在可動橫梁的上方安裝有平臺，

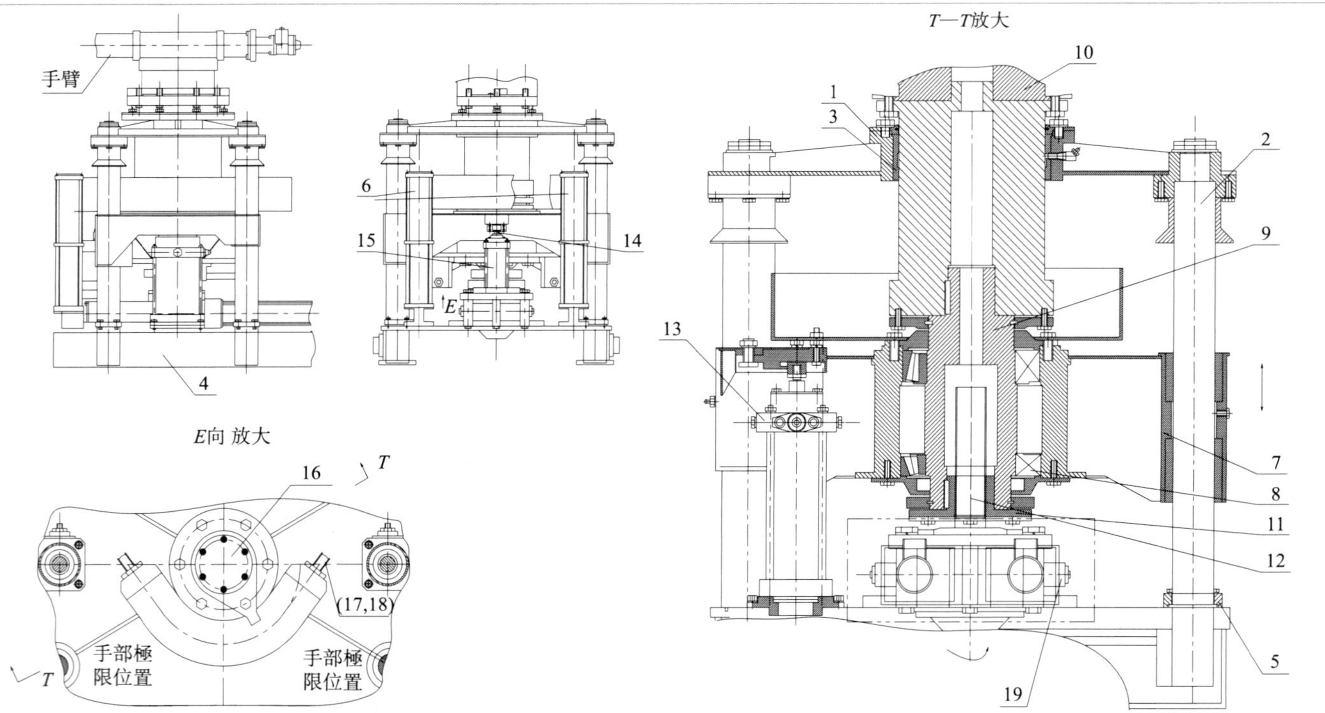

圖 3.17　P-1型工業機器人氣動式手臂提升迴轉裝置

1—固定橫梁；2—立柱；3—導向套；4—框架；5—壓蓋；6—氣液變換器；7—可動橫梁；8—圓錐滾子軸承；9—中心活塞桿；10—平臺；11—套筒；12—花鍵軸；13—氣缸；14—可調螺釘；15—制動缸；16—槓桿；17—螺釘；18—托架；19—轉動機構

該平臺上可安裝各種結構形式的手臂，在可動橫梁下方則安裝套筒，該套筒用以連接轉動機構的花鍵軸。

可動橫梁由兩個氣缸來驅動。當該可動橫梁提升時，一旦到達氣缸的活塞桿行程終點便能實現自動制動。當可動橫梁下降時，該橫梁要與制動缸的可調螺釘相碰，並與此制動缸的活塞桿一起向下運動，直到碰到壓蓋的擋塊為止。

上方平臺轉動角的調節可按照以下方式進行：在中心活塞桿上固定著槓桿，透過槓桿可以使平臺在設定的角度範圍內轉動。該槓桿由螺釘相對於托架來調節；當托架在導向槽內挪動後便用螺釘固定。

(4) 其他配置

要保證機器人的正常運行，除了對其動作進行原動力的配置外，還必須有支撐各個關節運行的其他配置。其他配置方式和結構多且雜[45,46]，在此僅對氣電配置和減速器機構進行簡單介紹。

① 氣電配置模組。氣電配置模組的作用是用於將電源傳輸到電動機和測速發電機，接通反饋傳感器傳輸到資訊通道等。氣電配置模組也用於實現壓縮空氣、電能及資訊通道的中轉傳輸，透過中轉傳輸到執行電動機，將機器人後續模組反饋到傳感器等。

以 P25 型工業機器人轉動模組的氣電配置模組為例，如圖 3.18 所示。

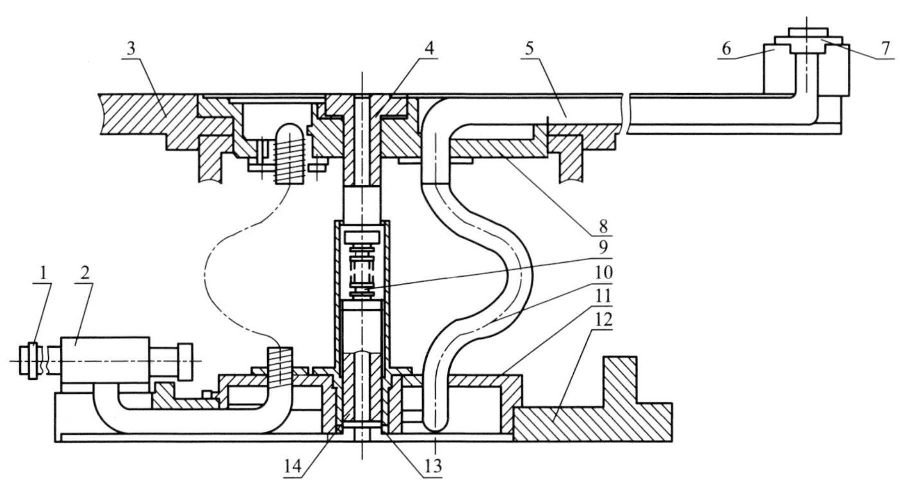

圖 3.18 P25 型工業機器人轉動模組的氣電配置模組圖

1—輸入接頭；2—安裝箱；3—平臺；4—導管；5—電纜；6—支架；7—輸出接頭；8—上蓋；9—波紋管；10—軟金屬接頭；11—下蓋；12—轉臺機體；13—橡膠圈；14—環形體

圖 3.18 中包括：安裝箱、輸入接頭、軟金屬接頭、平臺、導管、支架、輸出接頭、上蓋、下蓋、波紋管、機體、橡膠圈及環形體等。

圖 3.18 中，氣電配置單位的基本部分是中繼電纜單位。它包括若干個輸入接頭、輸出接頭、安裝箱及若干根電纜等。其中，電纜用於模組固定部分與可動部分之間的能量和資訊傳輸。輸出接頭固接在平臺的支架上。模組固定部分和可動部分之間的聯接是透過若干個軟金屬接頭來實現的，其下法蘭固定在下蓋上，而上法蘭則固定在上蓋上。下蓋裝在轉臺機體上，上蓋剛性固接在平臺上。

在平臺中間位置，由軟金屬接頭組成回路，該回路允許轉動平臺在一定範圍内旋轉。

由模組固定部分輸送壓縮空氣到轉動部件是靠空氣導管來實現的，其上法蘭固定在上蓋上。空氣導管下部用橡膠圈密封與環形體旋轉連接，空氣導管上、下部分的氣密連接用波紋管來實現，它能補償上蓋和下蓋連接孔的不同心度。

② 減速器機構。以 P25 型工業機器人轉動模組的減速器機構為例，如圖 3.19 所示。

圖 3.19 中包括：蝸桿軸、蝸輪、聯軸器、測速發電機及位置傳感器等。

圖 3.19 中，採用一定傳動比的四頭蝸桿傳動，電動機連接蝸桿軸和蝸輪作為減速器的第一級傳動。或者採用一定傳動比的單頭蝸桿，例如用於焊接機器人的減速器。從蝸輪到轉臺的轉動是靠圓柱齒輪減速器來實現的。

減速器具有兩個平行運動鏈：齒輪 3→齒輪 4→齒輪 5 和齒輪 3→齒輪 6→扭桿 7→齒輪 8。齒輪 5 和 8（這裏相當於第 1 和第 2 能量流）與轉臺上的齒輪 9 聯接。減速器中齒輪傳動的傳動比一定。齒輪減速器透過扭桿預緊的方法，實現一定的力矩來消除間隙。

由蝸桿軸透過聯軸器帶動速度傳感器，該速度傳感器安裝在測速發電機上。在轉臺上安裝的電位器式位置傳感器與減速器相連是透過錐齒輪來實現的。

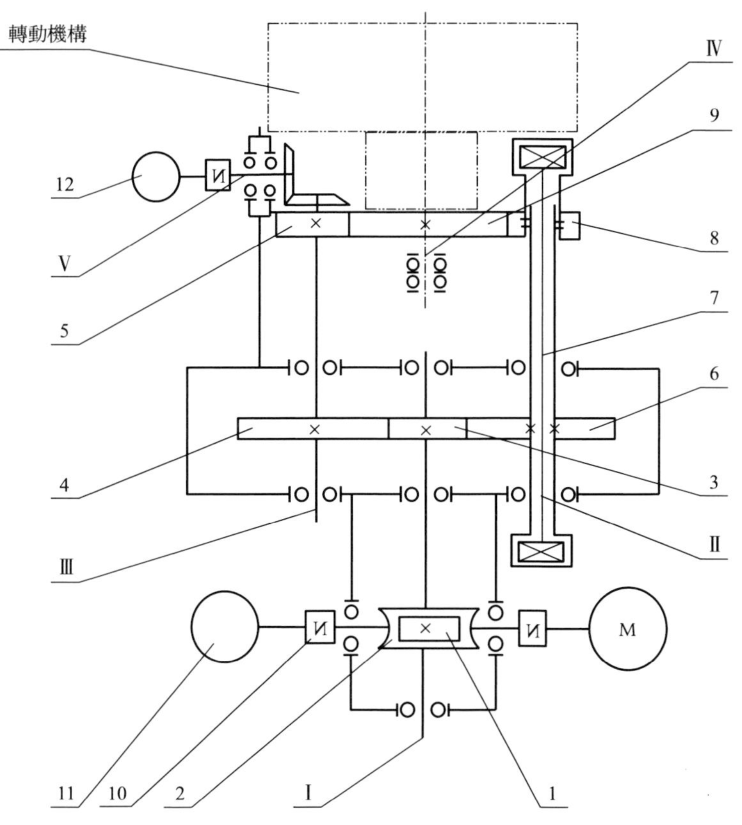

圖 3.19 P25 型轉動模組減速器運動原理

1—蝸桿軸；2—蝸輪；3~ 6，8，9—齒輪；7—扭桿；10—聯軸器；
11—測速發電機；12—位置傳感器

3.5.2 工業機器人操作機成套裝置

工業機器人操作機成套設備意指生產機器人所用的聯合裝置。機器人成套設備種類多且包括面廣，以下僅舉例簡單介紹。

(1) 氣壓驅動手臂/手腕/夾持裝置

以 P01 型工業機器人手臂/手腕/夾持裝置為例，如圖 3.20 所示。該裝置是帶氣壓缸驅動的，集手臂/手腕/夾持於一體的成套裝置。

圖 3.20 中包括：雙作用氣壓缸、單作用氣缸、管道、活塞、活塞桿、手腕、聯軸器、拉桿、齒條、液壓緩衝器、馬達、馬達轉子、管接頭、軸承、葉片、擋塊、法蘭、槓桿機構、鉗口及波紋護板等。

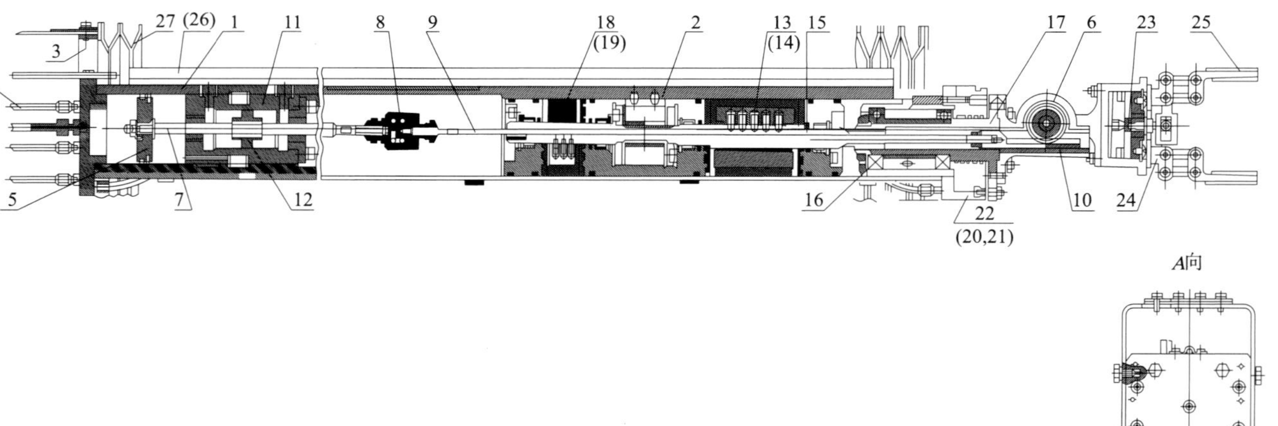

圖 3. 20　P01 型氣壓驅動手臂/手腕/夾持機構

1—雙作用氣壓缸;2—單作用氣缸；3,22—法蘭；4—空氣管道；5—雙作用氣壓缸活塞；6—手腕；7—雙作用氣壓缸的活塞桿；8—滾珠聯軸器；9—拉桿；10—剛性齒條，即手腕擺動齒條；11—左液壓緩衝器；12—左液壓緩衝器活塞；13—擺動氣動馬達；14—管接頭；15—馬達轉子；16—馬達轉子用軸承；17—帶法蘭主軸；18—中部液壓緩衝器；19—葉片（液壓緩衝器中）；20—擋塊；21—滾珠；23—單作用氣缸活塞桿；24—槓桿機構；25—鉗口；26—手臂軸向移動機構的齒條；27—波紋護板

圖 3.20 中，給出了 P01 型帶直線及迴轉運動的氣壓驅動裝置，該裝置是包含手臂、手腕及夾持器的綜合結構。手臂機體是由雙作用氣壓缸和單作用氣壓缸串聯而成。在雙作用氣壓缸體後端的法蘭上連接著多機構的空氣管道，該管道為夾持器、手腕及手臂氣壓驅動裝置的空氣管道。在手腕的垂直平面上可以使雙作用氣壓缸活塞作擺動運動，該活塞透過滾珠聯軸器與活塞桿相連，此滾珠聯軸器的套環連著雙作用氣壓缸活塞桿；滾珠聯軸器可使活塞桿的力沿軸向傳到右邊拉桿上，此時拉桿與手腕一起繞自身軸線轉動。

拉桿與齒條剛性連接，該齒條剛性連接在手腕擺動的齒輪-齒條機構中。手腕擺動方向要根據壓縮空氣傳入雙作用氣壓缸的具體腔來決定。在雙作用氣壓缸的活塞桿腔內裝有液壓緩衝器，因此，該氣壓缸是雙作用氣壓缸活塞桿與左液壓緩衝器活塞一起運動的雙作用氣壓缸。將油注入液壓缸的兩腔中，當活塞運動時，油則透過左液壓緩衝器活塞中的精密孔由一個腔流入另一個腔，以此來緩衝活塞桿的振動。

手腕相對於縱軸的轉動由擺動氣動馬達來實現，該擺動氣動馬達安裝在單作用氣缸的內孔中。壓縮空氣透過管接頭注入其中一個工作腔。氣動馬達轉子用漸開線花鍵與帶法蘭主軸相連，在軸承內安裝著該主軸，手腕扭在此法蘭上。在馬達轉子的另一端用花鍵與中部液壓緩衝器的轉子相連。中部液壓緩衝器是擺動式液壓馬達，油透過葉片中的精密孔由馬達的一腔流入另一腔。手腕迴轉運動由擋塊來限定。在法蘭的圓形槽中排放一定數量的滾珠，滾珠作用在擋塊上。

在手腕前面的法蘭上固接著單作用氣缸，該單作用氣缸為夾持機構的驅動裝置，單作用氣缸的活塞桿透過槓桿機構與夾持器的鉗口相連。

在雙作用氣壓缸和單作用氣缸的上部固定著手臂軸向移動機構的齒條。該操作機的手臂機構採用波紋護板來防塵。

(2) 手臂氣壓平衡裝置

以 M20 型工業機器人操作機手臂平衡裝置為例，如圖 3.21 所示。該裝置採用氣壓平衡方式，可以用來減小作用在提升馬達上的負載。如果減小該平衡機構的尺寸和質量，還可提高其啓動頻率。

圖 3.21 中包括：平板、氣缸、安全閥、消聲器、活塞桿、鉸鏈及手臂伸縮機構機體等。

該手臂平衡裝置被固定在手臂垂直移動機構上，即手臂提升機構上，手臂平衡裝置透過平板與手臂提升機構連接。圖 3.21 中內裝消聲器的安全閥，消聲器被安裝在氣缸的無活塞桿腔中。氣缸的活塞桿透過鉸鏈與手臂伸縮機構機體的前部分相連。

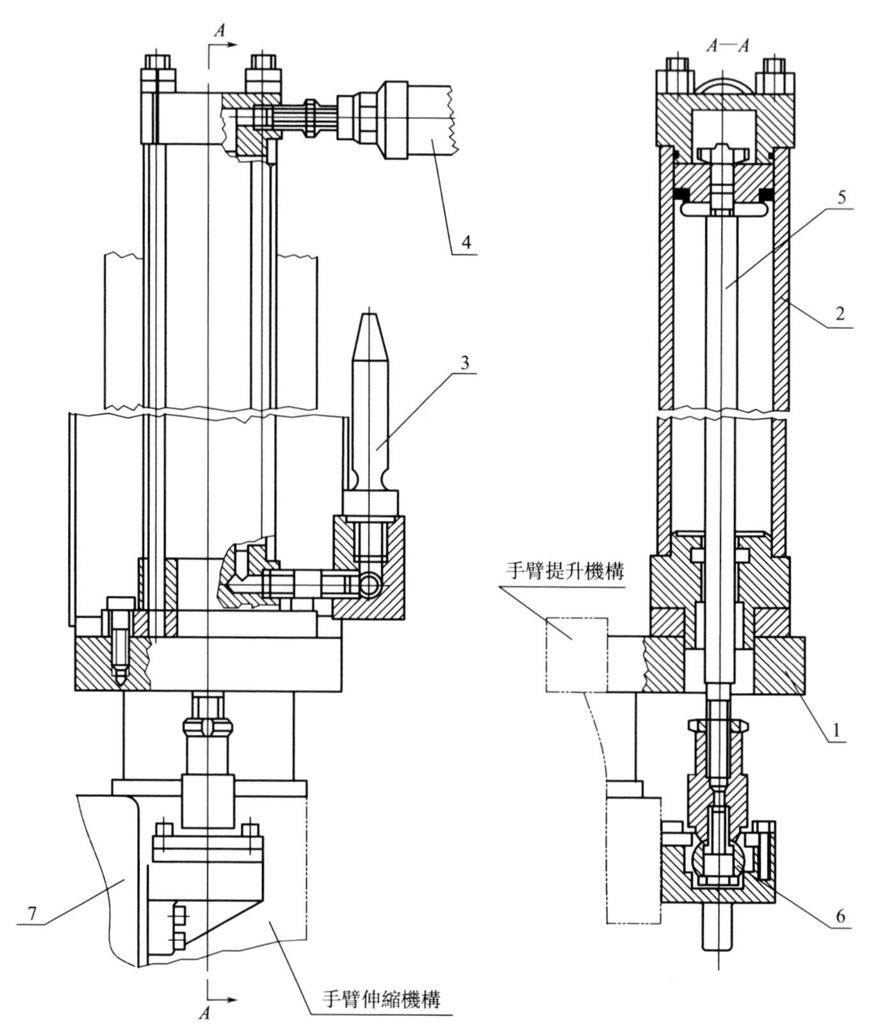

圖 3.21 M20 型工業機器人操作機手臂氣壓平衡機構

1—平板；2—氣缸；3—安全閥；4—消聲器；5—活塞桿；6—鉸鏈；7—手臂伸縮機構機體

當手臂向上運動時，壓縮空氣壓力充滿氣缸，以保證滾珠螺旋副和提升機構的電動機能夠從手臂伸縮機構的重量下卸載。當手臂向下運動時，壓縮空氣由氣缸透過內裝消聲器的安全閥排出。消聲器如同空氣過濾器一樣工作，用於淨化充滿在氣缸無活塞桿腔的空氣。

(3) 帶電液步進電動機的傳動裝置

下面三個案例均為帶電液步進電動機的成套驅動裝置，其制動裝置分別為機液式制動和電磁式制動。

圖 3.22 所示結構形式 1 及圖 3.23 所示結構形式 2，均給出了帶電液步進電動機的液壓驅動裝置。兩種結構均可以用於操作機桿件的直線運動，並為機液式制動裝置。

圖 3.22 和圖 3.23 所示兩種結構中均包括：成套電液步進電動機、減速器箱體、齒輪、滾珠絲槓、絲槓螺母、柱塞、柱塞彈簧、槓桿、球軸承、機體及非接觸式傳感器等。

圖 3.22 和圖 3.23 所示兩種結構形式的區別在於電液步進電動機的配置不同，分別為右置和左置。小齒輪以其端面與制動裝置相互作用。機液式制動裝置由兩個不同大小的柱塞組成，大、小柱塞均作用在槓桿上，該槓桿在相對於自身軸線轉動時進入小齒輪端面的齒槽中。當推動制動裝置大柱塞時，在柱塞彈簧的作用下，迫使槓桿轉動，此時剎住小齒輪。當將壓力油注入制動裝置小柱塞的工作腔時，槓桿處於中間位置，此時小齒輪處於自由狀態。

圖 3.22 和圖 3.23 所示兩種結構中的傳動絲槓安裝在帶預緊力的一對角接觸球軸承上，以保證機構有較高的軸向剛度。滾珠絲槓螺母由兩個半螺母組成，該滾珠螺母帶有預緊力，也裝在該傳動絲槓上。傳動絲槓的初始角位置由非接觸式傳感器來檢測。機體是安裝在操作機運動桿件的固定機體上，滾珠絲槓螺母安裝在機體中，操作機桿件的直線運動由傳動絲槓帶動機體實現。

圖 3.24 給出了帶電液步進電動機的液壓驅動裝置，該結構用於操作機桿件的直線運動，採用電磁制動形式。

圖 3.24 中包括：成套電液步進電動機、減速器箱體、齒輪、滾珠絲槓、絲槓螺母、殼體、柱塞彈簧、法蘭、球軸承、機體及非接觸式傳感器等。

圖 3.24 中的成套電液步進電動機由法蘭固定在齒輪減速器箱體上，小齒輪直接安裝在馬達轉子上，而大齒輪則安裝在傳動絲槓的軸頸上。小齒輪以其端面與制動裝置相互作用，該制動裝置的結構形式為電磁鐵式。

圖 3.24 中的電磁制動器採用摩擦聯軸器，其殼體固定在小齒輪的端面上，而線圈與摩擦片用法蘭與減速器箱體剛性連接。當繞組斷電時，摩擦片在彈簧的作用下相壓，從而剎住小齒輪；當繞組通電時，摩擦片在電磁場作用下松開，壓縮彈簧，小齒輪解除制動。

圖 3.24 中的傳動絲槓安裝在帶預緊力的角接觸球軸承上，滾珠絲槓螺母由兩半螺母組成，裝在該傳動絲槓上。螺母安裝在直線運動機體中。傳動絲槓的初始角位置由非接觸式傳感器來檢測。

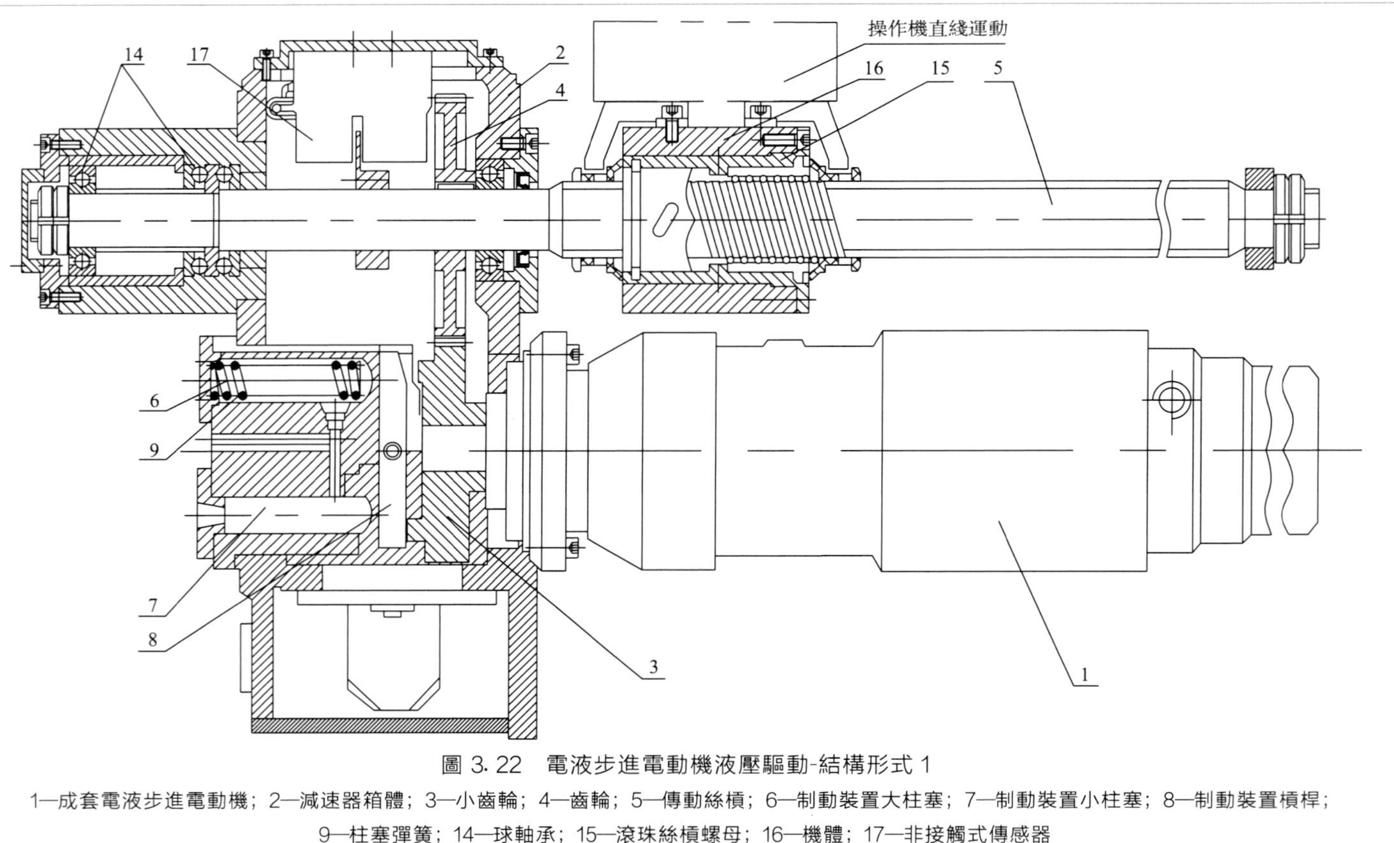

圖 3. 22　電液步進電動機液壓驅動-結構形式 1

1—成套電液步進電動機；2—減速器箱體；3—小齒輪；4—齒輪；5—傳動絲槓；6—制動裝置大柱塞；7—制動裝置小柱塞；8—制動裝置槓桿；9—柱塞彈簧；14—球軸承；15—滾珠絲槓螺母；16—機體；17—非接觸式傳感器

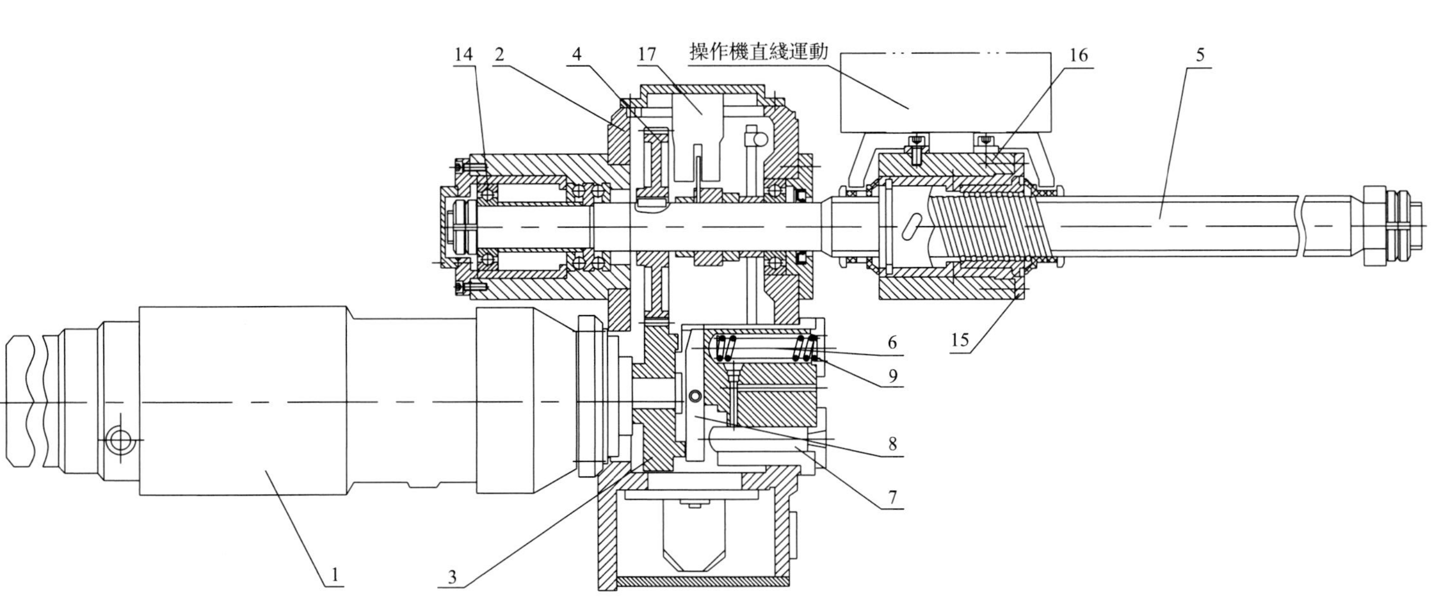

圖 3.23 電液步進電動機液壓驅動-結構形式 2

1—成套電液步進電動機；2—減速器箱體；3—小齒輪；4—齒輪；5—傳動絲槓；6—制動裝置大柱塞；7—制動裝置小柱塞；8—制動裝置槓桿；
9—柱塞彈簧；14—球軸承；15—滾珠絲槓螺母；16—機體；17—非接觸式傳感器

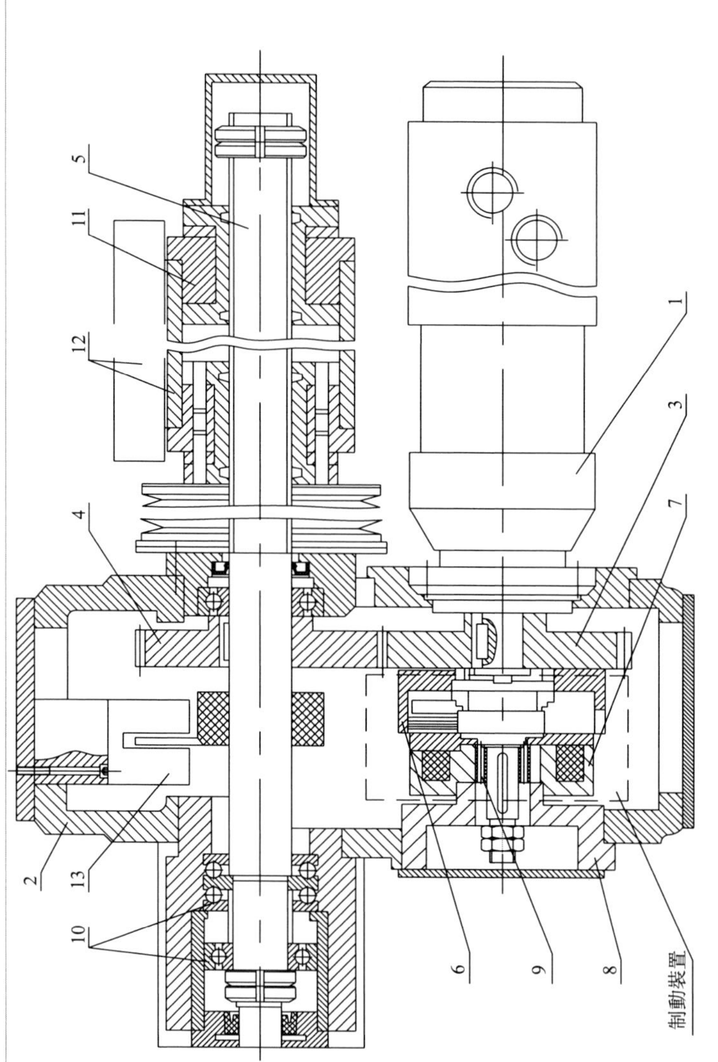

圖 3.24 電液步進電動機液壓驅動-電磁制動器-結構形式

1—成套電液步進電動機；2—減速器箱體；3—小齒輪；4—大齒輪；5—傳動絲槓；6—殼體；7—線圈；8—法蘭；9—彈簧；
10—角接觸球軸承；11—滾珠絲槓螺母；12—直線運動機體；13—非接觸式傳感器

以上三個案例均可以為步進電動機的通用裝置，均用於不同操作機桿件的直線運動。

3.6 機器人整合系統控制

機器人整合系統控制對實現機器人作業起著重要的作用[47]。當把工業機器人視為一個被控系統時，其主要部件由驅動器、傳感器、控制器、處理器及軟體等組成。

（1）驅動器

驅動器是機械手的「肌肉」。常見的驅動器有伺服電動機、步進電動機、氣缸及液壓缸等，也有用於某些特殊場合的新型驅動器。驅動器受控制器的制約，在前面「機器人系統配套及成套裝置」中曾涉及到驅動器。

（2）傳感器

傳感器用來收集機器人的內部狀態資訊或用來與外部環境進行通信。機器人控制器需要知道每個連桿的位置才能知道機器人的總體構型。例如，人即使在完全黑暗中也會知道手臂和腿在哪裏，這是因為肌腱內的中樞神經系統中的神經傳感器將資訊反饋給了大腦，大腦利用這些資訊來測定肌肉伸縮程度進而確定手臂和腿的狀態。對於機器人，整合在機器人內的傳感器將每一個關節和連桿的資訊發送給控制器，於是控制器就能決定機器人的構型和作業狀況。機器人常配有許多外部傳感器，例如視覺系統、觸覺傳感器、語言合成器等，以使機器人能與外界進行通信。在前面章節中曾不同程度使用到傳感器。

（3）控制器

機器人控制器從電腦獲取數據、控制驅動器的動作，並與傳感器反饋資訊一起協調機器人的運動。假如要機器人從箱櫃裏取出一個零件，它的第一個關節角度必須為確定的角度，如果第一關節尚未達到這一角度，控制器就會發出一個訊號到驅動器（例如，輸送電流到電動機），使驅動器運動，然後透過關節上的反饋傳感器（例如，電位器或編碼器等），測量關節角度的變化，當關節達到預定角度時，停止發送控制訊號。對於更複雜的機器人，機器人的運動速度和力同樣也是由控制器控制。在前面章節中曾不同程度使用到控制器。

(4) 處理器

處理器是機器人的大腦，用來電腦器人關節的運動，確定每個關節應移動多少、多遠才能達到預定的速度和位置，並且監督控制器與傳感器協調動作。處理器通常是一臺專用電腦，該電腦也需要擁有作業系統，程式和像監視器那樣的外部設備等。

(5) 軟體

用於機器人的軟體大致有三類。第一類是作業系統，用來操作電腦。第二類是機器人軟體，該軟體根據機器人運動方程計算每一個關節的動作，然後將這些資訊傳送到控制器，這種軟體有多種級別，從機器語言到現代機器人使用的高級語言等。第三類是例行程式集合和應用程式，這些軟體是為了使用機器人外部設備而開發的，例如視覺通用程式，或者是為了執行特定任務而開發的程式。

目前，先進機器人的作業及狀況是透過建立平臺實現的。透過平臺對工業機器人操作機實施控制，以完成特定的工作任務。例如，針對開放式控制系統的特點，以工業平板電腦和 PMAC（Programmable multiple-axis controller）為基礎，構建開放式硬體控制系統，基於 Visual C++6.0 進行上位機控制系統軟體開發。控制系統可以採用分級控制方式和模組化結構軟體設計，上位機負責資訊處理、路徑規劃、人機交互，下位機實現對各個關節的位置伺服控制，模組化軟體設計便於增減機器人功能，並使系統具有良好的開放性和擴展性。

透過軟體平臺可以針對模組化機器人開發全新的控制系統，提高模組間識別和通信可靠性並增加模組的串聯供電功能等，為模組化機器人整體協調運動提供可靠的硬體平臺，透過虛擬仿真機器人與實際機器人的步態映射機制和同步控制的實現，建立完善的機器人實驗系統。

透過為驗證機器人運動規劃及其自動生成的運動結果提供便捷的平臺，可以對多種構型的運動進行實驗研究，並分析仿真與實驗結果，驗證規劃和運動能力進化的有效性。

機器人整合系統控制的最終目的是按照任務要求實現機器人關鍵零部件的運動和末端件的作業。其平臺體現具體工作，如規格控制、確定機器人行程、元件尺寸和選擇、硬體架構、軟體開發、使用者界面設計和性能評估等，以下分別予以簡單介紹。

3.6.1 規格

對整個機器人開發而言，需要對機器人相關規格或參數進行一些制定或假設，對可獲得的工作精確度進行粗略的評估。當初定機器人規格或技術參數以後，用表格的形式示出具體數值，便於規格控制。

為了整合傳感器、執行器和控制平臺等元件，還要求控制系統必須具有訊號通信協議和標準。

3.6.2 選擇驅動及檢測裝置

合理選擇電動機、驅動器及編碼器等裝置是構建機器人系統的重要方面[48,49]。例如，當機器人要求直線運動且定位精確度高時可以選擇線性電動機。此類電動機要求運行期電動機力矩的有效值必須小於連續力矩，符合線性電動機峰值力，滿足最大加速度要求等。為簡單起見也可以直接選用機器人系統配套裝置。

在選擇編碼器前，應廣泛了解各類編碼器的特性及應用，以便於正確合理地進行選擇。例如，為了控制成本可以選擇光學編碼器而非雷射干涉儀。

3.6.3 控制平臺

選擇支撐平臺時可以依據快速控制原型、自動生成生產代碼和回路硬體測試設備三個主要特點來進行。

快速控制原型意味著可以直接和迅速地開發，並可透過常用軟體中的設計工具和豐富的功能塊使實際系統最優化。控制器可以直接而生動地以功能塊圖的形式設計。

自動生成生產代碼是指即時代碼可以透過功能模組自動生成和實現。

回路硬體測試設備是指回路硬體設備允許使用具有可靠性強、成本低的虛擬環境或方法進行系統測試。外設部件可用已經證明有效的數學模型取代，而把要進行評估的實際物理部件系統地插入回路。除了節省時間和成本，相關回路的模組化和可再生性硬體的仿真將極大地簡化整個開發和測試過程。

目前，有多種商品化的軟體符合上述選擇支撐平臺的條件，因此可以藉助它來構建使用者平臺。在選擇控制系統硬體和軟體進行開發時，其關鍵因素是靈活性、品質及功能。

有關用於構建控制平臺的商品化軟體在市場中可以根據需要購買，在現有的其他相關軟體的書籍中也有詳細介紹，在此不再贅述。

(1) 硬體結構設計

整個系統硬體結構應包括控制電腦、示教盒、操作面板、數位和模擬量輸入輸出、傳感器接口、軸控制器、輔助設備控制、通信接口及網路接口等。

對於機器人控制系統，主流的機器人架構主要有以控制卡為核心的控制架構和基於總線模式的控制架構。對採用控制卡為控制核心的控制架構，其控制系統的開發受制於控制卡系統內部的演算法，嚴重制約著該種架構的機器人系統開發。採用基於高速總線控制架構系統，分層控制的模式可實現複雜演算法的計算，而且底層的控制接口設計簡單，可以實現控制系統的模組化，易於實現後期電控系統調試等作業。

機器人在運行時會受到其周圍電氣系統或設備產生的電磁等訊號干擾。為了消除訊號干擾，硬體系統設計時，可以在電源主回路與負載之間安裝濾波器。例如，某工業機器人的驅動電動機選用交流伺服電動機，運動控制模式為位置控制等。此系統使用限位光隔板對限位、回零等標誌訊號增加光耦隔離，使用光隔接口板控制電磁閥的通斷電狀態，以此來控制手爪的開合。

當系統使用示教方式時，示教盒需要完成示教工作軌跡和參數設定以及所有人機交互操作。操作面板由各種操作按鍵、狀態指示燈構成，僅完成基本功能操作。傳感器接口用於資訊的自動檢測。軸控制器完成機器人各關節位置、速度和加速度控制。輔助設備控制用於和機器人配合的輔助設備控制，如手爪變位器等。通信接口實現機器人和其他設備的資訊交換，一般有串行接口、並行接口等。

配置的控制平臺能滿足最小速度和最大速度要求。

(2) 軟體開發平臺

仿真軟體是研究機器人運動必不可少的工具。在機器人運動仿真時，針對已經確定構型的機器人有相對成熟的仿真技術和仿真工具，例如商業的 Adams 多體動力學仿真軟體，透過模型導入、關節運動配置及其環境模型設定可以研究機器人在環境中的動力學運動效果，但是由於模組化機器人構型多變，對關節配置的繁雜操作費時費力[50,51]。

為了適應機器人多變的構型，往往不採用 Adams 等以鼠標操作為主的軟體，而是選用支持脚本或者高級程式語言創建機器人構型的運動仿真軟體。常見的該類商業機器人仿真軟體有 Webots，MSRS (Microsoft Robotics Studio)，V-REP (Virtual Robot Experimentation Platform) 等。Webots 是一款用於移動機器人建模、編寫和仿真的開發環境軟體。在 Webots 中，使用者可以設計各種複雜的結構，不管是單機器人還是群機器人，相似的或者是不同的機器人都可以很好地交互；也可以對每個對象屬性如形狀、顏色、紋理、品質等進行自主選擇。除了可以在軟體中對每個機器人選擇大量的虛擬傳感器和驅動器，也可以在這種整合的環境或者是第三方的開發環境對機器人的控制器進行編寫。機器人的行為完全可以在現實環境中進行驗證，同時控制器的代碼也可以實現商業化機器人的移植。Webots 目前已經在全世界多所大學及科研院所中使用，為全世界的使用者節省了大量的開發時間。MSRS 為一個小規模團隊秘密研發的機器人開發平臺，目前針對教育學習者免費。V-REP 是全球領先的機器人及模擬自動化軟體平臺，V-REP 讓使用者可以模擬整個機器人系統或其子系統（如感測器或機械結構），透過詳盡的應用程式接口（API），可以輕易地整合機器人的各項功能。V-REP 可以被使用在遠端監控、硬體控制、快速原型驗證、控制演算法開發與參數調整、安全性檢查、機器人教學、工廠自動化模擬及產品展示等各種領域。

物理學引擎是 Webots、MSRS 及 V-REP 軟體的核心，即基於牛頓力學計算各個物體間的動力學和運動學效果的軟體開發包。Webots 採用 ODE（Open Dynamics Engine）物理引擎，ODE 是一個免費的，具有工業品質的剛體動力學的庫，是一款優秀的開源物理引擎，它能很好地仿真現實環境中的可移動物體，它是快速、強健和可移植的。MSRS 使用 PhysX 物理引擎實現動力學建模與解算，PhysX 是世界三大物理運算引擎之一（另外兩種是 Havok 和 Bullet），PhysX 物理引擎可以在包括 Windows、Linux、Mac、Android 等的全平臺上運行。V-REP 使用 ODE 和 Bullet 物理引擎，廣泛應用於遊戲開發和電影製作中。

這幾個商業軟體更適合模組化機器人協調運動研究，可以使用基本模組的模型進行任意構型機器人的動態創建。但是，MSRS 自從 R4 版本後不再更新和支持，並且缺乏詳細的文檔。V-REP 和 Webots 的部分高級功能均需收費，而且有些功能缺乏可定制性，例如難以實現高效率的機器人運動離線優化。一般而言，採用實際機器人進行運動優化（即在線優化）會耗費很長時間，其不確定性運動容易導致樣機的致命損壞，因此多數研究者傾向於採用基於運動仿真評價的運動能力進化方案。由於商業軟體具有一定的局限性，又缺乏高度可定制的程式接口（API），很多模組化機器人研究機構開發了面向自開發樣機模組或者知名模組模型的仿真環境，用來進行動力學運動仿真、適應性運動控制器開發和驗證以及複雜環境下的運動學習等研究。

近幾年出現的仿真平臺還有 Robot3D 和 ReMod3D。Robot3D 具有群機器人運動、模組對接及機器人個體運動仿真等功能，其物理計算引擎採用 ODE。ReMod3D 是針對模組化機器人的高效運動仿真軟體，該軟體採用 PhysX 物理引擎做物理計算，除 Robot3D 具有的功能外還增加了運動學解算和輪式小車等附加功能。因為 PhysX 引擎支持仿真計算的多核多線程自動加速，所以相對於 ODE 來説，更容易實現高效的運動仿真平臺開發。

由於受到機械、傳感及執行部件的可靠性以及能源限制，完全硬體化的機器人運動進化實現難度很大。因此，軟體化的虛擬進化仿真是當前進化機器人研究的主要手段，應開發適用於並行進化計算的模組化機器人專用高效運動計算平臺。

開發軟體有多種。目前軟體開發多採用流行的 MATLAB，它為經典控制和現代控制兩類控制演算法的標準和模組化設計功能提供了豐富的集合[52,53]。應用 MATLAB/Simulink 軟體開發時，可以實現的功能包括：

① 控制和自動調整。

② 幾何誤差校正和補償。

③ 安全功能，如緊急停車和限位開關等。

這些功能基本能夠滿足常用工業機器人的需要。

(3) 使用者界面

使用者界面應該幫助設計或使用人員直觀地管理使用設備，設置必要的接口，並自動進行試驗和操作。使用者界面設計應該簡單易操作。使用者界面視具體應用的需要可以相應地增加和減少。

參考文獻

[1] 劉濤，王淑靈，詹乃軍. 多機器人路徑規劃的安全性驗證[J]. 軟體學報，2017，28（5）：1118-1127.

[2] 葉艷輝. 小型移動焊接機器人系統設計及優化[D]. 南昌：南昌大學，2015.

[3] 王殿君，彭文祥，高錦宏，等. 六自由度輕載搬運機器人控制系統設計[J]. 機床與液壓，2017，45（3）：14-18.

[4] M Guillo，L Dubourg. Impact & improvement of tool deviation in friction stir welding: Weld quality & real-time compensation on an industrial robot[J]. Robotics and Computer-Integrated Manufacturing，2016，39（5）：22-31.

[5] 周會成，任正軍. 六軸機器人設計及動力學分析[J]. 機床與液壓，2014，（9）：1-5.

[6] 管貽生，鄧休，李懷珠，等. 工業機器人的結構分析與優化[J]. 華南理工大學學報（自然科學版），2013，41（9）：126-131.

[7] 趙景山，馮之敬，褚福磊. 機器人機構自由度

分析理論[M]. 北京：科學出版社，2009.

[8] 李永泉，宋肇經，郭菲，等. 多能域過約束並聯機器人系統動力學建模方法[J]. 機械工程學報，2016，52（21）：17-25.

[9] 潘祥生，沈惠平，李露，等. 基於關節阻尼的6自由度工業機器人優化分析[J]. 機械設計，2013，30（9）：15-18.

[10] 孫中波. 動態雙足機器人有限時間穩定性分析與步態優化控制研究[D]. 長春：吉林大學，2016.

[11] [法]J.-P. 梅萊著，黃遠燦譯. 並聯機器人[M]. 北京：機械工業出版社，2014，6.

[12] 陳正升. 高速輕型並聯機器人整合優化設計與控制[D]. 哈爾濱：哈爾濱工業大學，2015.

[13] 宮赤坤，餘國鷹，熊吉光，等. 六自由度機器人設計分析與實現[J]. 現代製造工程，2014，（11）：60-63.

[14] 餘志龍，趙利軍，田建濤. 基於simulink的單鋼輪壓路機機架減振參數的分析[J]. 建築機械，2014，（8）：57-62.

[15] 郝昕玉，姬長英. 農業機器人導航系統故障檢測模組的設計[J]. 安徽農業科學，2015，43（34）：334-336.

[16] 王航，祁行行，姚建濤，等. 工業機器人動力學建模與聯合仿真[J]. 製造業自動化，2014，（17）：73-76.

[17] 孫祥溪，羅慶生，蘇曉東. 工業碼垛機器人運動學仿真[J]. 電腦仿真，2013，30（3）：303-306.

[18] 楊麗紅，秦緒祥，蔡錦達，等. 工業機器人定位精確度標定技術的研究[J]. 控制工程，2013，20（4）：785-788.

[19] 周煒，廖文和，田威. 基於空間插值的工業機器人精確度補償方法理論與試驗[J]. 機械工程學報，2013，49（3）：42-48.

[20] A G Dunning，N Tolou，J L Herder. A compact low-stiffness six degrees of freedom compliant precision stage[J]. Precision Engineering，2013，37（2）：380-388.

[21] 吳應東. 六自由度工業機器人結構設計與運動仿真[J]. 現代電子技術，2014，37（2）：74-76.

[22] 彭娟. 基於Simulink的電動機驅動系統仿真[J]. 現代製造技術與裝備，2014，（5）：59-60.

[23] M Pellicciari，G Berselli，F Leali，et al. A method for reducing the energy consumption of pick-and-place industrial robots[J]. Mechatronics，2013，23（3）：326-334.

[24] 沈丹峰，張華，葉國銘，等. 基於靈活度考慮的棉花異纖分揀機器人結構參數優化設計[J]. 紡織學報，2013，34（2）：151-156.

[25] M Bdiwi. Integrated sensors system for human safety during cooperating with industrial robots for handing-over and assembling tasks[J]. Procedia Cirp，2014，23：65-70.

[26] 譚民，徐德，侯增廣，等. 先進機器人控制[M]. 北京：高等教育出版社，2007.

[27] 鄭澤鈿，陳銀清，文強，等. 工業機器人上下料技術及數控車床加工技術組合應用研究[J]. 組合機床與自動化加工技術，2013，（7）：105-109.

[28] I W Muzan，T Faisal，H M A A Al-Assadi，et al. Implementation of Industrial Robot for Painting Applications[J]. Procedia Engineering，2012，41：1329-1335.

[29] 張明，何慶中，郭帥. 酒箱碼垛機器人的機構設計與運動仿真分析[J]. 包裝工程，2013，（1）：91-95.

[30] 孫浩，趙玉剛，姜文革，等. 碼垛機器人結構設計與運動分析[J]. 新技術新工藝，2014，（8）：71-73.

[31] M R Pedersen，L Nalpantidis，RS Andersen，et al. Robot skills for manufacturing：From concept to industrial deployment[J]. Robotics and Computer-Integrated Manufacturing，2015，37：282-291.

[32] 白陽. 重心自調整的全方位運動輪椅機器人技術研究[D]. 北京：北京理工大學，2016.

[33] 李楨. 獼猴桃採摘機器人機械臂運動學仿真

與設計[D]. 咸陽：西北農林科技大學，2015.

[34] 王化劼. 雙機器人合作運動學分析與仿真研究[D]. 青島：青島科技大學，2014.

[35] 王才東，吳健榮，王新傑，等. 六自由度串連機器人構型設計與性能分析[J]. 機械設計與研究，2013，29（3）：9-13.

[36] ［俄］索羅門採夫主編. 工業機器人圖册[M]. 干東英，安永辰，譯. 北京：機械工業出版社，1993.

[37] 趙軍. 小型多關節工業機器人設計[J]. 金屬加工冷加工，2013，（20）：28-30.

[38] 李世站，李靜. 兩軸轉臺控制方法研究及simulink仿真[J]. 電腦與數位工程，2014，42（1）：22-23.

[39] 聶小東. 單軌約束條件下多機器人柔性製造單位的建模與調度方法研究[D]. 廣州：廣東工業大學，2016.

[40] 王曉露. 模組化機器人協調運動規劃與運動能力進化研究[D]. 哈爾濱：哈爾濱工業大學，2016.

[41] 羅逸浩. 模組化組合工業機器人的架構設計建模[D]. 廣州：廣東工業大學，2016.

[42] 周冬冬，王國棟，肖聚亮，等. 新型模組化可重構機器人設計與運動學分析[J]. 工程設計學報，2016，23（1）：74-81.

[43] 吳潮華. 多工業機器人基座標系標定及協同作業研究與實現[D]. 杭州：浙江大學，2015.

[44] 安鑫. 多機器人恒力研拋控制系統的研究[D]. 長春：長春理工大學，2014.

[45] 熊根良. 具有柔性關節的輕型機械臂控制系統研究[D]. 哈爾濱：哈爾濱工業大學，2010.

[46] 吕川. 基於PLC的全向移動機器人控制系統設計[D]. 合肥：合肥工業大學，2015.

[47] ［新加坡］陳國強，李崇興，黄書南著. 精密運動控制：設計與實現[M]. 韓兵，宣安，韓德彰譯. 北京：機械工業出版社，2011.

[48] 劉川，劉景林. 基於Simulink仿真的步進電機閉環控制系統分析[J]. 測控技術，2009，28（1）：44-49.

[49] 周建新，付傳秀，劉愛平. 二階電路的SIMULINK仿真及封裝[J]. 佳木斯大學學報（自然科學版），2007，25（6）：732-734.

[50] 朱華炳，張娟，宋孝炳. 基於ADAMS的工業機器人運動學分析和仿真[J]. 機械設計與製造，2013，（5）：204-206.

[51] 魏武，戴偉力. 基於Adams的六足爬壁機器人的步態規劃與仿真[J]. 電腦工程與設計，2013，34（1）：268-272.

[52] 扶宇陽，葛阿萍. 基於MATLAB的工業機器人運動學仿真研究[J]. 機械工程與自動化，2013，（3）：40-42.

[53] 王曉強，王帥軍，劉建亭. 基於MATLAB的IRB2400工業機器人運動學分析[J]. 機床與液壓，2014，（3）：54-57.

第4章

工業機器人本體模組化

工業機器人本體模組化是透過對機器人組成機構分析，重點是機器人機構速度分析和機器人機構靜力分析等，將各功能單位模組化。

對多種機器人本體模組化及運動原理進行分析，以理解機器人的基本動作和基本運動形式，透過工業機器人組合模組結構，明確組合模組結構形式及組合模組機器人整機組成。例如，模組化自重構機器人是由具有一定運動和感知能力的基本模組組成，可以透過模組間的連接和斷開形成豐富多樣的構型或形態，從而能夠更好地適應環境特徵與任務要求。可以採用蛇形或者毛蟲構型穿越狹小的孔洞，採用四足構型越過崎嶇的地面，在平面環境下採用環形構型實現高速滾動等。另外，機器人模組可以自帶運動關節，使得組成的構型具有超冗餘自由度，因此，模組化機器人具有構型多樣性和運動超冗餘度的特點。對於模組化機器人，透過整體協調運動探尋一種有效的、可應用於任意構型的協調運動規劃與自動生成理論與技術是急需解決的難題之一[1,2]。

工業機器人本體模組化的開放性是有待研究的問題，對於沒有或者難以用運動控制器模型建立的機器人構型，自動生成機器人運動模式是困難的，目前主要採用控制器參數離線優化的方法。例如，採用運動仿真與進化演算法相結合的機器人控制器參數離線優化方案，首先設定典型構型的控制器表達式與優化變量，然後以仿真評價得出的適應度值為判據來引導控制器參數向量的變化趨勢，從而在有限的時間內得出滿意的運動結果。

為了發掘模組化機器人的多模式運動，可以採用粒子群搜索演算法。將機器人運動行為空間稀疏度作為自然進化選擇標準（適應度）的粒子群搜索演算法，放棄運動搜索目標，在實現可搜索出高運動速度、運動步態的同時，還可發掘機器人豐富運動模式的計算框架，針對不同模組數量的毛蟲構型、蛇形構型、十字構型及四足構型等典型構型進行仿真研究，驗證演算法的有效性。

基於控制參數搜索的運動能力進化，仍然需要人工設定機器人運動控制器表達式。這種方式需要對機器人構型及其幾何特徵有一定程度的了解，並將任意構型、控制器表達式及其參數的自動生成等視為一個重要的研究問題。透過提出控制器表達式自動生成與控制參數進化相結合的自建模運動能力進化方法，將機器人構型拓撲解析、功能子結構的控制器表達式自動生成、同構子結構運動關係約束以及參數優化搜索結合在一起，以實現任意機器人構型協調運動能力的一鍵式自動生成功能，可以快速找到規則的運動步態，從而在機器人構型改變情況下使機器人擁有快速適應環境的能力。

透過對多用途工業機器人、電鍍用自動操作機及定位循環操作工業機器人等典型工業機器人的機構（結構）組成分析，可以理解其模組化工作原理及結構布局並提出設計建議。

透過對特定工業機器人系統的分析充分闡述模組化原理，把其中含有相同或相似的功能單位分離出來，並用標準化方式進行統一、歸併和簡化，再以通用單位的形式獨立存在，為從源頭上理解模組化設計提供了充分的理論依據。

4.1 工業機器人組合模組構成

機器人模組是機器人組合模組構成的基本單位。機器人模組化是把機器人系統分解成一些規模較小、功能較簡單的模組，這些模組具有相對獨立性。其明顯的優點在於：①簡化了結構，兼顧了使用上的專用性和設計上的通用性。便於實現標準化、系列化和組織專業生產。②縮短了研製週期。能適應工廠使用者的急需，在盡可能短的時間內，快速製造出功能實用且滿足使用者要求的機器人產品。③提高了性價比。採用優質功能部件整合的方式，有利於保證機器人的品質和降低成本。④具備了充分的柔性。

工業機器人組合模組機構為通用模組與專用模組的合理組合，從開發的角度理解時，工業機器人新系統等於不變部分與變動部分的合理組合。能否實現其合理組合，首先需要對單位和機構進行分析，其次進行機構運動原理設計，最後才形成組合模組結構工業機器人。

4.1.1 機器人組成機構分析

機器人組成機構是機器人的整機骨架，也是構造組合模組的理論基礎。

由於串聯機器人結構簡單，並在工業中得到了廣泛的應用，在此以串聯機構為例對機器人機構運動及力進行分析，其他複雜結構機器人可以透過在此基礎上進一步分析得到。

(1) 機器人機構速度分析

設串聯機器人末端執行器的自由度數為 m （$1\leqslant m\leqslant 6$），運動鏈中各關節自由度的總和為 n （$n\geqslant m$），各關節的廣義速度（包括角速度和線速度）的大小用列向量來表示，如式(4-1) 所示。

$$\dot{\theta}=[\dot{\theta}_1,\dot{\theta}_2,\cdots,\dot{\theta}_n]^{\mathrm{T}}\in R^{n\times 1} \tag{4-1}$$

其末端執行器的速度螺旋可以表示為式(4-2)。

$$V_E=J\dot{\theta} \tag{4-2}$$

式中，$J=[\$_1,\$_2,\cdots,\$_n]$，$J$ 為 $6\times n$ 的雅可比矩陣，是由該機器人機構各關節自由度的運動螺旋構成的；$\$_i(i=1,2,\cdots,n)$ 為第 i 個單位運動螺旋在固定座標系下的 Plücker 列向量；$\dot{\theta}_i$ 是對應於 $\$_i$ 的廣義速度。

式(4-2) 表明，一個由 n 個廣義轉動副串聯連接而成的機器人機構末端執行器的速度螺旋可以在固定座標系下表示成該運動鏈的運動螺旋係的線性組合。如果所有的運動螺旋都是單位螺旋的話，各線性係數則描述了該運動鏈中各廣義角速度的大小。展開式(4-2) 得：

$$V_E=\dot{\theta}_1\$_1+\dot{\theta}_2\$_2+\cdots+\dot{\theta}_n\$_n \tag{4-3}$$

如果 $n=m$，那麼機器人末端執行器的雅可比矩陣將為列滿秩的，也就是說，$\$_i(i=1,2,\cdots,n)$ 是線性無關的。

設 J_s 是由 $\{\$_1 \quad \$_2 \quad \cdots \quad \$_n\}$ 生成的 n 維子空間，即

$$J_s=\mathrm{span}\{\$_1 \quad \$_2 \quad \cdots \quad \$_n\} \tag{4-4}$$

由式(4-3) 和式(4-4) 可知，向量 V_E 一定屬於線性空間 J_s，即

$$V_E\in J_s \tag{4-5}$$

因此，這裏稱 J_s 為串聯機器人機構末端執行器的可行性運動空間。

由於通常情況下，雅可比矩陣不是方陣，因此，機器人機構的速度逆解問題變得相對困難一些[11,12]。用僞逆的方法可以求得這類問題的解，式(4-2) 的兩邊分別左乘 J^{T} 可得：

$$J^{\mathrm{T}}V_E=J^{\mathrm{T}}J\dot{\theta} \tag{4-6}$$

在 $n=m$ 即 J 列滿秩的情況下，$J^{\mathrm{T}}J$ 一定為 $m\times n$ 的滿秩方陣。因此，式(4-6) 兩邊分別左乘 $(J^{\mathrm{T}}J)^{-1}$ 可得到該串聯機器人機構的運動學逆解。

$$\dot{\theta}=(J^{\mathrm{T}}J)^{-1}J^{\mathrm{T}}V_E \tag{4-7}$$

式中，$(J^{\mathrm{T}}J)^{-1}J^{\mathrm{T}}$ 稱為 J 的僞逆，用 E 表示；V_E 為末端執行器的速度螺旋。

在 $n=m$ 的情況下，解 $\dot{\theta}$ 是唯一的。

當 $n>m$ 時，其解不唯一，這一問題不再展開，具體可以參考相關文獻[3]。

根據相關理論，為了實現串聯機器人機構末端執行器的速度 V_E，第

j（$j=1, 2, \cdots, n$）個關節的角速度可以由以下方程求出。

$$\dot{\theta}_j=\frac{(\$_{J_j}^r)^{\mathrm{T}} E V_E}{(\$_{J_j}^r)^{\mathrm{T}} E \$_j} \tag{4-8}$$

其中，$(\$_{J_j}^r)^{\mathrm{T}} E \$_j \neq 0$。

這樣，為了實現串聯機器人機構末端執行器的速度 V_E，各關節的角速度以矩陣的形式表示。

$$\dot{\theta}=D r^{\mathrm{T}} E V_E \tag{4-9}$$

式中，$D=\operatorname{diag}\left[\frac{1}{(\$_{J_1}^r)^{\mathrm{T}} E \$_1} \quad \frac{1}{(\$_{J_2}^r)^{\mathrm{T}} E \$_2} \quad \cdots \quad \frac{1}{(\$_{J_n}^r)^{\mathrm{T}} E \$_n}\right]$

$r=[\$_{J_1}^r \quad \$_{J_2}^r \quad \cdots \quad \$_{J_n}^r]$

根據 $\$_{J_j}^r$ 的構造過程，可以證明 $\operatorname{rank}(r)=n$。將式(4-9) 代入式(4-2) 並整理得：

$$(J D r^{\mathrm{T}} E-\mathrm{I}) V_E=0 \tag{4-10}$$

式中，I 表示 6×6 的單位矩陣。

這就是說，機器人機構末端執行器的所有可行性運動 V_E 都必須滿足式(4-10)。換言之，所有不滿足式(4-10) 的運動都是不可行的。因此，式(4-10) 動態界定了機器人機構在任意位姿下末端執行器的速度範圍。

在實際應用中，式(4-10) 可以作為機器人末端執行器軌跡規劃的一個關聯約束方程直接使用。

(2) 機器人機構靜力分析

已知串聯機器人機構末端執行器的載荷，如何對各關節的驅動力或力矩進行求解，這是串聯機器人靜力分析要解決的一個基本問題。

設串聯機器人機構末端執行器在力螺旋 w_E 的作用下，要保持該機器人機構的平衡，各關節的驅動力矩為 τ_i（$i=1, 2, \cdots, n$），引入關節驅動力矩向量，即：

$$\tau=[\tau_1 \quad \tau_2 \quad \cdots \quad \tau_n]^{\mathrm{T}} \tag{4-11}$$

根據相關理論，在任意瞬時末端執行器的載荷所耗用的功率為：

$$P_L=V_E^{\mathrm{T}} E w_E \tag{4-12}$$

將式(4-2) 代入式(4-12) 可得：

$$P_L=\dot{\theta}^{\mathrm{T}} J^{\mathrm{T}} E w_E \tag{4-13}$$

在該瞬時，機器人機構各關節驅動力所做的功率為：

$$P_D=\dot{\theta}^{\mathrm{T}} \tau \tag{4-14}$$

根據虛功率原理，為保持機器人機構的平衡，機器人機構各關節驅動力在任意瞬時的功率之和與末端執行器的載荷在該瞬時所耗用的功率相等，即

$$P_D = P_L \tag{4-15}$$

將式(4-13) 和式(4-14) 代入式(4-15) 並整理得：

$$\dot{\theta}^{\mathrm{T}}(\tau - J^{\mathrm{T}} E w_E) = 0 \tag{4-16}$$

考慮到 $\dot{\theta}$ 的任意性，方程 (4-16) 成立的充要條件是：

$$\tau = J^{\mathrm{T}} E w_E \tag{4-17}$$

根據式(4-17) 可以發現，各關節的轉動力矩可以表示為：

$$\tau_i = \$_i^{\mathrm{T}} E w_E \tag{4-18}$$

式(4-17) 或式(4-18) 給出了串聯機器人機構靜力學逆解。根據相關理論，w_E 還可以表示成 $\$_{J_j}^r (j=1, 2, \cdots, n)$ 的線性組合，即：

$$w_E = a_1 \$_{J_1}^r + a_2 \$_{J_2}^r + \cdots + a_n \$_{Jn}^r \tag{4-19}$$

將式(4-19) 代入式(4-18) 得：

$$\tau_i = \$_i^{\mathrm{T}} E (a_1 \$_{J_1}^r + a_2 \$_{J_2}^r + \cdots + a_n \$_{J_n}^r) = a_i \$_i^{\mathrm{T}} E \$_{J_i}^r \tag{4-20}$$

因此可得：

$$a_i = \frac{\tau_i}{\$_i^{\mathrm{T}} E \$_{J_i}^r} \tag{4-21}$$

將式(4-21) 代入式(4-19) 得：

$$w_E = \sum_{i=1}^{n} \frac{\tau_i}{\$_i^{\mathrm{T}} E \$_{J_i}^r} \$_{J_i}^r \tag{4-22}$$

式(4-22) 用矩陣形式可以表示為：

$$w_E = rD\tau \tag{4-23}$$

式(4-23) 給出了串聯機器人機構的靜力學正解。將式(4-17) 代入式(4-23) 並整理得：

$$(rDJ^{\mathrm{T}} E - \mathrm{I}) w_E = 0 \tag{4-24}$$

這就是説，所有可控的載荷 w_E 都必須滿足式(4-24)。換言之，所有不滿足式(4-24) 的載荷都是不可控的，但這些不可控的載荷則完全由機構的剛性結構體本身來承擔。

4.1.2 機器人運動原理

機器人的種類非常多，不同種類機器人運動原理不一樣，但不管多麼複雜的機器人，其運動都是由基本構件的運動所組成。從模組化觀點

考慮時，模組可以被視為基本構件。工業機器人操作機可以看作是相對複雜的機器人，當模組被視為基本構件時，此時操作機結構可以視為由若干個典型模組連接而成。

當對常規座標型配置方式的機器人進行運動分析時，透過典型模組可以執行以下動作或運動：

① 基本動作。可分解為體升降、臂伸縮、體旋轉、臂旋轉、腕旋轉等。

② 基本運動形式。分為直線運動和旋轉運動兩類。

在設計機器人時，首先要針對機器人的組成機構進行研究，對機構的速度及靜力進行分析，在此基礎上可以充分利用能夠實現直線運動和旋轉運動的通用部件（如氣、液、電等部件或裝置）來進行功能組合，也就是說可以將經過合理選擇的通用部件作為模組來進行整合。如此，不僅可以保證機構運動的可行性，而且可以大量節省設計時間。應用這些部件時既可以作為一個獨立的基本模組，也可以將幾個部件組合為一個複合模組。

下面對不同的工業機器人應用實例進行分析。

(1) 數控機床用機器人運動原理

數控機床專用機器人通常用於使裝備自動化。例如，數控機床專用 NC-R 機器人的技術特徵包括：①額定負載；②自由度數；③沿垂直軸及沿水平軸的最大線位移；④沿垂直軸及沿水平軸的最大線速度範圍；⑤手臂相對垂直軸、手腕相對縱軸及手腕相對橫軸的角位移、速度範圍；⑥最大定位精確度；⑦夾持器夾緊力；⑧加緊-松開時間；⑨按外徑表示的被夾持零件尺寸範圍及除數控裝置以外的重量等。

NC-R 機器人運動原理如圖 4.1 所示，圖中包括若干個不同型號電動機，兩個電磁制動器，諧波齒輪減速器及手臂，採用兩種傳動形式的傳動組件等。

在帶有數控裝置的機床上工作時，該機器人可用於取下毛坯和零件、更換刀具及用作其他輔助操作。該機器人可以在機床上工作，並與堆垛及運輸裝置一起形成柔性生產加工的綜合裝置，可以在無操作者參與下進行長時間的工作。

工作時，機器人的手臂伸向機床→手臂夾持加工零件→手臂返回到原點→手臂伸向循環臺面→放下零件→夾持下一個毛坯，將毛坯送向機床卡盤→將其在卡盤中夾緊→將毛坯松開→手臂返回到原點→開始在機床上的加工循環。

機器人的工作過程可以看作是在數控機床上更換毛坯的循環過程。

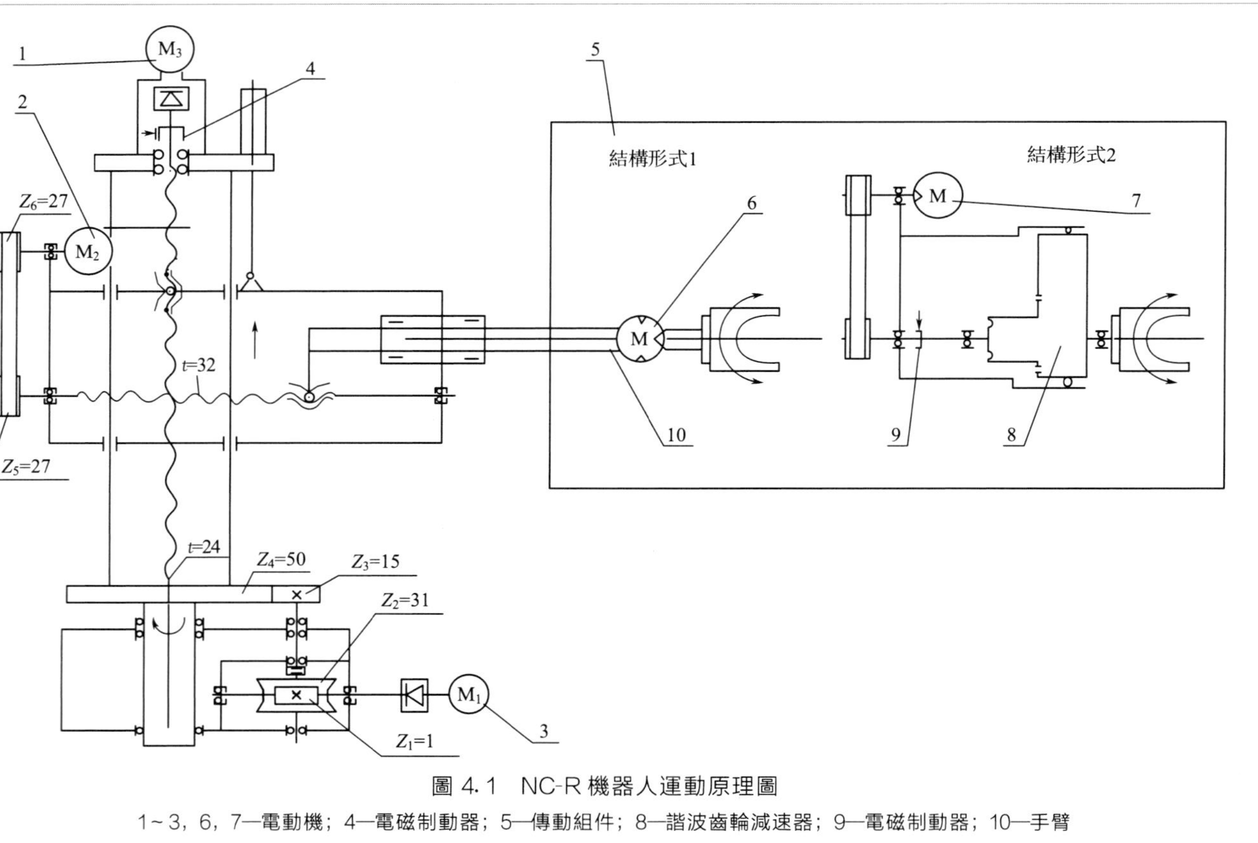

圖 4.1 NC-R 機器人運動原理圖

1~3，6，7—電動機；4—電磁制動器；5—傳動組件；8—諧波齒輪減速器；9—電磁制動器；10—手臂

NC-R 機器人的結構是組合單位，即可以形成多種不同結構形式的運動和組合，主要具有以下特點：

① 轉動機構在水平面內轉動，可以做成單獨組件的形式。

② 手臂升降機構也可以做成單獨組件的形式。

③ 手腕在垂直面內轉動，其轉動可以依靠氣動裝備驅動組件來實現。

機器人工作時具有沿各座標軸方向的最大位移量並同時被控制著。主要包括：

① 定位工作狀態時（如轉動電動機，手臂升降或伸出）的工作範圍。

② 循環工作狀態時（如手腕和夾持器轉動組件的氣動馬達）的工作範圍。

制定數控機床專用機器人的構成方案時，應該特別注意機器人的運動空間及參數（包括參與裝置與附件）：

① 空間運動參數：如在水平面、垂直面上的行程數值及沿臂長方向的長度；工作範圍的最遠空間距離，如垂直升降方向「提升和下降機構」，在垂直升降方向的固定安裝，可以透過馬達的基座與直流電動機固定安裝。

② 靜態參數：如零部件的額定載荷及裝置重量等，同時還應該注意機器人的力參數及誤差參數[4]。如保證垂直精確度，主要指「提升和下降機構」中滾珠絲槓副的裝配，如滾珠絲槓的垂直度要求、滾珠絲槓雙螺母的鎖緊力大小及兩端軸承的調整均應符合裝配技術要求，且滾珠絲槓副的螺母應該緊固在手臂伸縮組件的機體上。還需要考慮的是夾持器的夾緊力，夾緊力允許誤差參數及最大定位誤差等。

③ 作業現場與環境有時是複雜多變的，且毛坯或工件的尺寸、形狀也是不確定的。為了實現毛坯或工件的準確安放，要對毛坯或工件位姿進行檢測。控制元件的應用，可以透過安裝擋塊來實現機器人的位置控制。使用行程開關碰撞擋塊來控制位移速度，即控制「手臂伸縮機構」位移速度。透過橡膠緩衝器用以減緩手臂上下行程終端時的衝擊。當作業環境、毛坯或工件發生變化時，機器人的檢測系統需根據新的工藝設定系統參數。

(2) 熱沖壓用機器人運動原理

在金屬加工中比較常見的任務是熱壓加工，它要求在加熱的爐窯、沖壓床、車床或手搖鑽床附近工作，這類工作有較大的危險。機器人能耐高溫環境，編好了程式就可以防止與其他物體碰撞，這方面機器人具有獨特的優勢，可以勝任此類工作。

HS-R 熱沖壓機器人用於熱沖壓力機上，可以實現熱沖壓操作自動化、爐子的裝卸料等。該機器人的技術特徵包括：①承載能力；②操作機自由度數；③位移範圍（如手臂在水平面轉動、手臂提升、手腕伸出及手腕相對縱軸轉動）；④位移速度（如手臂轉動、手臂提升、手腕伸出及手腕轉動的速度）；⑤夾持器定位誤差；⑥夾持力；⑦傳動裝置電動機總功率及重量（控制裝置除外）等。該機器人的運動原理如圖 4.2 所示，圖中包括電動機、提升模組、轉動模組及手臂模組等。其運動要求包括：

① 當操作機安置在預定位置時，控制板上的座標定制器必須放在零點位置，這樣才能實現定制器的位置與電位器式位置傳感器相一致。

② 每一段控制程式均應包含下列資訊：到裝備上的工藝指令號；到操作機上的指令號；定位精確度等級及完成給定指令的延續時間。

③ 在自動工作狀態時，程式控制系統形成訊號傳送到驅動裝置變換器上，它們給出必要的電壓值和符號，再到操作機相應的運動自由度電動機上。當減速系統自動接通時，設定自由度驅動裝置實現精確進給並到達定位點。在完成所有預定位移以後，在預定時間完成工藝指令，再自動進入到下一段控制程式。

HS-R 機器人是一個綜合體，由模組結構操作機、位置程式裝置、電驅動裝置組件等組成。為了保證操作的安全性，在操作空間周圍設計有限位、保護裝置。其主要特點是：

① 在手臂模組上裝有手腕和夾持器。

② 設置基座接線盒，用以連接由控制裝置引出的電纜及電線。

③ 提升模組接線盒主要用來將電纜連接到手臂提升和移動的驅動裝置上。

④ 管接頭用來連接由空氣存貯裝置引出的軟管。

當制定熱沖壓用機器人的構成方案時，應該特別注意轉動機構、操作機提升機構、操作機手臂機構及操作機手腕機構的運動空間及參數（包括參與裝置與附件）。

1）轉動機構。轉動模組是用來在水平面內將手臂安裝在預定角度的位置上，並且轉動模組裝在基座上。為使操作機有較大的穩定性，首先在基座的機體上設置鉸鏈連接附加轉動支承（如對稱設置四個），之後進行調整使附加轉動支承保持平衡，直到轉動機構達到穩定性要求。

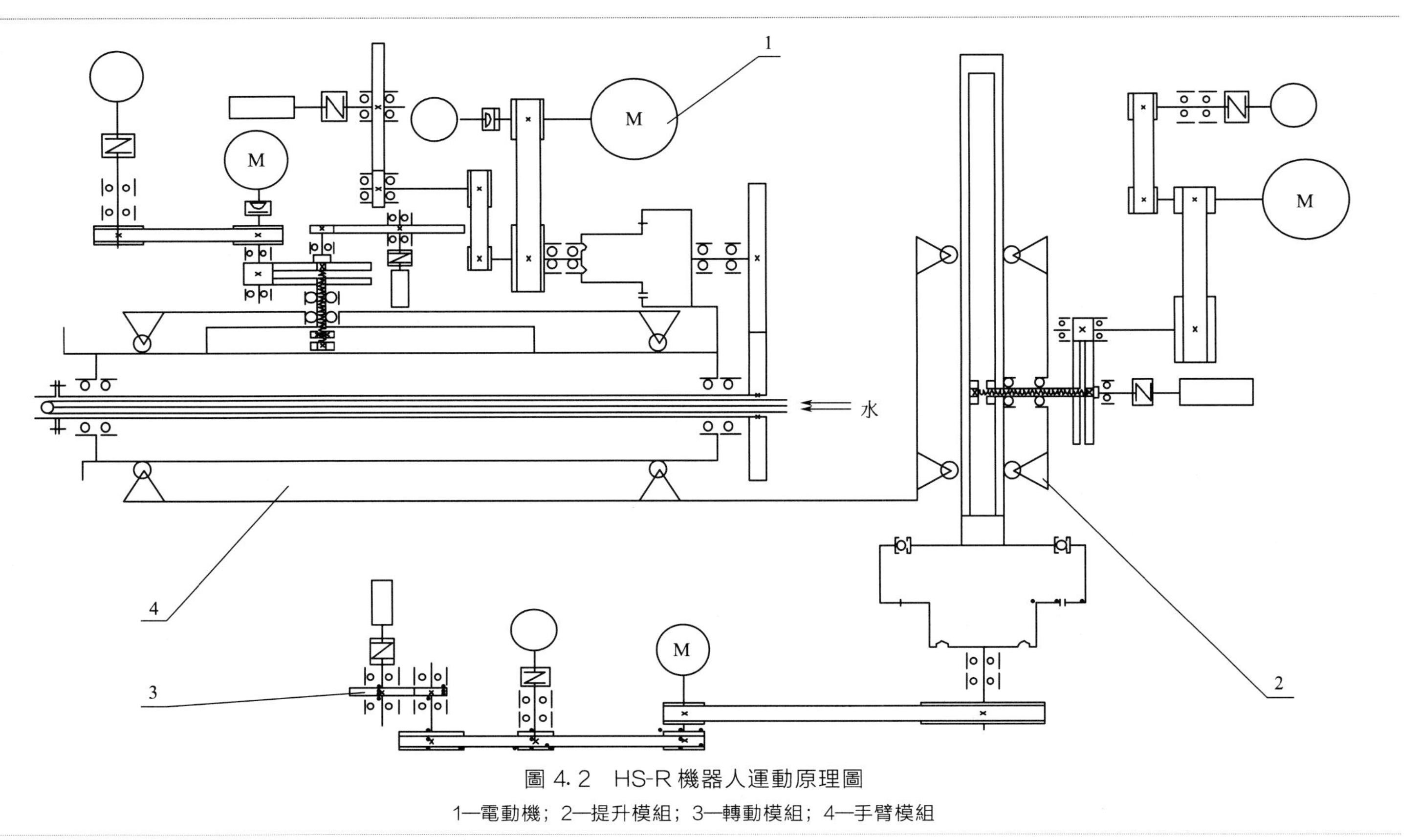

圖 4.2 HS-R 機器人運動原理圖

1—電動機；2—提升模組；3—轉動模組；4—手臂模組

2）提升結構。提升模組用來實現手臂的垂直移動，並將其定位在預定程式的位置上。在此應注意：①在立柱上有系列橫槽，用來把擋塊安置在所需的高度，以限制小車的位移；②透過測速發電機與位置傳感器的設置或連接，進行速度與位置的控制；③透過安裝制動器，實現提升運動的停止控制；④透過安裝滾輪與偏心軸，使其在垂直方向進行互動與配合，用來調整或消除提升運動時產生的間隙。

3）手臂機構。手臂模組應保證水平軸向運動及帶夾持器手腕的轉動，其設計應便於實現加工時毛坯的安裝和定向，應考慮手臂的承載能力。手臂模組由以下結構元件組成：承載系統；帶位置傳感器及測速發電機驅動裝置的直線移動機構；帶諧波齒輪減速器的手腕傳動機構及帶夾持裝置的手腕（手腕具有伸出運動）。

4）手腕機構。應考慮手腕伸縮、旋轉時手腕機構的結構特點，研究手腕（或操作手）的動力、接觸力及相互作用。

5）手腕與手臂連接處的結構。

（3）冷沖壓用機器人運動原理

CS-R 冷沖壓型機器人既可用於中小規模生產條件下冷沖壓過程的自動化，也可以用於機械、備料及其他車間工藝裝備上的裝料和卸料，還可以用於機床間和工序間的堆放等。該機器人的技術特徵包括：①手數量；②單手承載能力；③最大工作範圍半徑 R_{max} 及最小工作範圍半徑 R_{min}；④手臂最大水平行程；⑤手臂軸離地面的最小及最大高度；⑥手臂最大垂直行程；⑦每隻手相當於操作機縱軸（位置角的安裝極限）；⑧夾持器繞縱軸的最大轉角；⑨夾持器在手轉動和移動時的定位精確度；⑩單手臂、雙手臂的操作機重量等。該機器人運動原理如圖 4.3 所示，圖中主要示出了手腕、夾持器的運動情況。

CS-R 機器人由循環程式控制裝置發出指令，運動要求主要包括：

① 當指令達到時，空氣分配器的電磁鐵 Y_1、Y_2、…、Y_{22} 按確定的順序吸合；空氣分配器使空氣進入驅動裝置機構的氣缸中，從而使手臂完成運動。

② 當手臂放置在給定的位置時，終端開關 S_1、S_2、…、S_8 動作，控制相應的移動量，並給出下一步開始部分的允許量。

③ 手腕的轉動、夾持器的夾緊、松開以及在所需點上安置的轉動擋塊等都不是按終點開關所給定的位移來控制的，而是按時間控制的。在完成這些動作時，需要給予一定的時間間隔，時間離散。

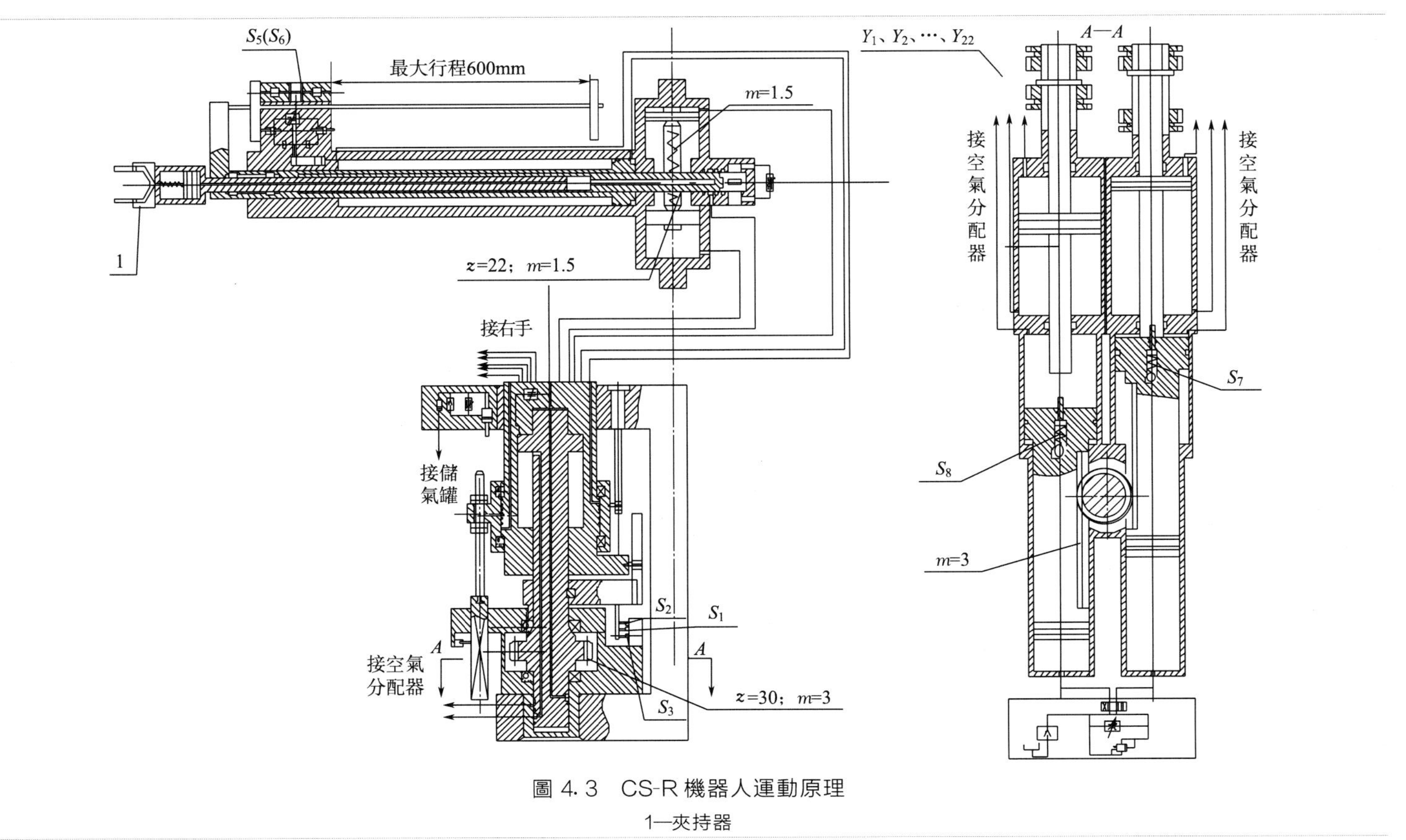

圖 4.3 CS-R機器人運動原理

1—夾持器

④ 機器人末端執行器安裝在操作機械手腕部的前端，用來直接執行工作任務。根據機器人功能及操作對象的不同，末端執行器可以是各種夾持器或專用工具等，夾持器的夾緊與松開由壓縮空氣來實現。

⑤ 手臂伸縮驅動裝置是在終端焊有法蘭和管子組成的氣缸。

⑥ 傳感器發出伸縮機構動作訊號傳到控制系統中。

⑦ 活塞在活塞桿腔中的空氣壓力作用下開始運動。

CS-R 機器人可以透過備用移動模組，增加在水平方向的工作空間尺寸。其主要特點是：

① 操作機是工業機器人的執行機構，它可以有多種結構形式，其基本組成單位包括：兩隻手臂、手臂提升和轉動機構及氣動系統等。操作機可以安裝在距離地面需要的高度上，該過程可以應用螺旋千斤頂來實現。

② 操作機的手臂機構做成標準化結構。用於一定重量毛坯、零件或工藝附件的夾持、握持及在空間的定向。為了實現這些動作，手臂機構必須包括手腕伸縮和轉動驅動裝置及帶夾緊驅動裝置的夾持裝置。

③ 夾持鉗口的尺寸和形狀可能有各式各樣的，應視零件的形狀和重量而定，在必要時，允許更換整個夾持器。

④ 提升和轉動機構用來實現手臂沿著操作機垂直軸的移動及手臂繞該軸的轉動。

當制定冷沖壓用機器人的構成方案時，應該特別注意機器人的運動空間及參數（包括參與裝置與附件）。例如：手數量；單手承載能力；最大工作範圍半徑 R_{max} 及最小工作範圍半徑 R_{min}；手臂最大水平行程；手臂軸離地面的最小及最大高度；手臂最大垂直行程；每隻手相當於操作機縱軸（位置角的安裝極限）；夾持器繞縱軸的最大轉角；夾持器在手轉動和移動時的定位精確度；單手臂、雙手臂的操作機重量等。

1）手臂機構。①機器人操作臂可以看作是由運動副連接起來的一系列桿件的組合，透過連接兩個桿件的關節，以約束它們之間的相對運動。操作對象的夾持和夾緊是由與機體鉸接的鉗口來完成的，應注意鉸接處的裝配，使夾持和夾緊可靠。

②鉗口的尺寸和形狀可能有各式各樣的，應視零件的形狀和重量而定，必要時，允許更換整個夾持器。

2）手臂伸縮。手臂伸縮驅動裝置是由氣缸控制的，要注意氣缸的裝配。為使手臂伸出，壓縮空氣進入該氣缸的相反腔內。由於活塞的有效面積差，活塞桿開始向一個方向移動，實現手臂的伸出，直至位置傳感器碰到擋塊為止，此時傳感器發出伸出機構動作訊號傳到控制系統中。為了使手臂縮回，應使活塞桿腔中的壓力降低，活塞在活塞桿腔中空氣壓力作用下開始向後運動。

3）提升及轉動機構。當操作機需要提升及轉動操作時，可透過手臂提升和轉動機構來實現手臂沿操作機垂直軸的移動和手臂繞該軸的轉動。應用螺旋千斤頂，可以將操作機安裝在距離地面所需的高度上。

(4) 裝配操作用機器人運動原理

裝配操作用機器人對性能的要求，在不同的行業有所不同。如汽車工業與精密機械工業等是以調整裝配、高速化及高精確度等要求為主，而電機工業則以提高經濟性要求為主。機器人運用到裝配工序時最大的特點是減少裝配工時，即減少裝配工作時間在產品製造工序中的比例，降低產品的成本[5]；其次是提高產品品質的穩定性。

在此僅以AM-R裝配操作用機器人為例進行闡述，該機器人的主要技術特徵包括：①承載能力；②自由度數；③最大位移，包括小車沿水平軸移動、滑板沿垂直軸移動、手腕（頭）相對於水平軸擺動及帶夾持器頭相對縱軸轉動等；④最大位移速度，包括小車的移動、滑板的移動、手腕（頭）的擺動及帶夾持器頭的轉動等；⑤定位精確度；⑥夾持器數；⑦換夾持器的時間；⑧所運送毛坯（如法蘭盤）的最大尺寸［如直徑、長度及重量（控制裝置除外)］等。

AM-R裝配操作用機器人工作時，流程分為姿態調整與位置調整，先進行姿態調整，再進行位置調整，最後把零件組裝起來。因此，它需要具有如下功能：

① 零件的裝卸，包括零件整列、判別、進給及握持。

② 定位（如兩個零件相對位置的配合)。

③ 結合及裝入（或插入、壓入及扭緊螺釘等)。

AM-R機器人採用組合式結構，用於金屬切屑機床及機床組成的柔性自動成套設備上，可加工旋轉體（軸或有法蘭的）零件，其運動原理如圖4.4所示。圖4.4中主要包括：手臂、手腕（頭部)、小車、機體、滑板、驅動裝置、平移機構、銷釘、法蘭、圓盤、可換夾持裝置、芯軸、隨動閥、齒條、靠模、活塞桿、液壓缸及拉桿等。

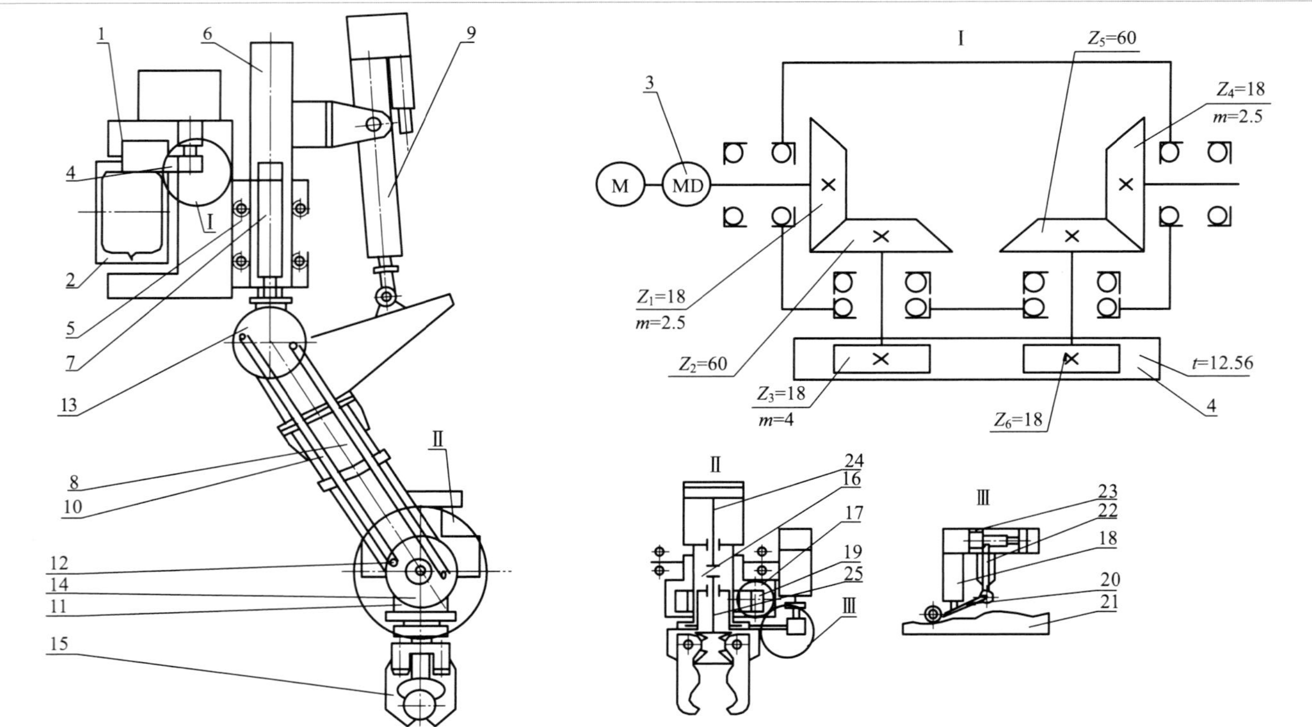

圖 4.4 AM-R 機器人運動原理圖

1—小車；2—導軌；3—扭矩放大器；4—齒條；5—機體；6—滑板；7，9—驅動裝置；8—手臂；10—平移機構；11—手腕（頭部）；12—銷釘；13—法蘭；14—圓盤；15—可換夾持裝置；16—芯軸；17，24—液壓缸；18—隨動閥；19—齒條；20—槓桿；21—靠模；22，25—拉桿；23—活塞桿

AM-R機器人主要用於軸類零件或短法蘭型零件的裝配操作，是按照一定的精確度標準和技術要求，將一組零散的零件按照合理的工藝流程，用各種必要的方式連接組合使之成為產品。AM-R機器人採用不同的形式連接形成了多種不同結構形式的運動和組合，其主要特點：

① 從貯存箱中抓取毛坯。

② 卸下在機床上加工好的零件。

③ 傳輸毛坯到機床上或貯存箱中。

④ 安裝毛坯到機床上。實際安裝中，常因其不確定因素產生的附加裝配力而影響裝配效果。自動裝配中，可以採用主動反饋及多種裝配策略來補償外部擾動，減小裝配力。

⑤ 安放零件到貯存箱的空箱中。毛坯和零件必須以定向的形式存放到貯存箱中。

當制定裝配操作用機器人的構成方案時，應該特別注意機器人的運動空間及參數（包括參與裝置與附件）。

① 根據組合式建造原則，組成符合工藝要求的機器人模組。機器人的末端位置和姿態是透過傳感器檢測的，其檢測是實現運動的前提，也是保證裝配精確度的依據。位置和姿態檢測的目的是得到待裝配零件與已裝配零件相對的正確位姿。

② 小車與導軌。AM-R機器人的小車沿固定在門架上的單軌移動[6]。小車驅動裝置是電液步進式的，它包括步進電動機和帶液壓馬達的液壓扭矩放大器。小車運動透過錐齒輪齒條嚙合來傳動，為保證在齒輪齒條嚙合中的拉緊力，使用附加平行工作的驅動裝置。

③ 手臂與平移機構。該機器人手臂上固定著平移機構，平移機構由槓桿運動形成。

④ 手腕與夾持裝置。手腕（頭部）通常與可換夾持裝置裝配在一起，機器人手腕（頭部）具有轉動部分——芯軸，在芯軸上固定著可換夾持裝置。

⑤ 手臂與手腕。該機器人的支撐系統安裝在立柱上並沿門架導軌移動。採用彈性液壓和電氣管路可以將能量傳遞到液壓驅動裝置和工業機器人。專用液壓驅動裝置帶動小車運動。在小車的側面上裝有滑板，滑板則由液壓驅動裝置驅動相對機體在垂直方向移動。滑板上安裝有手臂機構，在手臂的下部安裝手腕（頭部），手腕（頭部）可藉助於專用平移機構在空間中保持一定姿態。在手臂的頭部中安裝有標準化支架，上面固定著可換夾持裝置，可換夾持裝置上裝有專用電接觸傳感器，透過專

用電接觸傳感器確定毛坯或零件與夾持裝置的接觸力矩。

(5) 裝卸用機器人運動原理

將零部件或物體從某一位置移到工作區的另一位置，是裝卸用機器人最常見的用途之一，它通常包括「碼放」和「卸貨」兩種作業形式。一些重要的零部件裝卸時，還涉及拾取半成品或未完工的零部件，並將其送至機床以做最後的加工。這種類型作業對人類不安全，而機器人則可以輕松完成。

在此僅以 L-UNL 裝卸用機器人為例進行闡述，L-UNL 裝卸用機器人可以用於裝卸工作的自動化，服務於多種工藝裝備，在工序之間、機床之間輸送加工對象及完成多種輔助作業。該機器人的主要技術特徵包括：①承載能力；②自由度數；③繞多軸的最大位移；④手臂繞多軸的最大速度；⑤位置精確度及重量等。

L-UNL 機器人的運動原理如圖 4.5 所示。圖 4.5 中示出了電動機、操作機手臂、轉動機構、提升機構、手臂伸縮機構、手臂轉動機構、夾持器、平臺、壓縮彈簧、支承滾柱、拉伸彈簧、導軌、位置傳感器、液壓緩衝器、手臂擺動氣缸、手臂旋轉氣缸、壓緊滾柱及夾持器氣缸等。

L-UNL 機器人的結構是組合單位，即可以形成多種不同結構形式的運動和組合，其主要特點有：

① 手臂在操作機的球座標系中有四個自由度。

② 操作機由以下機構來實現四個自由度：相對於軸 Ⅱ—Ⅱ 的轉動；手臂沿軸Ⅲ—Ⅲ的伸縮運動；手臂相對於垂直軸 Ⅰ—Ⅰ 的迴轉；手臂沿軸 Ⅰ—Ⅰ 的上升。

③ 操作機的運動機構用護罩來防止灰塵和油污進入。

④ 夾持器機構的兩個定向自由度形成手腕迴轉機構：相對於它的縱軸Ⅲ—Ⅲ和橫軸Ⅳ—Ⅳ的旋轉。

⑤ 調整手臂的位移是由機電式隨動裝置來實現的；手腕的定向運動和夾持器的夾松動作由氣缸來實現。

當制定裝卸用機器人的構成方案時，應該特別注意機器人的運動空間及參數。

1) 操作機轉動（迴轉）與提升機構。操作機的基本組件是迴轉機構，操作機提升機構裝在迴轉機構圓盤上並採用液壓驅動。

2) 手臂迴轉機構。手臂迴轉機構是帶有圓柱齒輪和蝸輪傳動的減速器，安裝在提升機構的上平臺上，且相對於垂直軸 Ⅱ—Ⅱ 轉動。手臂相對於其縱軸的伸縮機構，可以做成具有兩級圓柱齒輪減速器及齒輪齒條的傳動形式。

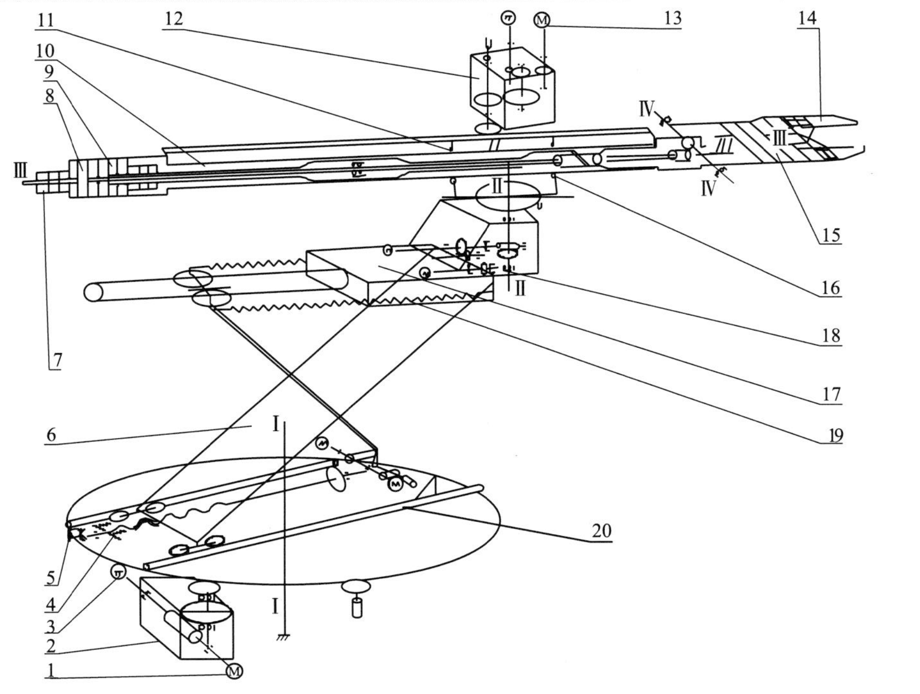

圖 4.5 L-UNL 裝卸用機器人運動原理圖

1—電動機（3個）；2—轉動機構；3—測速發電機（4個）；4—壓縮彈簧（2個）；5—位置傳感器；6—提升機構；7—液壓緩衝器（2個）；8—手臂擺動氣缸；9—手臂旋轉氣缸；10—操作機手臂；11—壓緊滾柱（2個）；12—手臂伸縮機構；13—電動機（2個）；14—夾持器；15—夾持器氣缸；16—支承滾柱（2個）；17—平臺；18—手臂轉動機構；19—拉伸彈簧（2個）；20—導軌（2個）

3）夾持器手臂及手腕機構。①操作機手臂機構中包含著帶夾持器的手腕擺動迴轉機構；手臂機體做成套筒形，可以在其中安裝手腕的擺動迴轉氣缸；在手臂機體上固定著齒條及鋼軌，鋼軌安裝在托架機體中用來支承滾柱，而托架裝在手臂迴轉機構上。②手腕的擺動裝置由氣缸組成，用擋塊進行軸齒輪的轉動限位，調節擋塊位置可以獲得手腕的各種擺動角或完全鎖住其運動。

（6）板壓型機器人運動原理

板材沖壓型機器人用於儀器製造業的板材沖壓和機械裝配生產工藝過程自動化中。

在此僅以 PM-R 板材沖壓型工業機器人為例進行闡述，PM-R 板材沖壓型工業機器人的主要技術特徵包括：①手臂數量；②手臂額定承載能力；③自由度數；④當手在單方向轉動時，每隻手相對於操作機縱軸角定位調整極限；⑤位移速度包括手臂提升與下降、手臂轉動、手臂伸縮、橫向移動及手腕轉動等；⑥搬運物體沿各方向位移的定位精確度及操作機重量（中央控制盤除外）。

板材沖壓型機器人的操作機有多種結構形式，它們之間的主要區別在於手臂數量、自由度數和有無橫移機構。

PM-R 機器人可以由多個組裝單位組成，如圖 4.6 所示，它有 A、B 兩種結構形式，結構形式 A 是具有二自由度手臂的操作結構，結構形式 B 是具有兩只單自由度手臂的操作結構。該機器人包括自由度手臂、伸臂、偏移機構、轉動及提升機構、小車、基座、調整移動機構等。

板材沖壓型工業機器人可以是固定式的結構，也可以是移動式（如在小車上）的結構。其運動要求主要包括：

① 板壓型操作機總自由度數為五，有提升運動、橫向移動、手臂水平面中的轉動、軸向移動和帶夾持器的手腕相對於總縱軸的轉動等。

② 操作機運動循環程式在控制臺上給出。當循環程式控制裝置給出指令時，相應的氣體分配器電磁鐵吸合，它們開啓空氣通路，使之進入執行機構的氣缸，操作機完成給定的運動；當手臂的夾持器到達給定位置時，非接觸式行程傳感器形成電訊號輸入循環程式控制裝置，它給出完成運動循環的步驟指令；手腕轉動和夾持器夾緊松開指令完成時間，按循環程式控制組件中形成的給定時間延遲（如確定的間隔）終點來確定。

③ 在操作機運動循環各時間階段，可以形成一定量的時間延遲。

當制定板材沖壓型工業機器人的構成方案時，應該特別注意機器人的運動空間及參數（包括參與裝置與附件）。

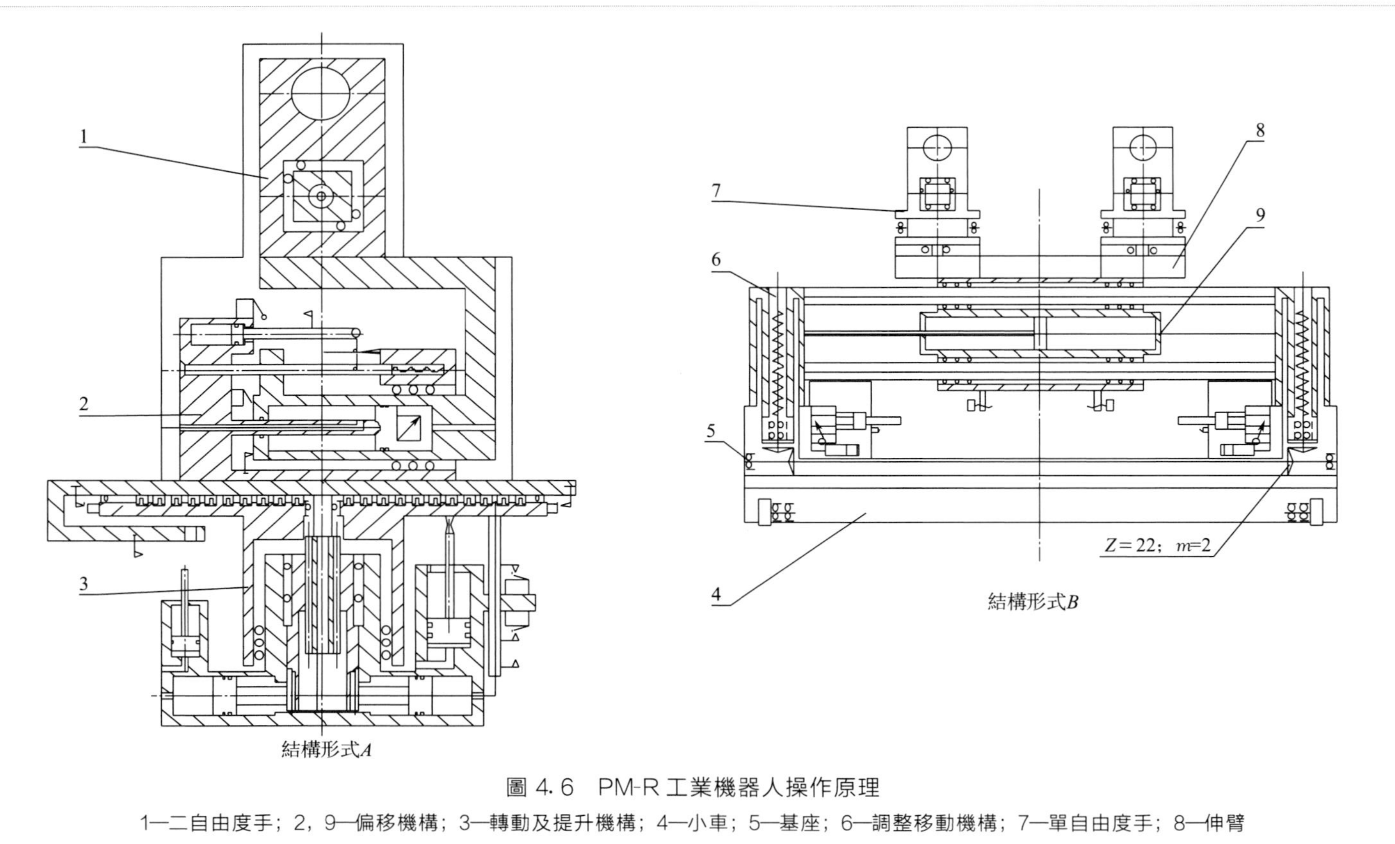

圖 4.6 PM-R工業機器人操作原理

1—二自由度手；2，9—偏移機構；3—轉動及提升機構；4—小車；5—基座；6—調整移動機構；7—單自由度手；8—伸臂

1）**手臂機構**。操作機手臂機構整體裝配時，應考慮手腕結構、夾持器機構、手臂的縱軸等的安裝與調整。例如，具有兩個自由度的機械手臂是由夾持器、手腕轉動和伸出機構等組成的。還應注意手腕伸出結構、手臂伸出機構及手腕轉動機構單位的組裝與裝配。

2）**夾持器**。夾持器可以是機械的或氣動的。可以安置氣動夾持器來代替工業機器人操作機的機械夾持裝置，氣動夾持器要裝配在手腕的前面法蘭上，並注意夾持器與手腕的固定。

3）**轉動和提升機構**。提升機構中可以是帶有引導錐形頭和錐形孔的裝配結構。被連接零件帶有螺栓孔，裝配時難以觀察到其配合的情況，難以對準裝入。若設計一個引導錐形頭和錐形孔，裝入螺紋孔中時有引導部分，安裝方便、裝配工藝性好。

4.1.3 組合模組結構工業機器人

組合模組結構工業機器人通常是以功能模組的有機整合為前提，包括轉動模組或基礎模組，垂直位移模組或立柱模組，手臂水平位移和轉動模組，手腕擺動模組，夾持裝置模組及循環程式控制裝置等。

它將各功能模組有機整合到一個系統中去，完成功能模組的整體整合，最終形成組合式工業機器人系統。從系統工程角度研究其整合，組合模組結構工業機器人具有以下屬性：

① **集合性**。組合式工業機器人系統由兩個以上具有獨立特性的模組構成。

② **相關性**。構成系統的模組之間相互聯繫，這意味著其中的一個模組發生變化，會對其他模組產生影響，因此要研究各模組的影響範圍、影響方式和影響程度。

③ **整體性**。組合式工業機器人系統應是一個有機的整體，對內呈現各模組間的最優組合，使資訊流暢、反饋敏捷，對外則呈現出整體特性，要研究系統內各模組發生變化時對整體特性的影響。

④ **目的性**。組合式工業機器人系統是為實現特定的目的而存在的，具有一定的功能。整合並不是簡單地將各組成模組連接起來，而是模組間的有機組合。

⑤ **環境適應性**。一般情況下，系統與外部環境之間總有能量交換、物質交換和資訊交換。環境對系統的作用為輸入，系統對環境的作用為輸出。

（1）組合模組結構形式

具有氣液驅動裝置的組合模組結構的工業機器人操作機結構方案有多種形式，圖 4.7(a)～(c) 給出了幾種組合模組結構形式。

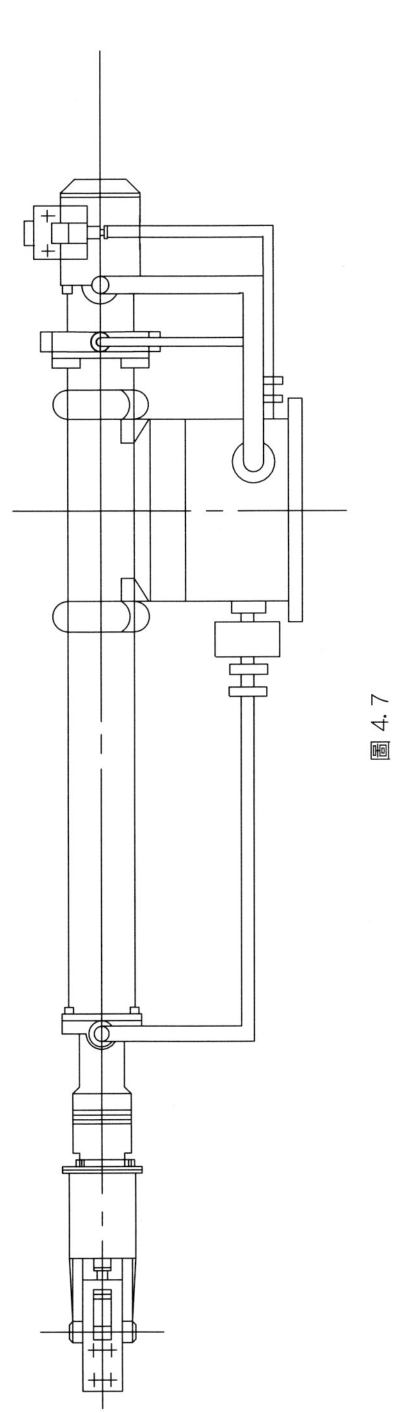

圖 4.7

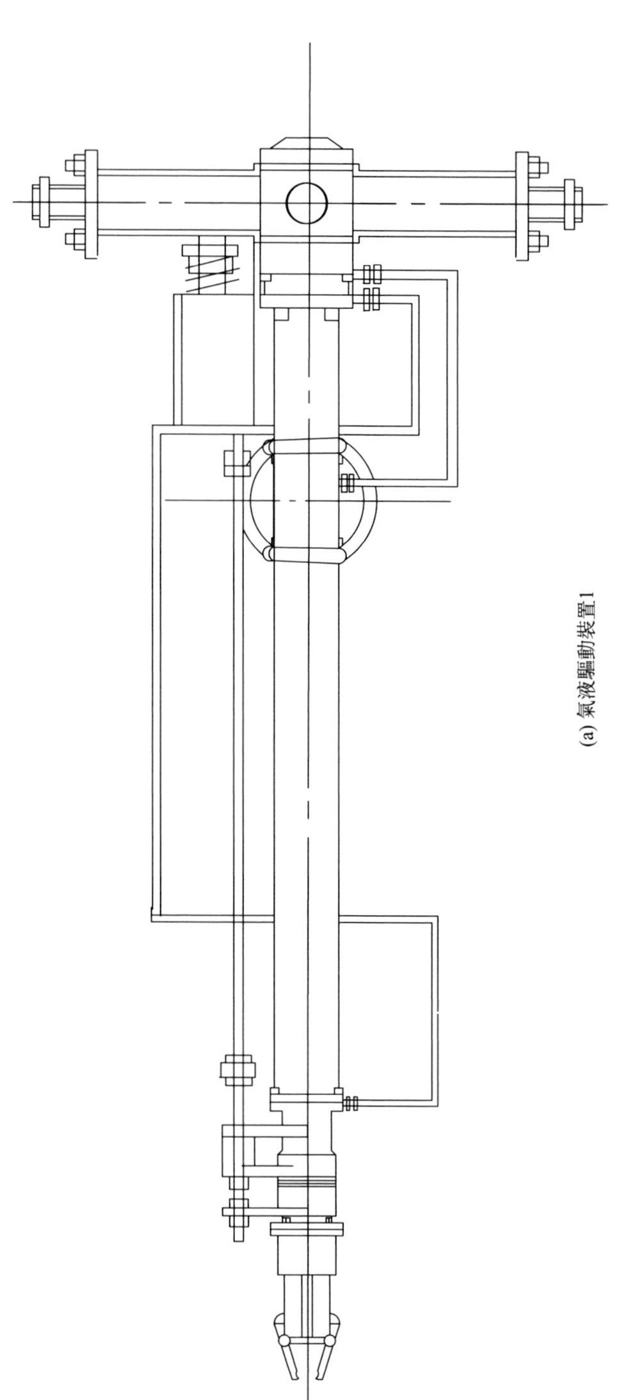

(a) 氣液驅動裝置1

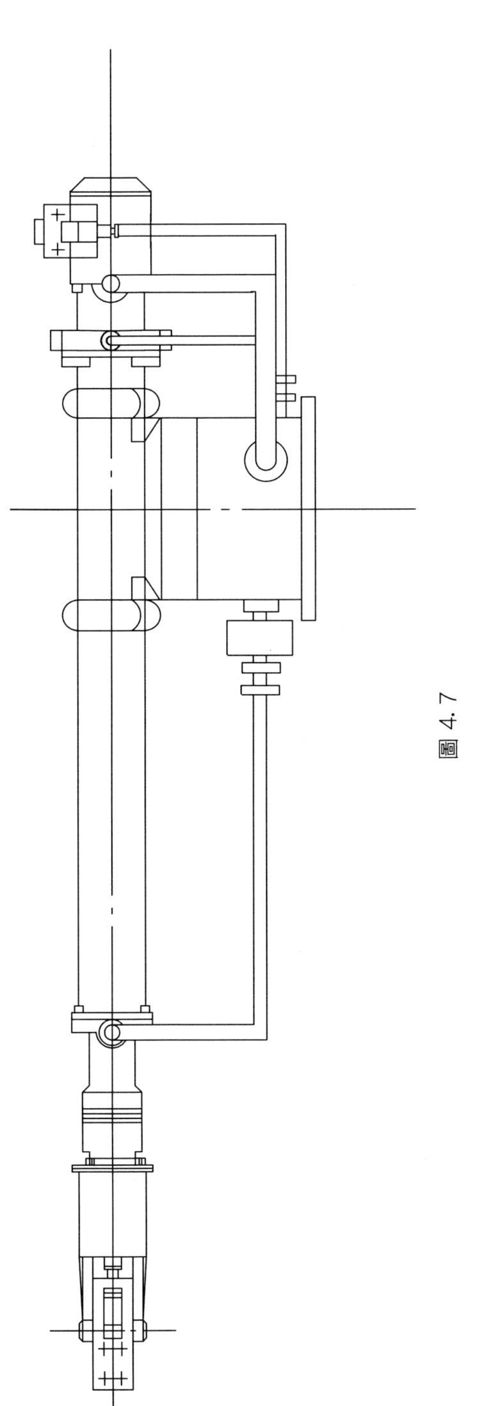

圖 4.7

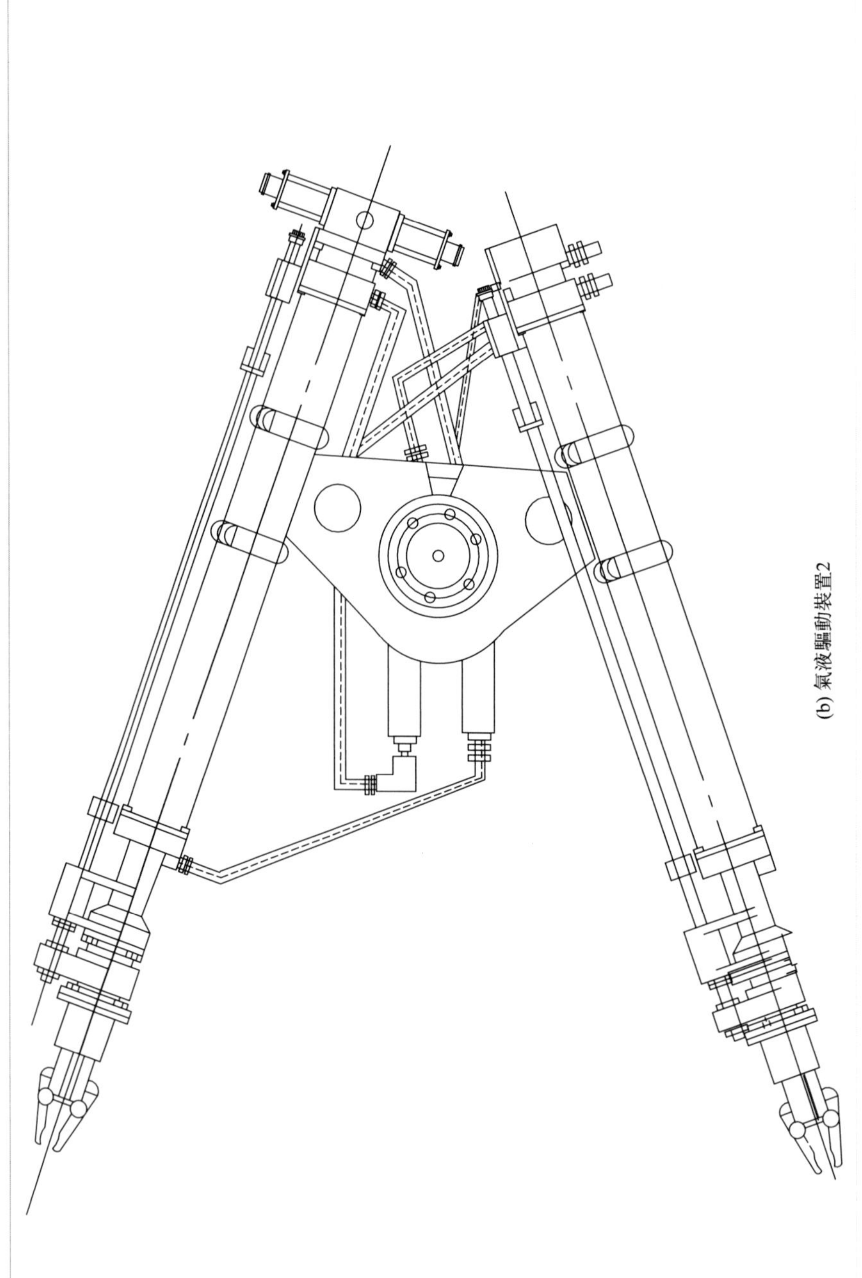

(b) 氣液驅動裝置2

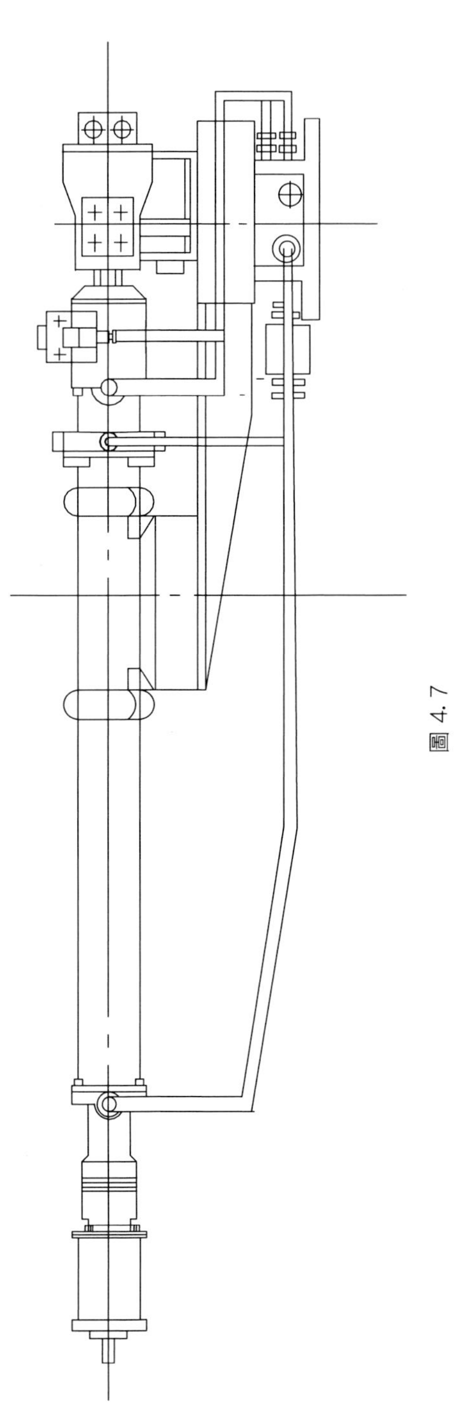

圖 4.7

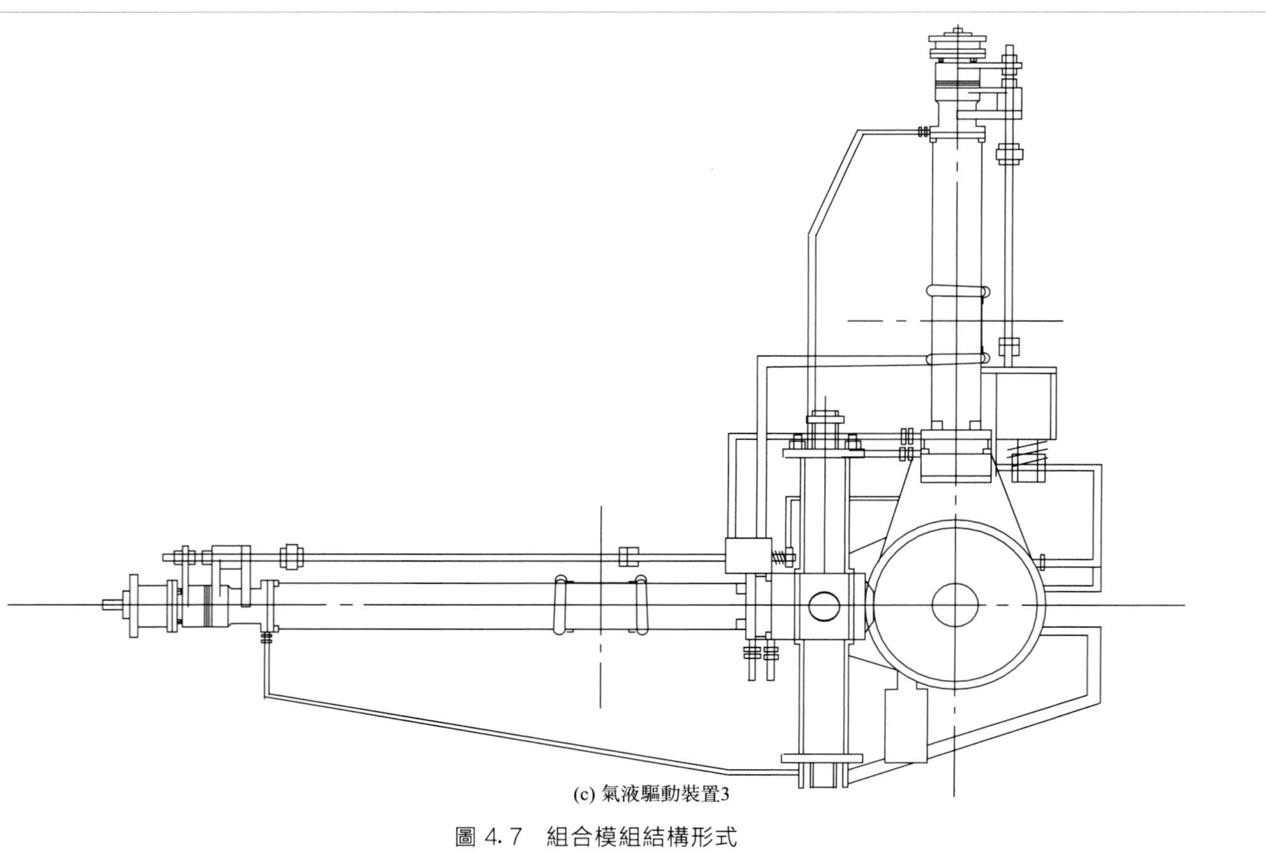

(c) 氣液驅動裝置3

圖 4.7 組合模組結構形式

圖 4.7(a) 中，操作機在滿足基本的技術特性條件下，其結構方案主要特點是操作機結構簡單，具有單個手臂模組。可以用通用型或標準化法蘭型的連接裝置固定在提升和迴轉模組上。

圖 4.7(b) 中，操作機在滿足基本的技術特性條件下，其結構方案主要特點是操作機具有兩個手臂模組，兩個手臂模組間可以構成不同角度的相互配置，手臂相互配合作業。可以用通用型或標準化法蘭型的連接裝置固定在提升和迴轉模組上。

圖 4.7(c) 中，儘管其氣液驅動裝置的結構不同於圖 4.7(b) 的結構，但是，操作機在滿足基本的技術特性條件下，其方案仍然具有相似性，主要特點是操作機具有兩個手臂模組，兩個手臂模組間可以構成不同角度的相互配置，手臂相互配合作業。可以用通用型或標準化法蘭型的聯結裝置固定在提升和迴轉模組上。

(2) 組合模組機器人整機組成

對於機器人來說，運動性能、力學特性及機械結構是其作業時的基本要求，在整機設計時若限制的因素過多，那麼選擇唯一方案是困難的，這主要是受現有組合模組的限制。在應用組合模組方法設計機器人時，應考慮現有的組合模組並採用適當的組合模組結構形式。結構模組的形式主要包括：固定基礎、單軌懸掛式可移動小車、落地式可移動小車、相對於垂直軸（或轉臺）轉動的單座標模組、擺動模組（如迴轉立柱）、手臂垂直位移（或行程）模組、三自由度機械手及單夾持裝置等。

下面以 P-25 型工業機器人為例介紹不同的組成方案。

組成方案 1 如圖 4.8(a) 所示。方案 1 中包括固定基礎、相對於垂直軸轉動的單座標模組、三自由度機械手及單夾持裝置等。主要技術特性：承載能力 25kg，6 自由度。

組成方案 2 如圖 4.8(b) 所示。方案 2 中包括三自由度機械手、單夾持裝置、單軌懸掛式可移動小車及手臂垂直位移模組等。主要技術特性：承載能力 25kg，5 自由度。

組成方案 3 如圖 4.8(c) 所示，方案 3 中包括三自由度機械手、單夾持裝置、轉動-擺動-提升機構、相對於垂直軸轉動的單座標模組、落地式可移動小車。主要技術特性：承載能力 25kg，7 自由度。

由上述 P-25 型工業機器人的方案可以得出，在承載能力相同、其他技術特性相似的情況下也可以組成不同的方案，以適應不同的生產環境或作業要求。

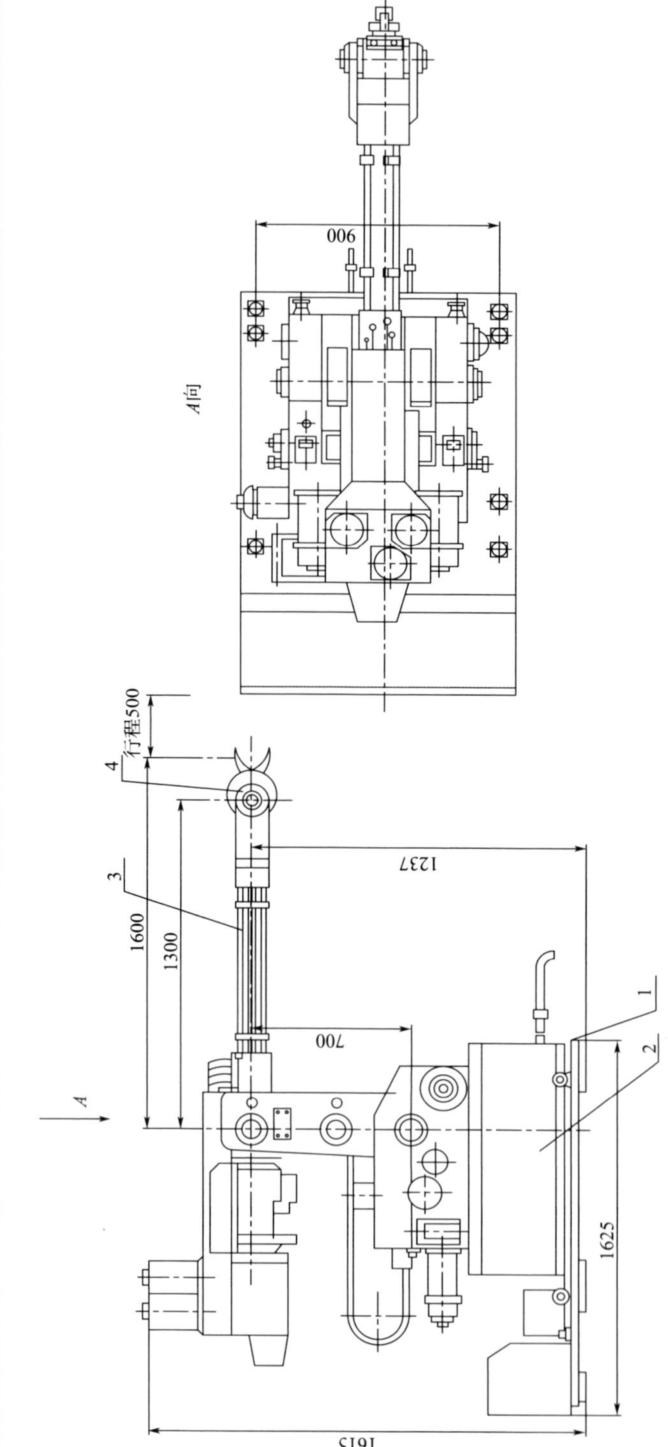

(a) P-25機器人組成方案1

1—固定基礎；2—相對于垂直軸(轉臺)轉動的單坐標模塊；3—三自由度機械手；4—單夾持裝置

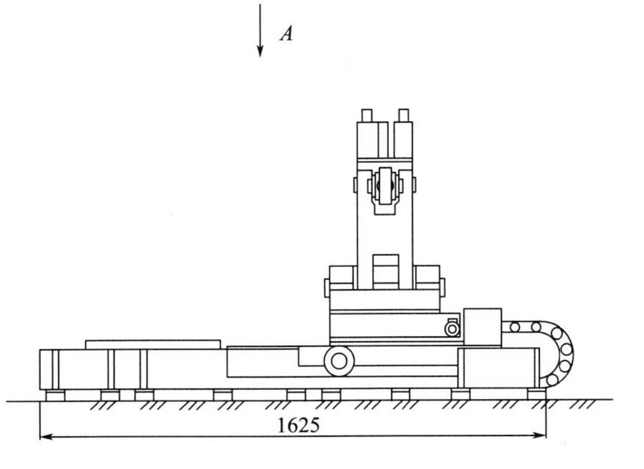

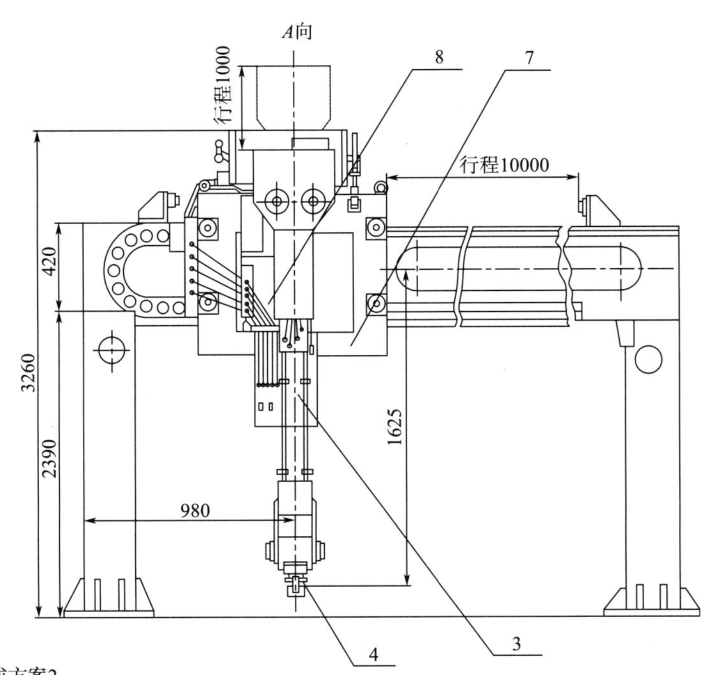

(b) P- 25機器人組成方案2

3—三自由度機械手；4—單夾持裝置；7—單軌懸挂式可移動小車；8—手臂垂直位移（行程）模塊

圖 4. 8

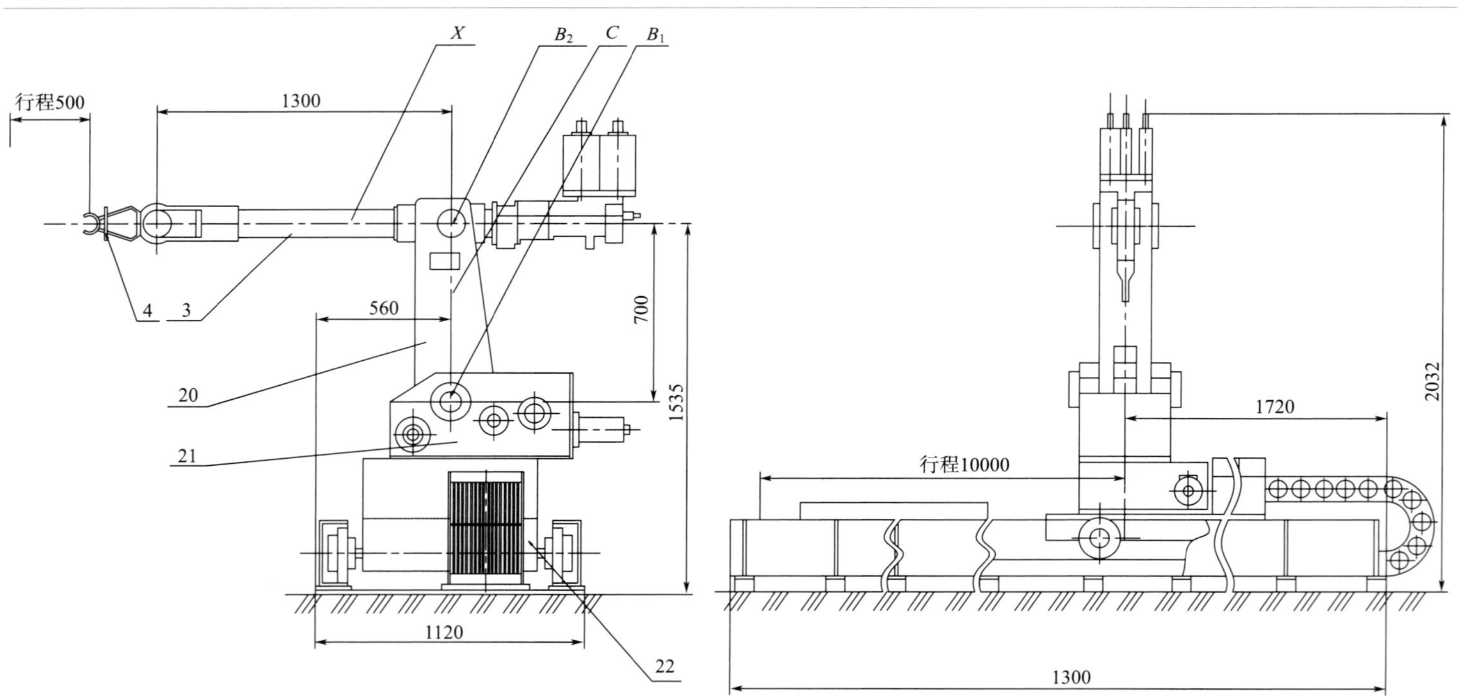

(c) P-25機器人組成方案3

3—三自由度機械手；4 —單夾持裝置；20—轉動-擺動-提升機構；21—相對于垂直軸(轉臺)轉動的單坐標模塊；22—落地式可移動小車

圖 4.8　工業機器人不同組成方案

組合模組工業機器人的驅動可以採用混合的配合裝置實現，如圖 4.8（c）所示。在 P-25 機器人組成方案 3 中，轉動-擺動-提升機構模組的驅動可以採用電隨動與氣動配合裝置實現。該運動鏈應該具有相對獨立的運動特點，即當該模組擺動或轉動的同時能夠完成沿縱軸的移動，而不改變其方向。該模組採用電隨動驅動裝置、直流電動機驅動。對應的夾持裝置採用氣動型驅動裝置，壓縮空氣透過模組基面上的專用接頭傳送到夾持器上。

4.2 工業機器人本體模組化設計

工業機器人本體模組化設計是根據主要加工對象的各項參數、工作環境及工作要求，推理出機器人機械整體結構組成，進而選擇或設計需要用到的各個模組，以確保這些模組能組裝成為一個結構合理並能實現所需功能的工業機器人。當涉及零部件模組時，需要將模組單位的二維結構圖按照它們之間的線性聯繫繪製出來，再設置各節點來表示零部件圖形之間的對應關係。圖形完成後，把各主尺寸設置成參數的變量，由於主尺寸和輔助尺寸在之前就設定了對應的關聯，當主尺寸參數改變的時候，輔助尺寸也會跟隨主尺寸改變，而不會發生機器人圖形的改變。

工業機器人模組化設計時，也需要根據給定待加工對象的性質（如尺寸、形狀及材料等）同已有機器人的工作環境、工作方式相結合，並推理出模組化工業機器人的整體結構和所要用到的各種模組零件。模組化工業機器人在工業生產中起到了自動化、資訊化、智慧化代替人工的作用，為企業節約成本、提高效率。它的主要技術要求包括：①完成規定工件的搬運、加工；②能夠滿足使用方便要求，操作安全可靠；③能夠用於批量生產；④使用壽命要長，堅固耐用；⑤能節約工作空間，提高生產效率；⑥容易製造、便於維修；⑦成本要比較低。

模組化工業機器人與傳統的工業機器人設計相比，其優勢在於較高的適應性和重構性，在改變設計要求時只需在建立的模組庫中更換或補充相應模組，來滿足改動的設計要求。

模組化工業機器人根據其功能可以分為基座模組、手臂模組、手腕模組、末端執行模組、輔助模組和驅動裝置模組。模組或組合模組在功能和構造上是獨立的單位，既可以單獨使用，又可以與其他模組組合使用，以構成具有給定技術性能和用途的工業機器人。針對機械部分模組化時，模組庫中應包括基座模組、手臂模組、手腕模組、末端執行模組、輔助模組及驅動裝置模組等。

(1) 基座模組

基座模組可以分為固定式和可移動式兩種，主要起固定、支撐的作用，是整個工業機器人的基礎。包括固定基座、固定支柱、龍門架及可移動小車等。

(2) 手臂模組

又稱關節模組。手臂模組是工業機器人執行機構中的重要部件，它的作用是將被抓取的工件運送到給定的位置或設備上，並且承受抓取工件、末端執行模組、手腕模組和手臂自身的重量，手臂模組的各項指標直接影響到機器人的工作性能。當按照運動方式劃分時，手臂模組可分為伸縮手臂（具有一個自由度）、伸縮迴轉手臂（具有兩個自由度）、鉸鏈槓桿式手臂（具有兩連桿）。

(3) 手腕模組

手腕模組連接著機器人的手臂和末端操作器，它有著獨立的自由度，可以調節或改變工件的方位，幫助工業機器人末端執行模組適應一些複雜的動作要求。當按照自由度區分時，手腕模組可以分為固定手腕模組、一個自由度、兩個自由度及三個自由度的轉動手腕模組。

(4) 末端執行模組

末端執行模組又叫末端操作器，它被稱為工業機器人的手，直接用於抓取、握緊或吸附。其專用工具包括噴槍、焊具及扳手等。根據抓取工件的形狀、尺寸、重量、材質以及表面狀態的不同，末端執行模組可分為夾持模組、吸附模組和專用手部模組等。

(5) 輔助模組

輔助模組為模組化工業機器人提供一些輔助功能。主要提供裝料臺、可換夾持模組庫、壓緊裝置及其他用於毛坯和被加工零件的中間儲存、定向，夾持器更換和其他輔助功能等。例如，為了保持機器人手腕的固定方向，需要槓桿式機械手臂桿件迴轉角的補償，即使用輔助模組。

(6) 驅動裝置模組

驅動裝置模組是一種傳動裝置，它能夠使工業機器人各個部分運動起來，一般分為氣動、液壓及電動三種驅動方式。

工業機器人本體模組化，從結構意義上旨在構造模組化工業機器人。構造模組化工業機器人可以採用設計分解、引入約束聯繫及節點之間的元素關聯等方式，構造模組化過程中這三種方式不可缺少。

（1）設計分解

設計分解主要針對結構方式和結構類型。例如，將用於機床製造的模組化工業機器人的設計分解成兩個部分，第一部分是確定機器人的結構方式，此類模組化工業機器人主要有框架式模組化工業機器人和落地式模組化工業機器人等；第二部分是根據工業機器人的結構類型劃分為支撐功能、連接功能、導向功能及夾持功能等結構。各類結構方式在長期的應用中已經發展地很成熟，可直接拿來作為方案單位使用，每一種不同的結構類型又有不同的表達方式，也可以作為方案單位。

（2）引入約束聯繫

結構方式及結構類型的方案單位都對模組化工業機器人有約束，例如腕部和手部的聯繫，框架式和單軌小車的聯繫等。

（3）節點之間的元素關聯

在對模組化工業機器人的方案進行分析研究後，了解各基本單位的安放位置以及各單位之間的相互聯繫，透過元素關聯圖來表達。元素關聯圖的繪製主要依據各模組之間連接的先後順序或特定聯繫及模組的基本功能體兩個方面。①利用各模組之間連接的先後順序或特定聯繫。例如，單軌龍門架要和垂直行程小車連接在一起，才能再安裝其他的模組。若選擇安裝手臂模組，則必須繼續安裝手腕模組，最後才能和末端執行模組配合連接。②利用模組的基本功能體來實現。例如，單夾持器、雙夾持器及吸盤，可以實現模組化工業機器人工作的夾持作用，是必不可少的一部分。

在繪製元素關聯圖時，要結合所有底層方案單位存在的連接與裝配關係，將底層方案單位透過關聯整合為一個結構合理的整體，並找出所有可能的路徑。但這樣一來會導致元素關聯圖非常複雜，因此要根據經驗，捨棄一部分在結構和組成上明顯不合理的連接關係。通常元素關聯圖都是無向圖，在繪製的時候，要結合某些方案單位實際位置以及一些主要元素的安裝順序進行思考，將元素關聯圖變成有向的。

模組化工業機器人的結構設計是機器人整個生命週期最重要的階段，主要的成本也是在此產生，為獲得最佳經濟效益的關鍵階段，結合給定的加工對象及工作環境等因素，利用理論及建模工具對模組化工業機器人進行架構設計。當得到多個可行性方案時，要從多個可行性方案中優選出最佳方案作為結果輸出。但是，方案優選是一個複雜多變的問題，不能僅考慮一些局部因素，而是需要根據目標任務及按照正確的比例關係來分析所有影響因素。

模組化原理不僅是方法學也是一種思想，無論在任何行業都有模組化設計思想。機器人本體模組化設計正是依據其理念，應用系統整合製造的思路將通用模組和專用模組進行合理配置組合而實現的。

運動原理和結構布局是進行機器人本體模組化設計的必要進程，該過程也是工業機器人主要零部件模組化的依據。目前，工業機器人本體模組化已經得到廣泛應用，下面僅以特定實例進行簡單介紹。

4.2.1 多用途工業機器人

這裏，多用途工業機器人指的是廣泛用於帶有數控裝置的金屬切削機床或設備的機器人。多用途工業機器人可以完成旋轉體毛坯的裝料，輸送已加工的零件，由機床加工地點順序地放在包裝箱、貯存倉庫或夾具中，將包裝箱或貯存倉庫中的毛坯或零件排列整齊等。

(1) 工作原理

YM-R 型機器人作為多用途工業機器人，能在具有水平主軸或工作檯的不同類型機床上工作，如車床、精鏜床、磨床和齒輪加工機床等，當這些機床成直線排列在承載的門架下面時，該機器人操作機也可以在小車的引導下沿門架移動並輔助工作。YM-R 型多用途工業機器人操作機機構原理如圖 4.9 所示。主要包括：液壓馬達、電液步進電動機、減速器、齒條、導軌、小車、滾珠絲槓、滾珠螺母、肩部（槓桿）、肘部、電磁制動器、鏈傳動、手腕翻轉機構、夾持裝置、手腕（頭部）及支架軸等。

圖 4.9 中，操作機的運動採用小車形式，小車採用模組成套驅動裝置，用步進式伺服電動機及電液式驅動方式。

操作機手臂是雙桿式結構，包括肩和肘鉸鏈連桿元件。操作機手臂的肩部鉸接在支架軸 I 上，支架固定在小車上。手臂肩部驅動機構包括肩電液步進電動機、肩齒輪減速器和肩滾珠絲槓等，它們均安裝在相對於小車擺動的機體上。在機體軸承中旋轉的絲槓使鉸接在上邊槓桿末端的肩滾珠螺母產生平行移動，從而使操作機手臂肩部產生擺動運動。安裝在手臂減速器輸入軸上的手臂電磁制動器用來實現手臂桿件角位置的定位。手臂肘部驅動機構包括電液步進電動機、電磁制動器、齒輪減速器和滾珠絲槓傳動等，與手臂驅動裝置類似；與肘部驅動機構不同的是減速器的箱體直接裝在手臂肘部的機體上，而滾珠螺母與下邊長肩部鉸接。肘部相對於下邊肩部的軸Ⅱ擺動。

帶夾持裝置的手腕（頭部）完成手臂肘部的下端相對於軸Ⅲ的擺動。在手腕的機體中有兩個液壓缸，一個是用來夾持或松開單夾持裝置的鉗口，另一個是用來進行手腕翻轉或迴轉一定的角度。為保證手腕與夾持裝置的整個穩定位置（例如在操作機工作空間任一點上），考慮用補償手臂桿件擺動角的專用平移機構。專用平移機構採用鏈傳動的形式，其鏈輪裝在軸Ⅰ、軸Ⅱ和軸Ⅲ上，這樣，手腕運動時可以得到附加的擺動，而其相對於小車的角位置仍保持不變。

操作機也可以採用另一種驅動裝置形式，如圖 4.10 所示。YM-R 型多用途工業機器人操作機機構原理是採用液壓馬達帶動齒輪減速器，透過齒條傳遞到導軌以驅動小車運動。

YM-R 型機器人液壓驅動原理僅以其手腕及夾持器工作原理為例，如圖 4.11 所示。液壓系統是手腕及夾持器的核心，諸多的液壓元件和各種控制回路構成了一個相對複雜的液壓系統。該系統中應包括節流進給、壓力平衡進給和調壓進給三種方式。

YM-R 型機器人液壓驅動設計中應當著重關注的問題主要包括：①確定液壓系統主要參數時，應注意元件參數的合理匹配，使其適應手腕及夾持器的運動原理，以提高工作效率和使用壽命。②液壓油的過濾精確度對元件的使用壽命影響很大，從而影響整機的使用。因此，在條件允許的情況下，可選用過濾要求低的元件，而在系統的設計上適當提高過濾精確度，使設計和要求的過濾精確度之間有一定餘量。③為了確保工作的可靠性，選取優質可靠的液壓元件極為重要。④設計管路系統時，應在採取合理結構的前提下，適當提高設計和裝配的技術要求，以確保系統的密封品質。⑤應當根據系統裝機的技術水平，合理選擇測量元件與各類傳感器。⑥正確與合理地協調、處理、平衡好其他各控制回路與手腕及夾持器之間的邏輯程式關係。

圖 4.11 中，手腕迴轉驅動裝置由液壓缸 U_2 來實現。在其活塞桿上加工的齒條與齒輪相嚙合，用伺服閥 SV 控制液壓缸，其探針透過連桿與固定在手腕機體上的模板相接觸，連桿的軸固定在拉桿上，而拉桿支承在輔助液壓缸的階梯形活塞桿上，連桿的軸應根據活塞桿位置安裝在三個水平面之一上，從而引起伺服閥的探針位置的改變；因此，當液壓

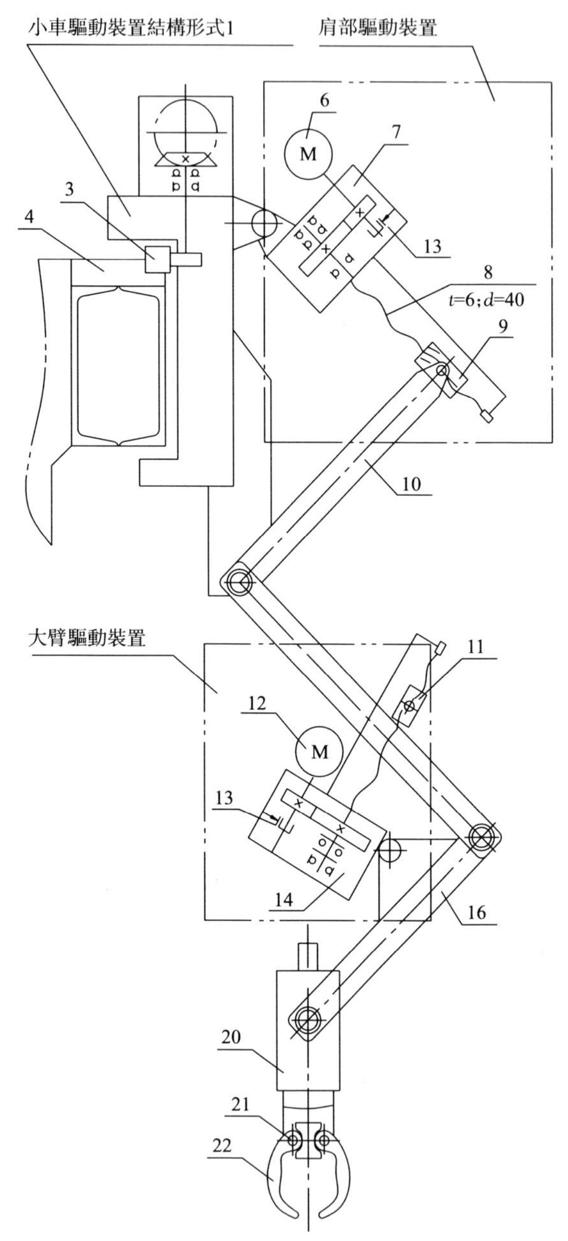

圖 4. 9　YM-R 型多用途工業

（具有小車模組成套

1—液壓馬達；2—減速器；3—齒條；4—導軌；5—小車；6—肩電液步進電動機；

11—手臂滾珠絲槓傳動；12—手臂電液步進電動機；13—手臂電磁制動器；

18—單夾持裝置鉗口；19—手腕翻轉機構；20—手腕（頭部）；

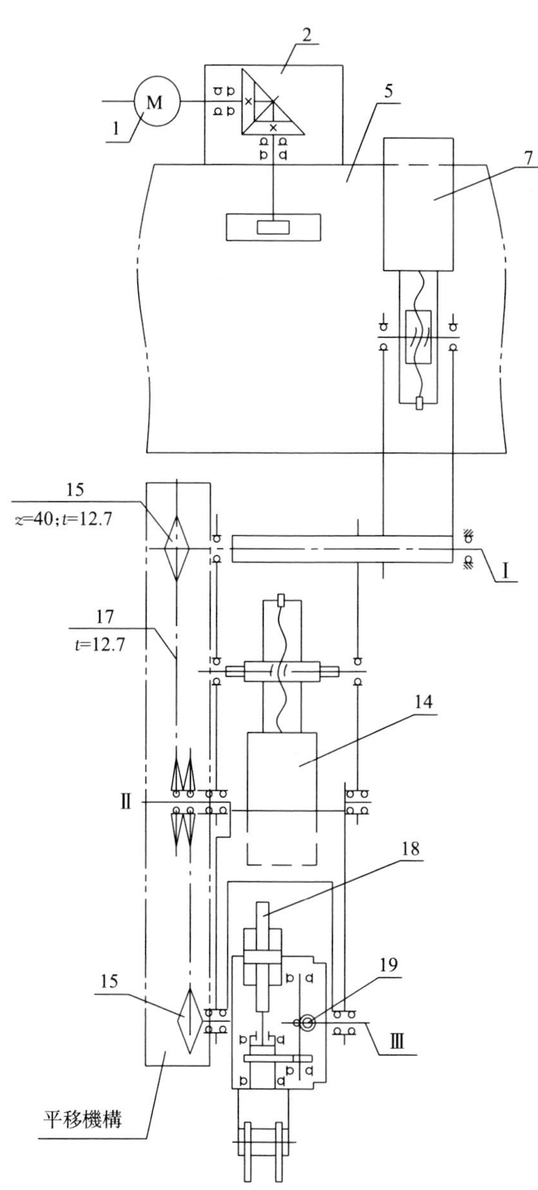

機器人操作機機構原理簡圖 1

驅動裝置結構形式 1)

7—肩齒輪減速器；8—肩滾珠絲槓；9—肩滾珠螺母；10—手臂肩部（槓桿）；

14—手臂齒輪減速器；15—鏈輪；16—手臂肘部；17—鏈傳動；

21—齒條；22—夾持裝置；I—支架軸

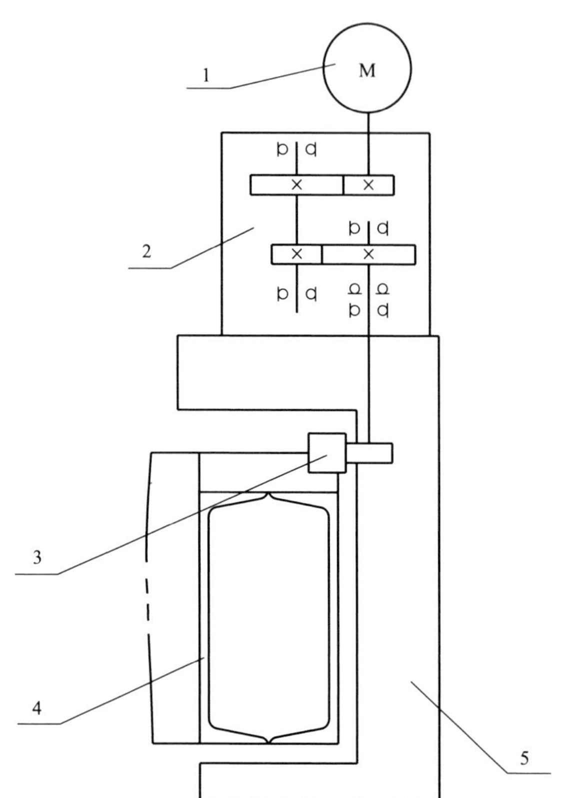

圖 4.10 YM-R 型多用途工業機器人操作機機構原理簡圖 2
（具有小車模組成套驅動裝置結構形式 2）
1—液壓馬達； 2—減速器； 3—齒條； 4—導軌； 5—小車

缸 U_2 活塞桿移動時，手腕迴轉到中間或兩個極限位置之一。模板的輪廓是根據相應的手腕在給定位置上轉動時所必需的啓動和制動的規律來設計或選擇的。

透過液壓缸 U_1 實現夾持器鉗口的夾緊與松開。為此，液壓缸的活塞桿與夾持機構的齒條剛性連接。

兩個液壓缸 U_1 和 U_2 的工作循環可以透過控制電磁鐵狀態和終端開關位置來實現。

對應小車、手臂、肩及肘，它們的電液步進驅動裝置包括不同型號的電液伺服步進電動機、液壓馬達及液壓扭矩放大器。另外還包括：模板、拉桿、活塞桿、控制電磁鐵、終端開關、液壓缸、輔助液壓缸及伺服閥等。

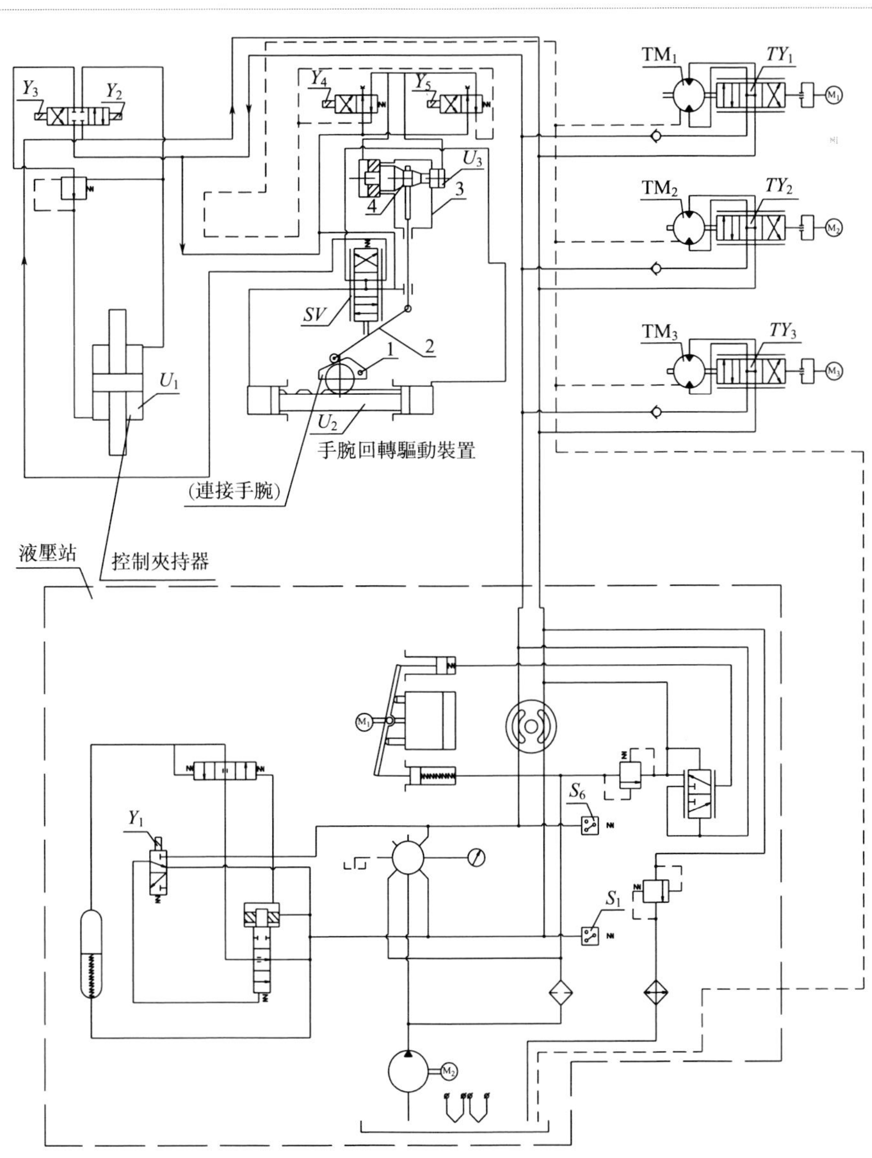

圖 4.11　YM-R 型機器人液壓驅動原理

（YM-R 型手腕及夾持器工作原理圖）

1—模板；2—連桿；3—拉桿；4—活塞桿；$Y_1 \sim Y_5$—控制電磁鐵；S_1，S_6—終端開關；$M_1 \sim M_3$—電液伺服步進馬達；$TM_1 \sim TM_3$—液壓馬達；$TY_1 \sim TY_3$—液壓扭矩放大器；U_1，U_2—液壓缸；U_3—輔助液壓缸；SV—伺服閥

(2) 結構布局

YM-R 型機器人屬於直角座標機器人結構，可以做成可移動的門架式結構，如圖 4.12 所示。主要包括：小車模組、手臂承載機構模組、導軌及立柱等。導軌裝在立柱上，小車、手臂承載機構均沿著導軌移動，它們位於被看管的設備上方，易於實現全閉環的位置控制，可以用於多種工業用途。

YM-R 型機器人承載能力 160kg，其操作機有四個自由度，分別是：小車沿單軌位移 X；手臂在肩關節中的轉動 A；手臂在肘關節中的轉動 B；手腕（夾持器的頭）繞自身軸線旋轉 C。在垂直平面中手臂和肘的擺動共同保證承載夾持器的手腕水平和垂直位移。為了夾松毛坯或零件，規定夾持器鉗口的運動為 W。

小車是操作機結構的基本元件，帶有驅動裝置並保證沿導向軌道的移動。小車驅動機構包括由電液步進電動機驅動的減速器，該減速器的輸出軸上裝有齒輪，齒輪與固定在導向軌道上的齒條嚙合。小車結構對同一類型的操作機可以通用。

小車及手臂的運動，即 X、A、B 運動所用驅動裝置是在數控裝置定位工作狀態下實現的。而手腕運動 C 和 W 則透過裝在電控櫃中自動裝置的循環指令來實現。

應用數控裝置，可以在示教工作狀態下進行操作機運動循環的編寫。如貯存手腕移動時的定位座標，並在自動循環中再現給定的運動。

對於操作機也可以安置附加機構和裝置，以便更有利地服務於機器人的工作。例如：①毛坯在機床或機床卡盤中的位置確定；②控制加工零件的直徑；③用噴吹方法清除機床表面的切屑。

4.2.2 電鍍用自動操作機

電鍍的目的是在基材上鍍上金屬鍍層，改變基材表面性質或尺寸。電鍍生產中要大量使用強酸、強鹼、鹽類和有機溶劑等化學藥品，在作業過程中會散發出大量有毒有害氣體，電鍍車間工作場地潮濕，設備易被腐蝕，也容易導致觸電事故。電鍍用自動操作機力求加強勞動防護，提高設備自動化水平。

(1) 工作原理

在電鍍過程中，零件在槽池中的裝料和卸料可以採用專用自動操作機實現。EO-R 電鍍用自動操作機用於夾持電解液中的零件以及當完成金屬鍍層循環之後抖動帶著零件的負載夾持器。該操作機的空間運動如

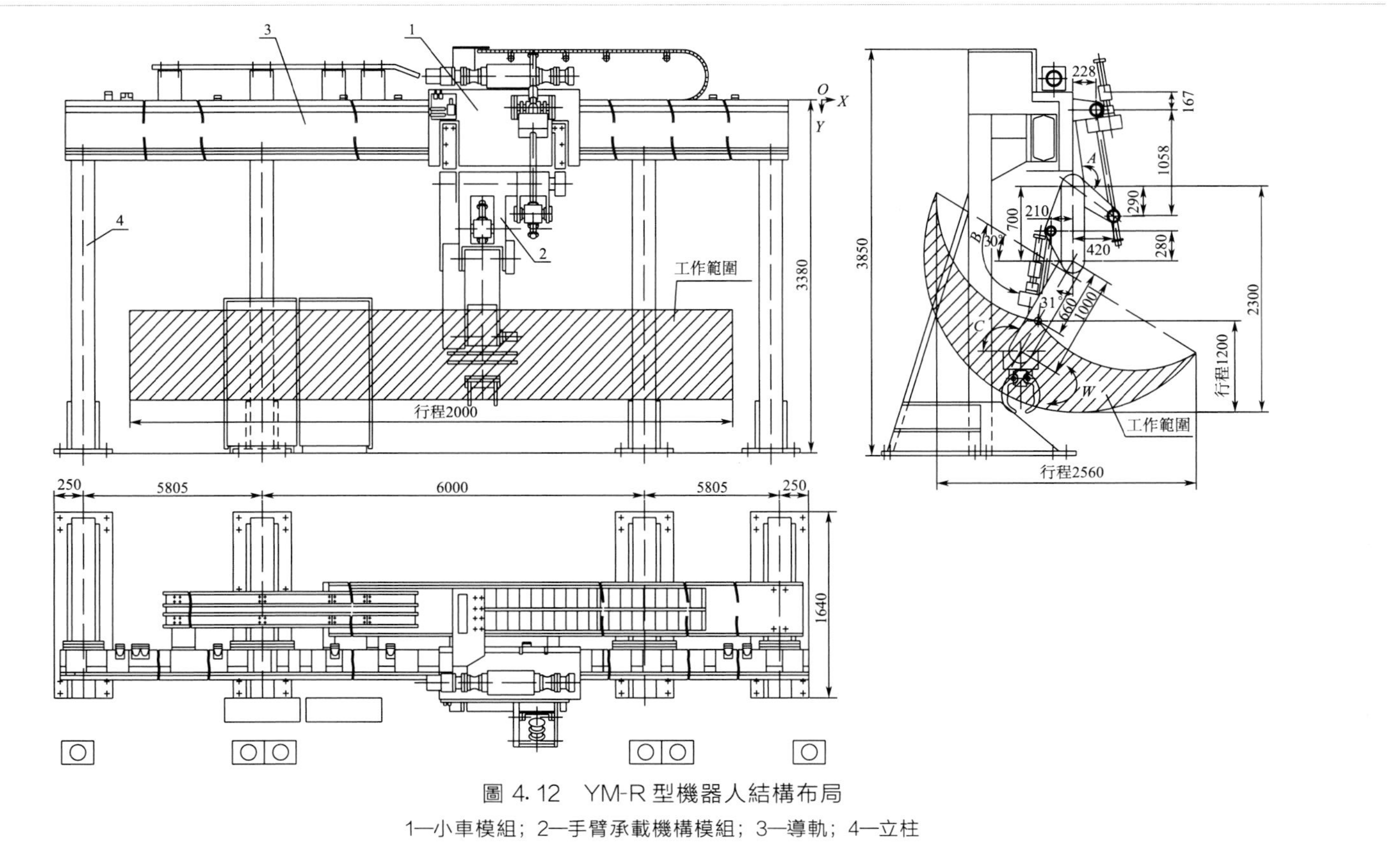

圖 4.12 YM-R 型機器人結構布局

1—小車模組；2—手臂承載機構模組；3—導軌；4—立柱

圖 4.13 所示，操作機工作在鍍槽的電鍍自動線中，鍍槽具有一定尺寸的工作空間。圖 4.13 中主要包括：電動機、夾持器、橫梁、機體、齒輪、槓桿、開關、聯軸器、減速器、圓盤、電液制動器、鏈輪、鏈條、抖振器、動板、平臺（基座）、承載鏈、彈簧及剪叉式提升機構等。

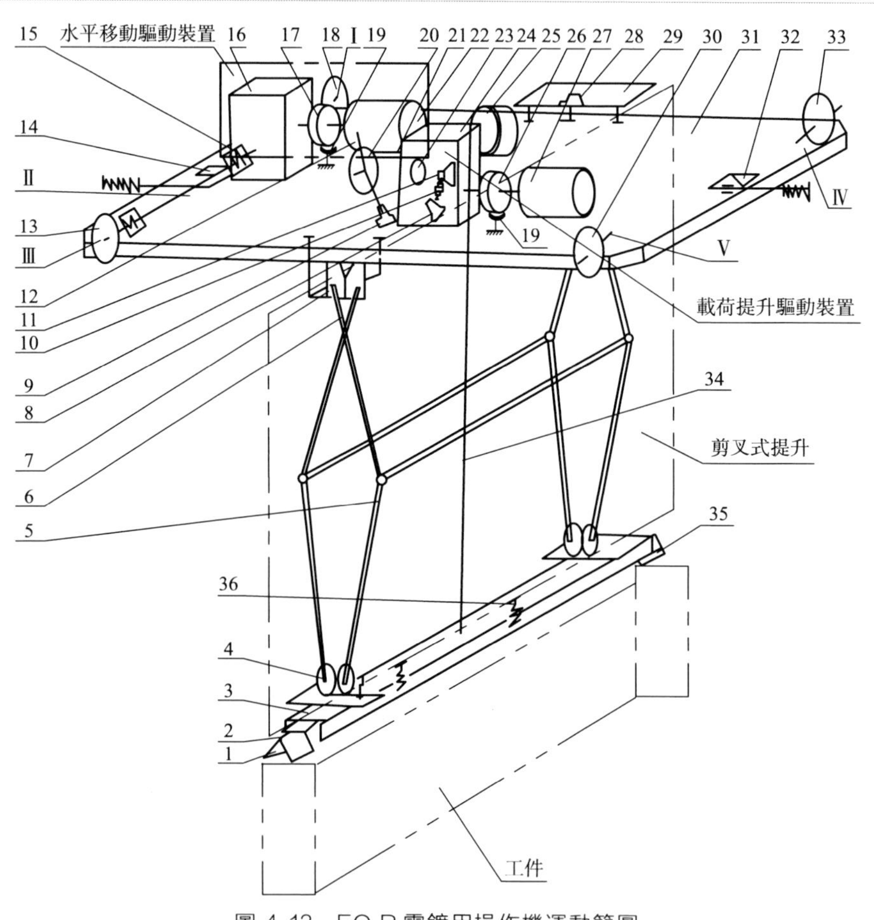

圖 4.13　EO-R 電鍍用操作機運動簡圖

1，35—夾持器；2—橫梁；3—機體；4—齒輪；5，6—槓桿；7—扇形齒；8，9，11—轉換開關；10—終端開關；12—停車槓桿；13，18—主動輪；14—極限位置開關；15—聯軸器；16—蝸輪減速器 A；17—水平移動驅動裝置圓盤 A；19—電液制動器；20，23—鏈輪；21—鏈條；22—電動機；24—蝸輪減速器 B（提升驅動裝置的）；25—抖振器；26—提升驅動裝置圓盤 B；27—電動機；28—行程開關；29—動板；30，33—輪；31—平臺（基座）；32—極限位置開關；34—承載鏈；36—彈簧

EO-R 操作機按照預定程式可以進行零件搬運、放下和提升等。透過負載

夾持器的抖動，能清除由槽池中提出來的零件上附著的多餘的電解液和溶液。

在平臺上配置有操作機水平移動、提升及下降機構的驅動裝置。

操作機的水平移動驅動裝置是由電動機、剛性聯軸器-水平移動驅動裝置圓盤 A 與蝸輪減速器 A 相連組成的。聯軸器-水平移動驅動裝置圓盤 A 可由電液制動器的制動塊剎住。蝸輪減速器 A 透過聯軸器和中間軸Ⅱ將扭矩傳給軸Ⅰ和軸Ⅲ，它們裝在滾珠軸承上。在軸Ⅰ和軸Ⅲ的端部分別剛性固接著操作機的兩個主動輪。兩個輪分別在裝於軸Ⅴ和軸Ⅳ上的滾動軸承中自由地旋轉，它們剛性固定在平臺上。

提升採用的是剪叉式提升機構。剪叉式機構是一種組合式的多桿機構，其基本組成單位為X形剪叉式機構。將X形單位以串聯、並聯等不同形式進行連接，則可以形成不同的剪叉式機構，這裏採用最簡單的結構。X形剪叉機構具有等距對稱性和運動相似性，當在最下端X形單位的首鉸鏈處施加水平向內的推力時，其上部X形單位的各鉸鏈點均向內向上運動。由於最上端的末鉸鏈處與上部輸出結構相連，並可沿上部結構水平移動，所以剪叉式提升機構可以將水平方向的推力轉化為豎直向上的運動。

從載荷提升驅動裝置的電動機傳遞來的扭矩，透過剛性聯軸器-提升驅動裝置圓盤傳到提升驅動裝置蝸輪減速器 B。聯軸器-提升驅動裝置圓盤 B 可透過電液制動器制動塊剎住，當電磁鐵線圈斷路時，它們緊緊剎住聯軸器-圓盤 B。在提升驅動裝置減速器 B 的兩個輸出軸上配置有前面的鏈輪-鏈條-鏈輪和後面的抖振器。與機體相連的承載鏈透過抖振器的主動鏈輪搭在承載鏈上，兩個夾持器分別透過橫梁和彈簧與機體相連。承載鏈鏈條的向上和向下運動保證負載的提升和放下，為避免翻轉，兩端採用了以扇形齒和齒輪結尾的空間槓桿系統。齒輪軸和兩個槓桿的末端剛性連接並在機體上旋轉，扇形齒輪和兩個桿件的上端剛性連接並在固定在平臺上的軸上旋轉。

兩個桿件的合攏和分開取決於承載鏈條的運動方向，兩對桿件應保證足夠的剛度、系統的平衡並消除負載的擺動。

兩個夾持器從最低到最高位置的全行程中，停車機構的停車由槓桿轉動圈數決定。停車槓桿進入相應的行程開關切口中時，就將夾持器停在上邊、下邊或中間位置，這裏依賴於不同位置的轉換開關實現。終端開關是急停開關。行程開關和動板用來傳遞操作機精確停止訊號。兩個極限位置開關在其極限位置時動作，極限位置開關受平臺基座上有彈簧作用的擋塊限制。

（2）結構布局

根據EO-R電鍍用自動操作機原理進行結構布局，EO-R電鍍用操作機如圖4.14所示。主要包括：電動機、減速器、制動器、平臺、板

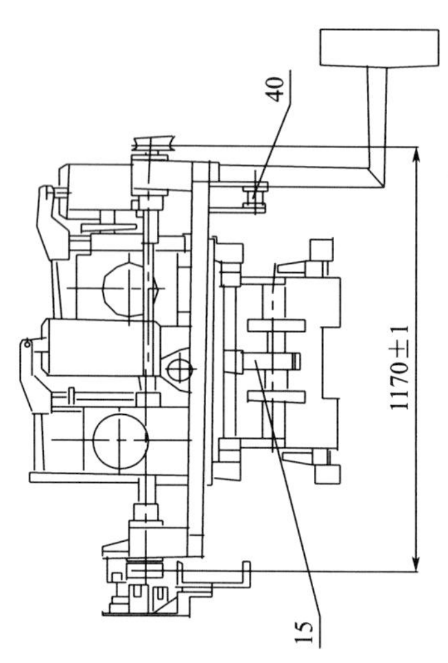
1170±1

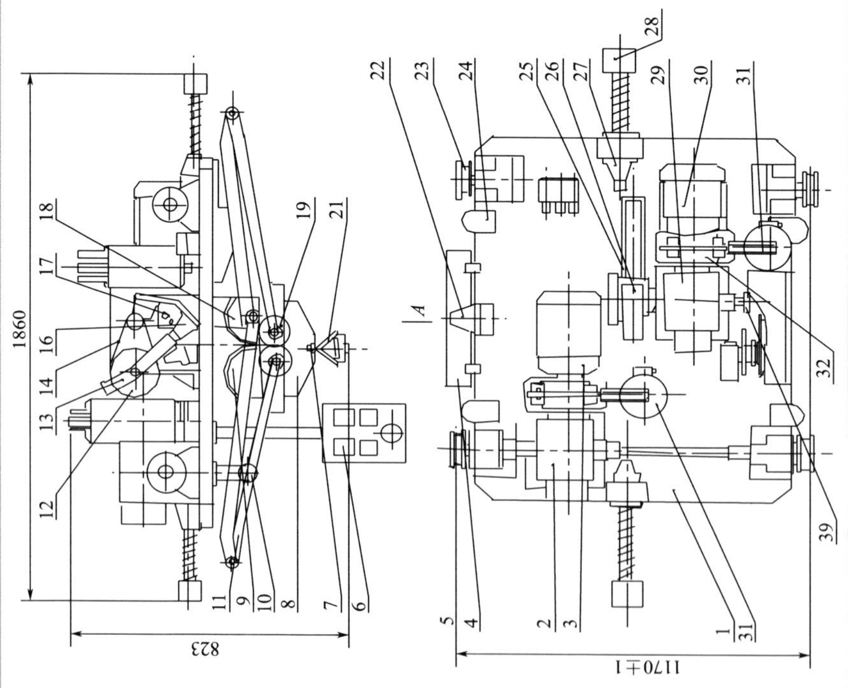
1860
823
1170±1
A

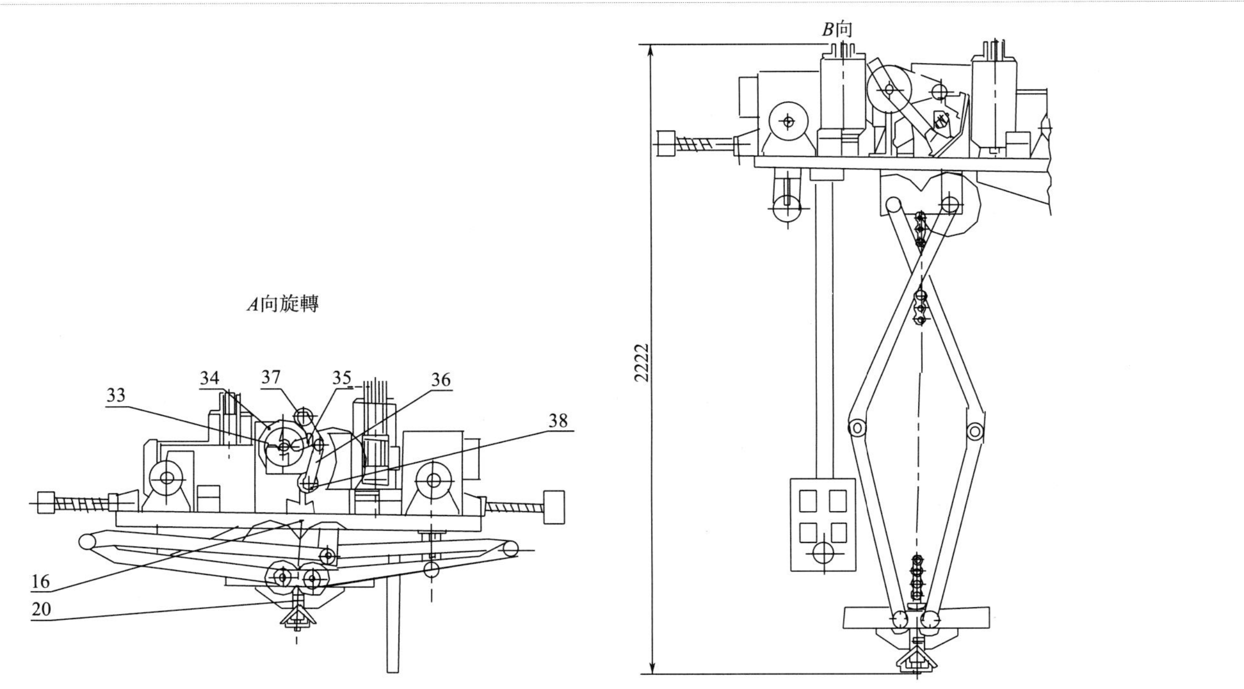

圖 4.14 EO-R 電鍍用操作機總圖

1—平臺；2—雙速電動機；3—蝸桿減速器；4—板片；5—主動輪；6—懸掛式控制盒；7—橫梁；8—機體；9—扇形齒輪；10—支架；11—槓桿；12—鏈輪 A；13—槓桿 C；14—鏈條 A；15—載重鏈；16—無觸點行程轉換開關；17—緊急轉換開關；18—基座（模組）；19—齒輪；20—彈簧；21—夾持器（模組）；22—精確停歇傳感器（非接觸式行程傳感器）；23—從動輪；24—擋塊；25—收集箱；26—振抖器；27—接觸傳感器；28—緊急停車裝置；29—蝸輪減速器 B；30—電動機 B；31—制動器 B；32—圓盤 B；33—鏈輪 B；34—花盤；35—凸輪；36—槓桿 B；37—滾輪；38，39—鏈輪 C；40—滾輪 B

片、控制盒、橫梁、機體、扇形齒輪、支架、槓桿、鏈傳動、載重鏈、開關、基座（模組）、齒輪、彈簧、夾持器（模組）、傳感器、擋塊、收集箱、振抖器、緊急停車裝置、圓盤、花盤及凸輪等。

EO-R 電鍍用操作機主要基礎零件是平臺，該平臺是由鋁合金澆鑄而成。在平臺上固定著所有操作機的組裝單位。該操作機在四個輪子上沿導軌橫梁移動，四個輪子分別是兩個主動輪，兩個從動輪。主動輪由蝸桿減速器和雙速電動機驅動，用聯軸器-圓盤連接，該圓盤可由制動器的制動塊剎住。蝸輪減速器的輸出軸透過聯軸器與主動輪相連。雙速電動機保證操作機有高、低兩種速度，高速度用於工作，低速度用於定位。從高速度過渡到低速度是由程式指令裝置實現的。

操作機的橫梁上安裝有行程開關，支架上裝有傳感器。操作機的停止運動是由擋塊及每一位置中心安裝的行程開關、帶有精確停歇傳感器及安裝在操作機平臺上的板片自動來實現的。在接近到位時（如還有一段距離到達停止點），在擋塊作用下行程開關動作，而板片趨近於橫梁上的非接觸式行程傳感器。轉換開關動作並發出指令，以過渡到恒速。當操作機以低速進一步運動到預定位置時，鋁板片進入非接觸式行程轉換開關——精確停歇傳感器的隙縫中。轉換開關動作，發出指令斷開電動機，並接通制動器，操作機停止工作。

當操作機與障礙物相碰時，帶接觸傳感器的緊急停車裝置動作，接觸傳感器斷開電動機接通制動器[7]。

負載提升驅動裝置包括電動機 B 及蝸輪減速器 B，它與制動器 B 制動塊剎住的聯軸器-圓盤 B 相連。

在振抖器機體中安置鏈輪和花盤，它們與負載提升驅動裝置中蝸輪減速器 B 的輸出軸剛性相連。在花盤中有兩個在自身軸上自動旋轉的凸輪。與機體鉸接的載重鏈透過鏈輪 B 傳動。載重鏈鏈條的另一端在收集箱中，在提升負載時，鏈條的自由端放在其中。在機體的槽中有橫梁，它懸在彈簧上，其壓縮力可以調節，夾持器用來夾持負載。

此外，在振抖器的機體上裝有在自身軸上擺動的槓桿 B。在槓桿 B 上端固定滾輪，而在槓桿 B 的下端固定鏈輪，它與載重鏈鏈條保持嚙合。在鏈輪 B 按逆時針方向旋轉時，提升負載。凸輪在鏈輪 B 每轉中兩次干擾載重鏈鏈條的均勻運動。這樣，凸輪支承在槓桿 B 的滾輪中，向鏈輪 C 一邊推開載重鏈鏈條，然後推到相應的花盤腔中，很快使鏈輪 C 返回到原始位置。因此，負載有時迎著載重鏈鏈條運動方向自由落下，然後突然停止，從而產生負載的抖動。在負載下降時（即鏈輪 B 按順時針方向旋轉）、凸輪的非工作表面與滾輪相接觸，被它放置在花盤腔中，載重鏈鏈條不在引開方向，則負載將不產生抖動。

負載提升機構由帶載重鏈的鏈輪 B 和相互鉸接的槓桿系統所組成。在槓桿上部以扇形齒輪結尾，而在下部則以齒輪結尾，它們相互嚙合，扇形齒輪的軸固定在與平臺剛性連接的基座上。

齒輪和槓桿的下端剛性連接在軸承中旋轉的軸上，軸承都裝在機體中，以齒輪和扇形齒輪結尾的槓桿系統促使橫梁和夾持器向上和向下平行運動，即使在夾持器中有懸臂負載時也是如此。

為了使帶夾持器的橫梁停在上邊、下邊和中間位置上採用停止機構，在該機構的軸上安裝著固定有板片的槓桿 C，板片進到無觸點行程轉換開關的槽中，以保證帶夾持器的橫梁停在極限（高和低）位置以及中間位置。

當無觸點行程轉換開關發生故障時，還有兩個緊急轉換開關作用在槓桿 C 的擋塊上。

槓桿 C 由鏈傳動獲得運動，它包括鏈輪 A、鏈條 A 和鏈輪 C，鏈輪 C 位於減速器 B 另一端輸出軸上。

懸掛式控制盒用來手動控制操作機。

為了支撐纜線，在平臺下面的支架上裝有滾輪 B，在滾輪 B 上挪動操作機電驅動電源的軟電纜。

程式指令裝置由電氣櫃和控制盒兩部分組成。程式指令裝置的功能是用來控制各種型號的操作機，操作機可以具有多種承載能力。程式指令裝置應保證完成以下控制操作機的操作：①按位置尋址；②向前或向後運動；③啓動和停止前接通低速；④提升和下降夾持器、盡可能停止在準確位置；⑤夾持器的夾緊與松開；⑥在給定時間内洗滌（負載夾持器部分升降）；⑦禁止下降到給定位置；⑧必要的工藝停留（延遲時間）；⑨控制工藝時間；⑩完成程式控制。

4.2.3 定位循環操作工業機器人

定位循環操作工業機器人作業要求是必須具有有限的定位點數，同時要求操作機的末端件不僅按照順序動作，還應該準確地按照時間資訊來工作。

(1) 工作原理

該工業機器人作業特點是以操作機的動作為核心。操作機模組的動作順序由機器人的工作循環特性決定，透過操作機的動作順序實現及完成各項運動及作業。操作機的動作順序依靠事先編制的程式來保證，並以相應的形式在循環程式控制裝置的控制板上進行控制。例如 P-1 型定位循環操作機的動作順序，如圖 4.15 所示。

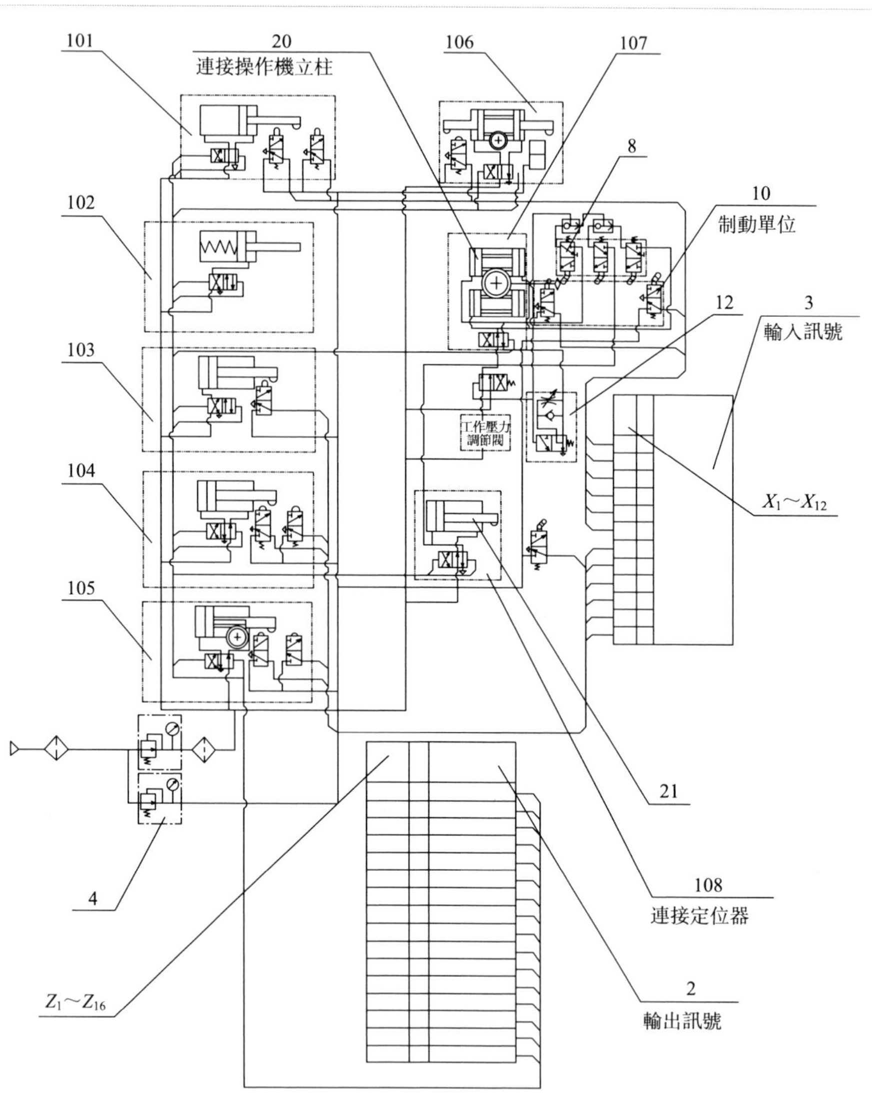

圖 4.15 P-1 型操作機動作順序氣壓原理圖

2—輸出訊號接頭；3—輸入訊號接頭；4—減壓閥；8—終端行程開關；10—制動單位；12—制動滑閥；20—雙聯氣壓缸；21—定位器氣缸；101—垂直移動缸；102—擋鐵缸；103—夾持器缸；104—水平移動缸；105，106—手腕轉動缸；107—轉動模組缸；108—定位氣缸

圖 4.15 為動作順序氣壓原理圖，圖中主要包括：接頭、減壓閥、終端行程開關、制動單位、制動滑閥、雙聯氣壓缸、垂直移動缸、擋鐵缸、夾持器缸、水平移動缸、手腕轉動缸、轉動模組缸、定位氣缸。

圖 4.15 中，由執行機構位置傳感器發出的訊號（如 $X_1 \sim X_{12}$）透過輸入接頭進入循環程式控制裝置，而控制指令（如 $Z_1 \sim Z_{16}$）透過輸出接頭由循環程式控制裝置傳出。

下面以轉動模組為例介紹該操作機的轉動運動原理。

當壓縮空氣沿輸氣管路進入雙聯氣壓缸工作腔時，使裝有手臂的操作機立柱產生轉動。制動單位在接近預定位置時，壓緊終端行程開關，從而缸體的排氣腔被制動滑閥節流，而工作腔與輸氣管路斷開，且與透過減壓閥而獲得的低壓空氣導管相連。

這種制動管路能保證操作機立柱的運動平穩停止，並減少加在硬擋塊上的負載。當每一個制動氣動開關被推動，就可以按預先設定達到極左端、極右端或中間位置。所以在更換由循環程式控制裝置傳來的指令時（如 $Z_1 \sim Z_{16}$ 中可以設置：Z_{13}—向左，Z_{14}—向右，或相反）轉換制動滑閥到開啓位置。與此同時，對於具有低壓的雙聯氣壓缸，其腔與大氣相連；而另一腔則與氣體管路相連，該氣體管路為閥門（工作壓力調節閥）所調節的工作壓力服務。

當壓緊極限位置制動開關時，轉動機構高速啓動，隨後產生減速運動。當給出「取消定位」指令時定位器拉出，除定位器氣缸與雙聯氣缸同時協調動作外，上述工作順序不變。對於定位器，定位器的滾柱在完成機構制動以後，落入盤上凹槽中，此時操作機立柱位於中間位置。

其他模組的運動原理，略。

(2) 結構布局

無論是總體結構還是零部件結構，機器人的結構布局均透過組合模組方式進行。

① 總體結構。以 P-1 型定位循環操作工業機器人為例，其總體結構如圖 4.16 所示，該機器人透過組合模組方式布局。圖 4.16 中包括的模組結構主要有：轉動模組（基礎）、垂直位移模組（立柱）、手臂水平位移和轉動模組、手腕擺動模組、夾持裝置模組及控制裝置等。

圖 4.16 中，P-1 型機器人的總體結構是透過圓柱座標系建立的。圓柱座標系是由轉動模組做迴轉運動，垂直位移模組和手臂水平位移模組分別實現兩個直線運動。這三個模組的運動實現機器人的主要空間運動。

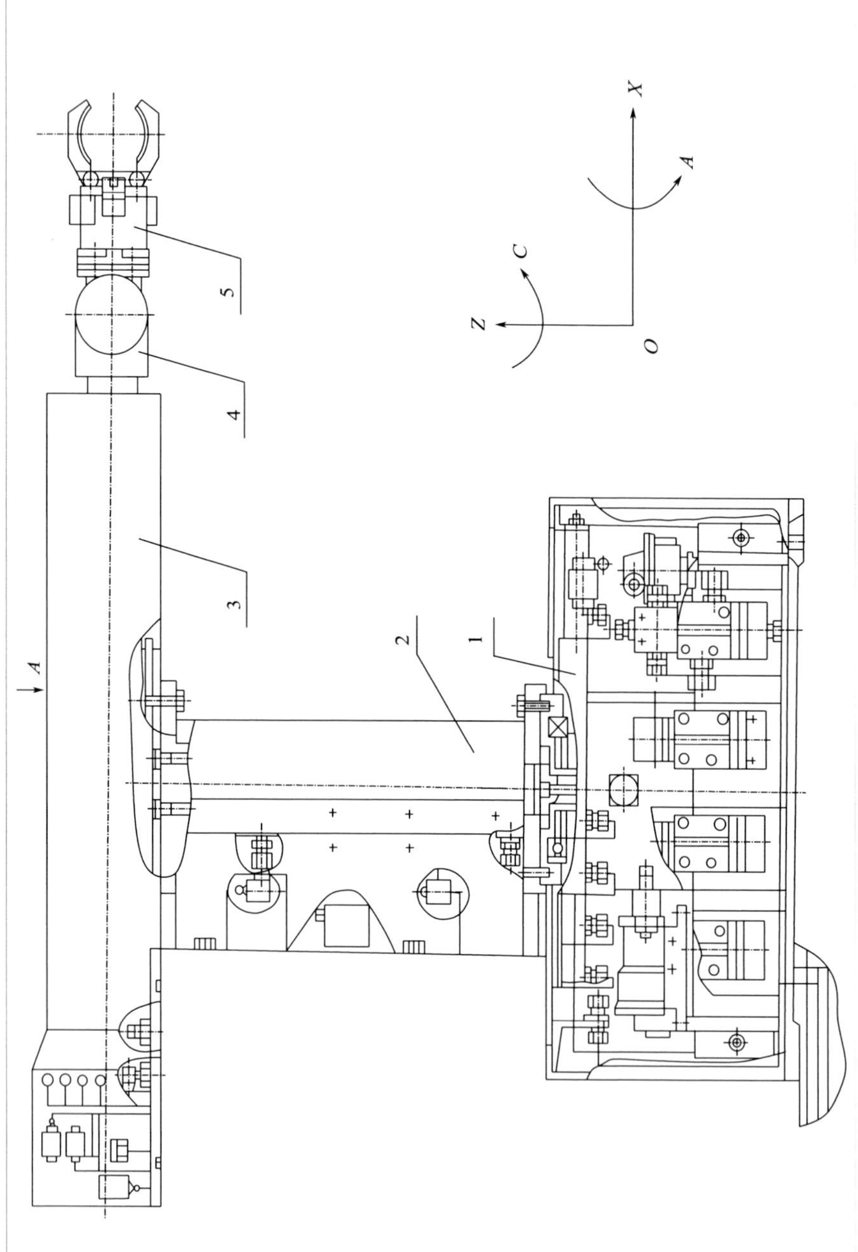
A
1
2
3
4
5
X
A
Z
C
O

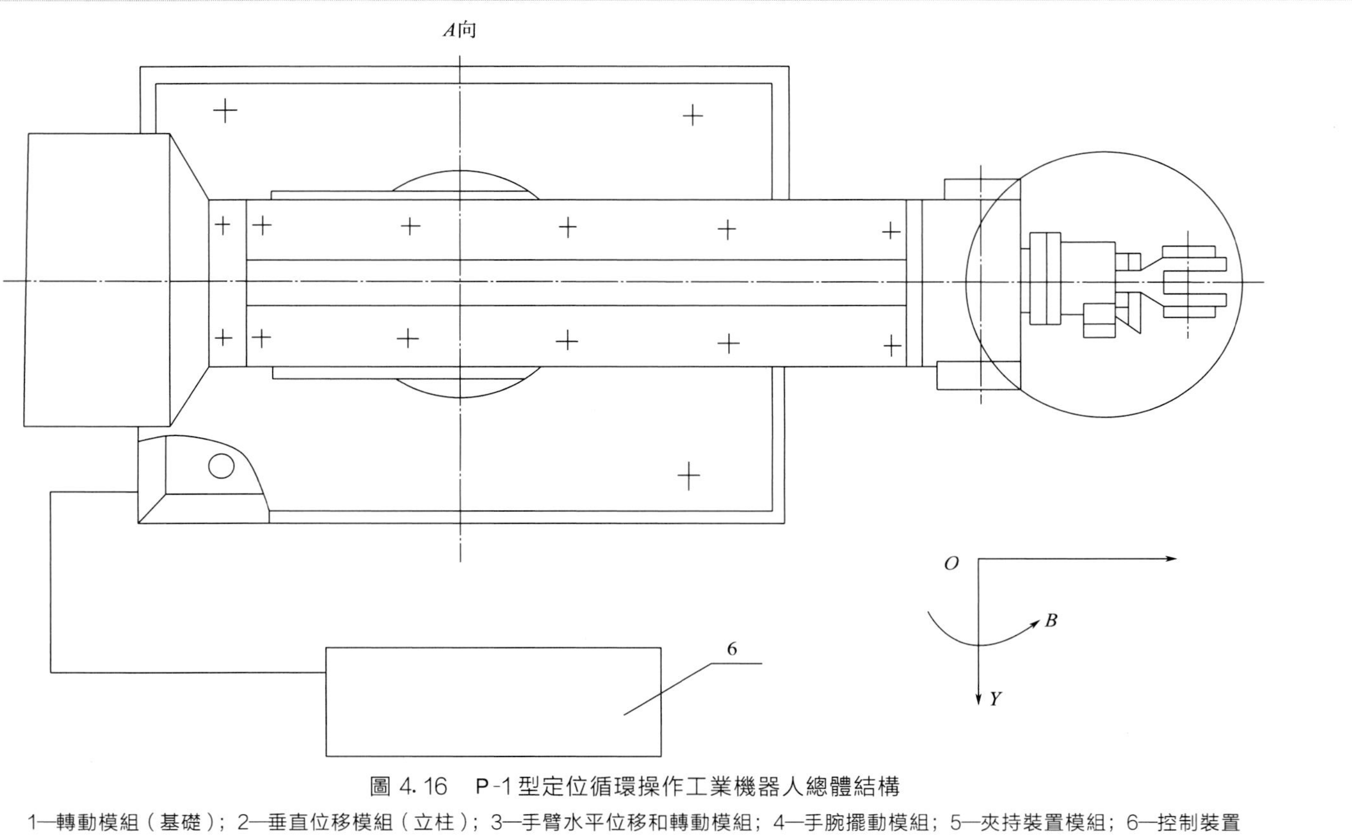

圖 4.16 P-1型定位循環操作工業機器人總體結構

1—轉動模組（基礎）；2—垂直位移模組（立柱）；3—手臂水平位移和轉動模組；4—手腕擺動模組；5—夾持裝置模組；6—控制裝置

P-1 型機器人在圓柱座標系中工作的操作機有三個定位，兩個定向運動及一個擺動。操作機定位運動包括：X 方向手臂水平位移；Z 方向手臂垂直位移；C 迴轉，即立柱相對於垂直軸的迴轉；A 轉動，即手腕繞自身軸線的轉動，被傳送零件方向的變化是由手腕繞自身軸線轉動實現的；擺動 B，即在其垂直平面內擺動 B 來實現。

該機器人的總體結構對應有多個功能組合模組，包括：轉動模組；垂直位移模組；手臂水平位移和轉動模組；手腕擺動模組及夾持裝置模組等。例如，在夾持裝置模組中，夾持器的鉗口有夾緊與松開運動。夾持器與機體的連接可以有多種方案，夾持裝置模組可以直接連接在手臂模組上，當必要時也可以應用手腕模組，以組裝成具有更多自由度操作機的方案。

該操作機的控制由循環程式控制裝置來實現。相對應地，控制裝置也有模組式結構。

② 垂直位移模組。定位循環操作工業機器人總體結構中的垂直位移模組如圖 4.17 所示。

圖 4.17 中主要包括：焊接基座、平臺、滾珠導軌、氣缸、擋塊、單作用氣缸、液壓緩衝器及終端開關等。

P-1 機器人手臂垂直位移模組是實現操作機手臂相對於支柱的提起和放下功能的。模組本身是組合模組，組合模組安裝在焊接基座上，平臺在滾珠導軌上移動，該滾珠導軌垂直安裝在基座上。在滾珠導軌上用專用墊片來調整預拉力，由氣缸來實現平臺的升降運動。

在平臺上裝有兩個擋塊，其位置可根據操作機手臂在垂直方向所需要的移動值來改變。為此，在平臺上有螺紋孔，以便透過重新安置擋塊來實現粗調節，而精確調節可以透過槽內擋塊位移來調整，槽的長度範圍決定了擋塊位移量。

運動擋塊在不同位置上與兩個固定擋塊相互作用，運動擋塊可以在彈簧作用下拉出，該彈簧安裝在內裝的單作用氣缸中。當壓縮空氣傳送到單作用氣缸的活塞桿腔內時，運動擋塊向後退回。單作用氣缸固定於在滾珠導軌中移動的板上，而板與液壓緩衝器的活塞桿相連，並可在垂直方向上按其行程值移動。

當運動擋塊與板一起繼續運動時，油從液壓緩衝器的一腔壓到另一腔中。此時，運動擋塊與其一擋塊接觸時，平臺產生制動。

在平臺的行程終點上，由終端開關發出進入數控裝置的氣壓訊號。

③ 手腕模組。P-1 機器人手腕模組如圖 4.18 所示。

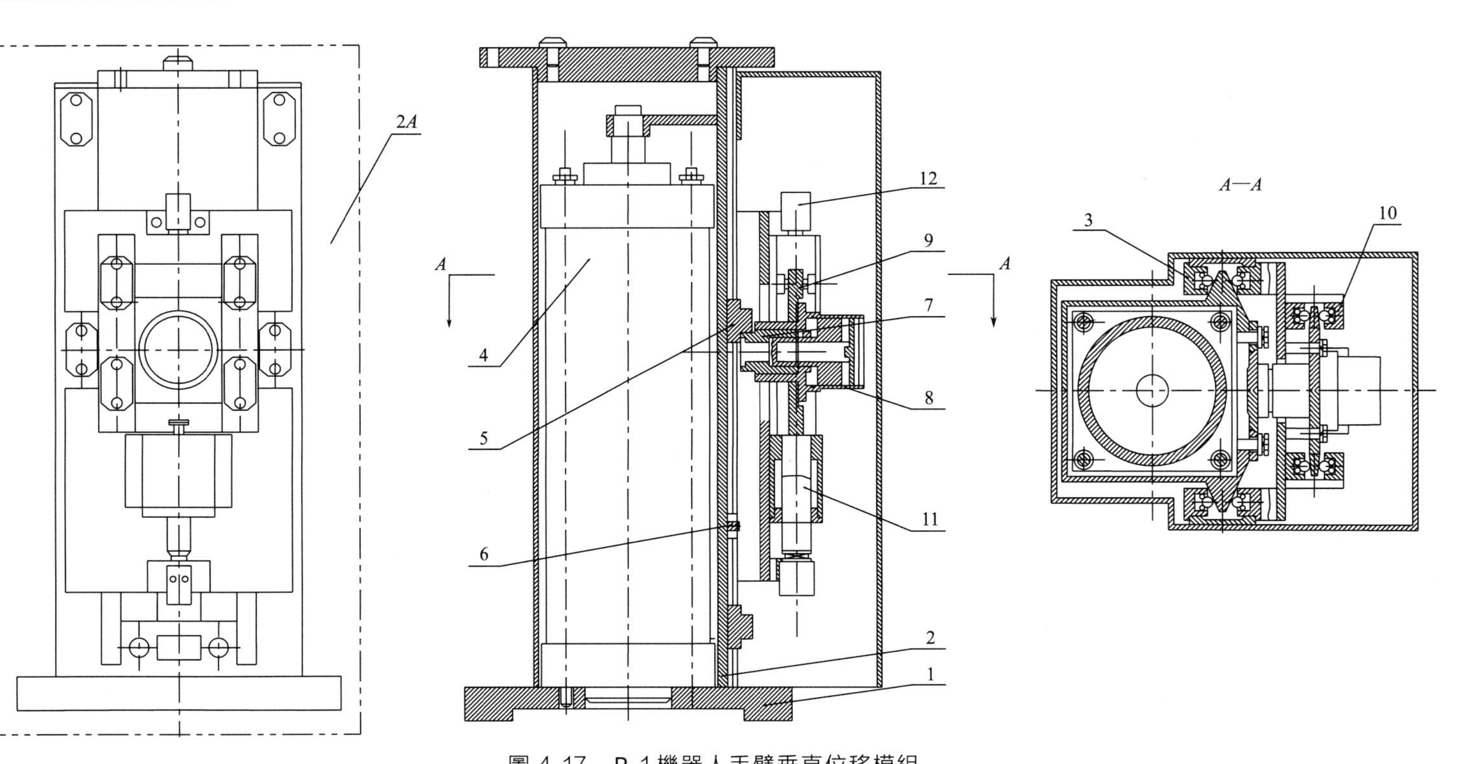

圖 4.17 P-1機器人手臂垂直位移模組

1—焊接基座；2—平臺；3，10—滾珠導軌；4—氣缸；5，6—擋塊；7—運動擋塊；8—單作用氣缸；9—板；11—液壓緩衝器；12—終端開關；2A—支柱

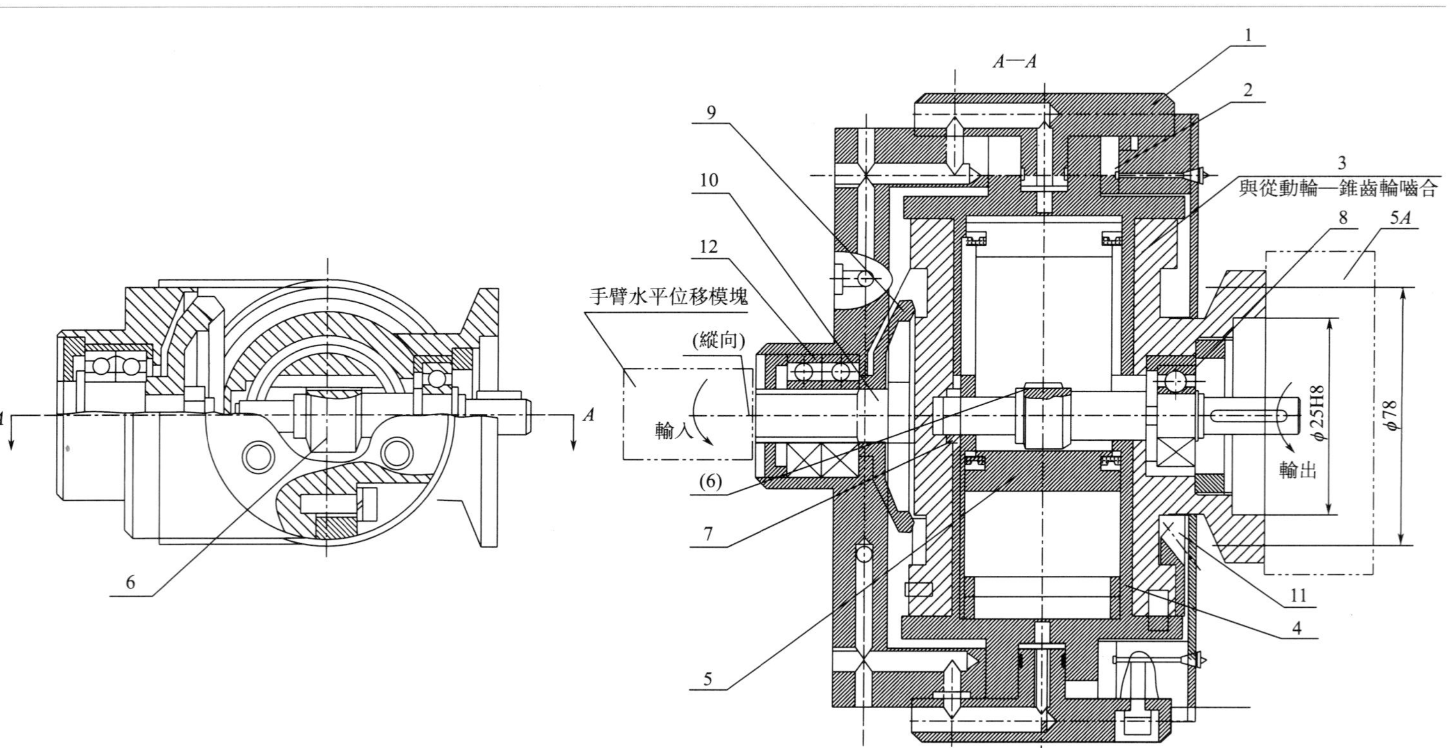

圖 4.18 P-1機器人手腕模組結構

1—機體；2—滑動軸承；3—迴轉接頭；4—氣缸；5—氣缸空心活塞；6—齒輪軸；7，8—軸承；9—主動輪；10—輸入軸；11—從動輪；12—軸承；5A—夾持裝置模組

圖 4.18 中主要包括：機體、軸承、接頭、氣缸、氣缸空心活塞、齒輪、輸入軸及夾持裝置模組等。

P-1 機器人手腕模組由氣缸控制，可以保證夾持裝置繞縱軸迴轉運動和相對其橫軸擺動。

手腕模組的機體具有叉子形狀，在機體的孔中滑動軸承上裝著迴轉接頭，迴轉接頭安裝在內裝氣缸上。在氣缸空心活塞的內表面上切有齒條，齒條和與輸出軸做成一體的齒輪軸相嚙合。齒輪軸裝在迴轉接頭中的兩對軸承上，透過錐齒輪傳動實現迴轉接頭的轉動（擺動），其主動輪裝在輸入軸上，而從動輪固定在迴轉接頭上。主動輪透過輸入軸內孔的鍵連接，從手臂水平位移模組迴轉機構獲得旋轉運動，輸入軸裝在機體的軸承上。

在迴轉接頭的法蘭上，用螺釘固定具有氣壓驅動裝置的夾持裝置模組。

4.2.4 模組化設計建議

模組化設計存在許多優點，從理論上可以體會到整體與部分、統一與分解的特點。實際上模組化設計也可以運用在各行各業的系統設計和大型機器生產中，最主要的是可以改變設計者的思維方式，從現在發展來看，機器人模組化是必然的。各種模組化設計方法差別的實質是模組化的程度和方法不同，因此，模組化設計最大的缺點是還需要設計，還需要針對具體案例進行研究，在此基礎上再應用模組化設計方法才會設計出更加完美的產品。

（1）每個模組均應以滿足剛度設計、強度校核及壽命校核為前提

① 機器人模組剛度設計。對於工業機器人操作機來說，大多為串聯型多關節結構[8]。在這種情況下，機器人操作機是一個多關節、多自由度的複雜機械裝置，無論它處在靜止狀態還是在運動中，如果受到外力的作用，它的執行器座標原點便會產生一個小的位移偏差，偏差量的大小不僅與外力的大小、方向和作用點有關，而且還與執行機構末端所處的位置和姿態有關，這便是機器人的剛度。串聯機器人的結構較弱、剛度較小等問題成為影響其末端定位精確度及加工動態性能的首要因素[9]。

② 機器人模組機械強度校核。根據負載求解時，模組強度一般都沒有問題，主要是看模組剛度數據，根據變形數據分析，若變形量大於設計要求，機器人定位精確度便會出現問題，因此，機器人模組化設計時，一般進行的是機械強度校核。例如，手臂模組是機器人重要承載部分，

應進行機械強度校核。設計中遇到的定位單位、梁都應進行校核，尤其雙端支撐梁和懸臂梁。

③ 機器人模組壽命校核。模組化設計完成後，要對整臺設備進行壽命計算，特別是核心元件、模組部件的壽命必須計算，如機器人導軌的壽命、減速機的壽命、伺服電動機的壽命等。機器人的運行壽命與運行速度、負載大小、結構形式及工作環境等有關。如果機器人的設計壽命太短，需要重新調整設計。

（2）初步完成模組化設計後要注意審查或核實，之後再確認最終的設計結果

① 機器人承載能力。例如，對於裝配機器人，當操作對象尺寸、重量較大時，串聯機構形式的手臂能否滿足承載要求，其笨重的機體是否影響機器人系統移動的靈活性等。

② 重視機器人空間運動參數。例如模組化設計後機器人的空間運動參數是否滿足預設要求，如最大位移、最大位移速度、最大加速度等[10,13]。

③ 避免簡單變換模組的方式設計機器人。若採用簡單變換模組的方式設計機器人，可能不能保證作業要求和高效率的工作。例如，不應簡單地按比例變換方法來設計機器人，而應考慮慣性力和摩擦力的影響。這些力受機器人尺寸變化的影響不同，如慣性力隨桿長的平方變化，摩擦力則基本不受桿長的影響，所以，不能簡單地按比例變換方法來設計機器人。例如，如果僅按比例縮小，則只減小了慣性力，並未改變摩擦力大小，可以推斷該機器人不適合完成重載操作、高定位精確度或在不同尺度下工作的任務。

④ 考慮機器人工藝性。例如，為擴大工業機器人的工藝性，一般是預先估計手腕在各個不同位置上進行固定夾持的可能性，在這些位置上一般透過銷釘連接，把手腕上的安裝孔準確地固定在夾持器機體上，完成設計後其可能性應該予以校核。

⑤ 正確理解機器人。在當前技術與經濟不斷發展的情況下，一部應用廣泛的機器人不可能進行所有的工作，因而具有明確目的的機器人才具有現實意義。

機器人將越來越多地應用在各領域，但目前還遠沒有達到人們所期望的水平，大部分機器人只是被用來完成簡單的加工、裝配等任務。究其原因可歸於兩個方面：①機器人硬體技術不是很完善，還不能達到智慧機器人所要求的水平；②目前的機器人還缺少真正的「智慧」，難以自動對加工、裝配等任務進行分析、規劃，更不能像人一樣靈活地處理加工、裝配等操作中遇到的各種複雜情況。

參考文獻

[1] 羅逸浩. 模組化組合工業機器人的架構設計建模[D]. 廣州：廣東工業大學，2016.

[2] 周冬冬，王國棟，肖聚亮，等. 新型模組化可重構機器人設計與運動學分析[J]. 工程設計學報，2016，23（1）：74-81.

[3] 黃晨華. 工業機器人運動學逆解的幾何求解方法[J]. 製造業自動化，2014,（15）：109-112.

[4] 杜亮. 六自由度工業機器人定位誤差參數辨識及補償方法的研究[D]. 廣州：華南理工大學，2016.

[5] Paryanto，M Brossog，J Kohl，et al. Energy consumption and dynamic behavior analysis of a six-axis industrial robot in an assembly system[J]. Procedia Cirp，2014，23：131-136.

[6] 聶小東. 單軌約束條件下多機器人柔性製造單位的建模與調度方法研究[D]. 廣州：廣東工業大學，2016.

[7] 張屹，韓俊，劉艷，等. 具有越障功能的輸電線路除冰機器人設計[J]. 機械傳動，2013,（3）：38-43.

[8] 葉伯生，郭顯金，熊爍. 計及關節屬性的 6 軸工業機器人反解演算法[J]. 華中科技大學學報（自然科學版），2013，41（3）：68-72.

[9] G Chen，H Wang，Z Lin. A unified approach to the accuracy analysis of planar parallel manipulators both with input uncertainties and joint clearance[J]. Mechanism & Machine Theory，2013，64（6）：1-17.

[10] S Cervantes-S，J Nchez，Rico-Mart，et al. Static analysis of spatial parallel manipulators by means of the principle of virtual work[J]. Robotics and Computer-Integrated Manufacturing，2012，28（3）：385-401.

[11] 譚民，徐德，侯增廣，等. 先進機器人控制[M]. 北京：高等教育出版社，2007.

[12] 郝礦榮，丁永生. 機器人幾何代數模型與控制[M]. 北京：科學出版社，2011.

[13] 李慧，馬正先. 機械零部件結構設計實例與典型設備裝配工藝性[M]. 北京：化學工業出版社，2015.

第5章

工業機器人主要零部件模組化

工業機器人主要零部件模組化是構成機器人整合系統與模組化的主要部分。對不同工作環境中的機器人來説其結構差異大，零部件結構差異更大。

在工業機器人主要零部件模組化過程中應關注機器人零部件模組化特點、機器人零部件模組化誤差及機器人零部件誤差補償等對零部件模組化設計的影響，從根本上提高模組化的品質。

(1) 機器人零部件模組化特點

工業機器人零部件在尺寸、形狀、自由度及設計構造上多種多樣，每個因素都影響著機器人的工作範圍或影響著它能夠運動和執行指定任務的空間區域。

所謂零部件模組化是指在滿足機器人主要參數及基本功能的前提下，其關節和連桿做成模組（模組單位，模組關節）。複雜零部件模組化即由多個關節（驅動器）模組單位和連桿模組單位裝配而成。零部件模組化使得零部件的結構抽象化，成為模組關節。

模組關節包括一自由度關節、二自由度關節及三自由度關節。一自由度關節有旋轉關節和移動關節兩種，多自由度關節可認為是旋轉關節和移動關節的組合。零部件結構的研究也是以這兩種基本關節為基礎。

為了便於向一自由度轉化，並盡可能使零部件模組簡單化，可以將二自由度關節設計成二關節軸垂直。為了便於機器人逆解的求取，三自由度關節常設計成三關節軸線交於一點。從幾何結構上，連桿較關節模組簡單，只有幾何尺寸的變化。當連桿模組採用一定規則表示時，連桿模組可以視為簡單體，當關節模組與連桿模組可裝卸或連接時其接口應該標準化。連接時要求各模組易於對準及夾緊，以便於精確地傳遞運動和力，便於不同規格模組地互換。

(2) 機器人零部件模組化誤差

工業機器人零部件模組化過程中，其誤差主要來自模組關節及其連接產生的誤差，包括機器人的幾何誤差、末端誤差及非幾何誤差等。

① 幾何誤差。與機器人幾何結構有關的因素，包括機械零部件的製造誤差、整機裝配誤差、機器人模組安裝誤差及關節編碼器的電氣零點等。當這些因素與關節的機械零點不一致時引起的誤差稱為幾何誤差。幾何誤差屬於確定性誤差。在諸多影響機器人精確度的因素中，幾何誤差的影響要佔據 80%左右。因此，機器人運動學標定時，主要研究製造

誤差、安裝誤差及編碼器零位誤差等造成的幾何誤差[1, 2]。

② 機器人的末端誤差。機器人的末端誤差由機器人的位置誤差和姿態誤差組成。機器人末端的運動控制通常採用逆運動學模型進行，利用逆運動學模型控制機器人的各關節轉角，從而控制末端的位置和姿態[3, 4]。由於機器人各關節間為強耦合關係，所以在機器人位置精確度提高的同時，機器人姿態精確度也會隨之提高。但是由於機器人姿態誤差的測量比較困難，特別是採用傳統測量工具測量時非常繁瑣，因此機器人精確度標定時，一般只考慮機器人的位置精確度。

③ 非幾何誤差。影響機器人位姿精確度的非幾何誤差種類繁多，例如重力的影響、末端靜彈力的影響、摩擦的影響、各種齒隙的影響及溫度變化的影響等。

在進行機器人非幾何誤差補償時，如果能夠考慮到產生誤差的各種影響，理論上可以提高機器人的位姿精確度，但實際上是很難做到的，因為有些誤差源產生的非幾何誤差過小，使補償效果不明顯且補償方法複雜。

(3) 機器人零部件誤差補償

機器人零部件誤差補償常採用機器人正運動學方法、非幾何誤差補償方法及逆運動學補償方法等。

① 當採用機器人正運動學方法進行誤差補償時，應該包括幾個主要方面：a. 建立運動學誤差模型，進行軸線誤差辨識的運動學誤差的補償；b. 建立位置誤差辨識模型及距離誤差辨識模型；c. 基於位置誤差辨識模型，對位置誤差辨識的無冗餘運動學誤差參數進行補償；d. 基於位置誤差辨識模型，對位置誤差辨識的統計分析選擇的運動學誤差參數進行補償；e. 基於位置誤差辨識模型，對位姿誤差辨識統計分析選擇的運動學誤差參數進行補償；f. 基於距離誤差辨識模型，對距離誤差辨識運動學誤差參數進行補償等。

② 當採用非幾何誤差補償時，為了簡化計算，應首先假定運動學誤差模型為線性模型，之後再進行機器人的運動學誤差模型求解，此時忽略了運動學誤差模型中實際存在的運動學誤差的高階誤差。機器人除了運動學誤差以外還存在其他的非幾何誤差，例如重力、關節柔順性、傳動誤差、間隙及手臂撓曲等引起的誤差。當重力引起的柔性參數誤差較大時必須給予補償，其他的非幾何誤差是否需要補償，應該視非幾何誤差的補償準則而定[5]。通常採用二階運動學誤差補償方法及非幾何誤差的統計方法。當採用二階運動學誤差補償方法時，應該辨識機器人運動中被忽略的高階誤差，需要明確非幾何誤差的補償準則。對於機器人的

非幾何誤差是否需要補償，可以透過對非幾何誤差引起末端誤差與已經捨去的二階運動學誤差引起的末端誤差進行比較後再行判斷。如果非幾何誤差比捨去二階運動學誤差產生的末端誤差小，則無需補償；如果非幾何誤差比捨去二階運動學誤差產生的末端誤差大，則可進行補償，但並不是説必須補償。也可以透過機器人非幾何誤差的統計方法進行判斷，依據對數據採集點進行檢驗的結果，判斷是否需要對非幾何誤差產生的末端誤差進行補償等。

③ 當採用機器人逆運動學進行誤差補償時，特別需要注意兩個問題：一是機器人末端所受彈性靜力。機器人末端所受彈性靜力可看作是一個簡易彈簧所受的力和扭矩，需考慮柔性誤差參數到機器人末端誤差的映射，這時機器人的工作需要保持靜力均衡。當工業機器人為懸臂式結構時，其各關節均會產生彈性力使機器人保持平衡。例如，有一個作用於機器人上的力使機器人發生虛擬位移，其作用會使機器人各個關節產生相應的虛擬位移，同時做虛功。如果虛擬位移的極限趨於無窮小，則系統的能量不變，這樣各個作用力在機器人上的虛功為零。二是引起柔性誤差的機器人各關節彈性問題。針對這個問題，可以建立引起柔性誤差的機器人各關節彈性靜力學模型，該模型包括映射模型、機器人 3D 模型及外加負載柔性誤差補償模型等。涉及的補償方法主要有機械結構補償柔性誤差方法、逆運動學補償方法等。

建立引起柔性誤差的機器人各關節彈性靜力學模型時，其映射主要針對的是機器人各關節產生的柔性誤差到機器人末端測量設備檢測獲得的誤差。例如，透過分析機器人各個關節誤差的統計結果，可以忽略對末端關節誤差影響較小關節的柔性誤差。根據建立的機器人 3D 模型，可以得到機器人各個連桿的重心位置和重力值，並對每個連桿的重力及其關節的力矩進行分析，得到需要針對柔性誤差進行補償的機器人關節或部位。當機器人或零部件模組的重力引起柔性誤差較大時，應該對其重力引起柔性誤差較顯著的關節或部位進行補償，這時需要建立外加負載柔性誤差補償模型，並對外加負載引起顯著變形的關節或部位進行外加負載的柔性誤差補償。

在機器人末端所受彈性靜力及引起柔性誤差的機器人各關節彈性等主要問題獲得解決的基礎上，進行機器人的柔性誤差補償。例如，透過引入統計學裏的擬合優度對機器人柔性誤差補償的參數進行檢驗，可以得出顯著影響機器人柔性誤差的關節或部位。根據結論可以分析並得出應用機械結構補償柔性誤差方法的可行性。

手臂機構、手腕機構、轉動-升降及夾持機構等為工業機器人零部件模組化的主要內容。對於手臂模組、手腕模組、轉動-升降及夾持模組等的共性問題，許多資料曾經提出了原則性的解決方案[6]。但是，由於不同機器人的作業環境與特性參數不同，開發時機構或模型的形式多樣、多變，使得實際開發工作定性容易，結構設計難，即零部件模組化工作繁雜。本章僅從應用角度考慮，在形式多變的結構中選擇一些特殊的案例進行介紹，期望能起到借鑒作用。

5.1 手臂機構

機械臂是機器人中最常見的應用和設計之一，機械臂也稱為手臂。一般來説，手臂機構由機器人的動力關節和連接桿件等構成，有時也包括肘關節和肩關節等，是機器人執行機構中最重要的部件之一。手臂機構從數量上可分為單臂、雙臂及多臂。單臂最簡單常用，雙臂相比於單臂結構增加了一套結構，一般置於機器人的前端，也增加了機器人橫向寬度。透過調整雙臂和其他部件的姿態可以使工作空間變大，更加靈活，提升機器人攜帶能力[7]。多臂最複雜，機器人的製造與安裝均困難，控制更加複雜，但是較雙臂結構更穩定，靈活性更高。手臂的作用主要是支承手部和腕部，改變手部在空間的位置。

由於摩擦、機械臂關節及連桿柔性等非線性因素的存在，使得手臂機構成為一個高度複雜的非線性系統，其動力學參數很難精確地獲得[8]。為了解決機器人系統的非線性問題，一些先進的控制方法被用來處理這些參數的不確定性，例如魯棒性控制技術、滑模控制、阻抗控制、自適應控制和神經網路控制技術等[9]。

目前，很多研究學者針對環境接觸任務的機械臂力控制進行了研究，同時也發現一些問題。例如應用機械臂進行磨削加工，當機器人處於接觸作業狀態時，末端操作器與工件之間因打磨加工而產生較大的相互作用力，該作用力的控制精確度直接影響打磨加工的精確度，同時作用力的存在也給機器人的位置控制增加了難度，因此，可以透過對位置和力進行同步控制來解決磨削機器人控制技術的難點。所謂同步控制是指使機械臂對所接觸環境具有柔順性。現階段力位混合控制和阻抗控制是被普遍採用的主動柔順控制模式。

傳統的工業機器人在實際應用機械臂作業時遇到很大的障礙，不能完全滿足高速發展的工業化需求。雙臂合作機器人相比單臂工業機器人在抓取、優化及控制方面有著較好的協調作用，在複雜任務和多變的工作環境中具有獨特的優勢。工作環境存在的諸多不確定性，例如變負載、未知環境等，對雙臂機器人控制系統的魯棒性提出較高要求。當前，大多數學者對雙臂抓取的研究主要集中在力封閉抓取和形封閉抓取等方面。應用力封閉抓取，需要提前建立抓取矩陣。力封閉抓取是指在考慮機械臂末端與物體之間存在摩擦力的情況下，把抓取力透過抓取矩陣映射到目標物體，實現穩定抓取。形封閉抓取是透過抓取點的個數來限制目標物體的自由度，透過位置約束來實現物體的抓取。

在實際工業應用中，抓取需要具有一定柔性，形封閉抓取可能損壞物體，所以，通常採用力封閉抓取。在考慮滿足雙臂抓取的靜摩擦的前提下，根據目標物體的特點和運動狀態，將合力分配到每個機械臂上是需要解決的難點。有學者提出，在不考慮目標物體與外部環境接觸的前提下，把目標物體上的合力分解為內力和外力。內力主要用於防止末端執行器和目標物體發生滑動以及防止目標物體被損壞。這種內力對目標物體的運動沒有任何影響，恰當的內力可以保持抓取的靜摩擦和保證抓取的穩定性，相反，如果內力太大會擠壞目標物體。因此，控制內力的大小可以實現物體的安全抓取，控制外力可以實現物體的運動。目標物體的合力與物體的運動狀態以及受到的外力有關，力的大小也可由雙臂操作來控制，因此把目標物體上的合力分配到雙臂的關節空間是實現雙臂機器人穩定抓取的首要問題。當機械臂末端安裝腕關節傳感器時，透過力反饋控制及分解演算法可以即時調整內力和外力的大小[10]。由於機械臂和物體構成的夾持系統具有冗餘特性，機械臂關節空間的廣義力矩的解不唯一[11]。在滿足雙臂夾持物體且保持理想力的情況下，機械臂關節空間的廣義力矩優化是值得深入研究的問題。

5.1.1 手臂機構原理

手臂結構形式為關節式時，整個手臂機構的關節一般由肩部、大臂、小臂、腕部和手部等組成。

研究機械手臂機構原理時，通常採用靜力學及動力學理論。靜力學是理論力學的一個分支，在工程技術中有多種解決方法和廣泛的應用。動力學問題可以採用多種理論模型，但是隨著自由度的增加，面臨的多是空間問題，無論採用哪種理論模型，最後的動力學表達式都將非常複雜[12, 13]。拉格朗日動力學方程結合相應的電腦計算方法，無論是理想無摩擦情況還是實際有摩擦阻力等情況，都可以較好地解決這類問題。工程實踐中，手臂的主要結構參數為各關節的轉動範圍及各軸向的偏移量，機構原理分析時應該重視摩擦阻力主要來源於關節軸處的徑向軸頸和止推軸頸的摩擦力矩[14, 15]。

手臂機構的小臂在工業機器人中舉足輕重，在此僅以小臂為例進行簡單介紹。小臂的受力約束簡圖如圖 5.1 所示。

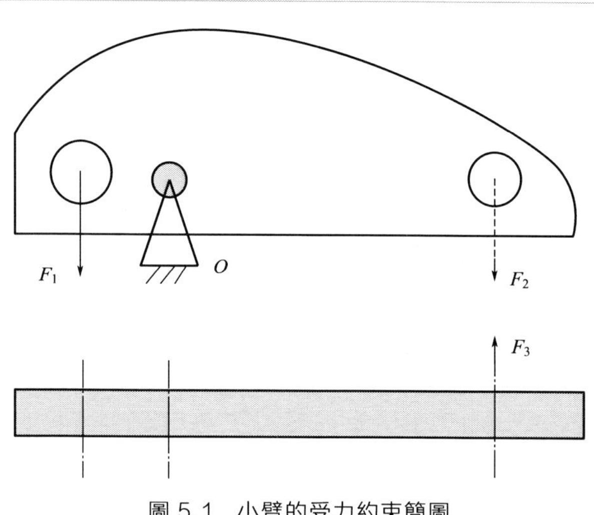

圖 5.1 小臂的受力約束簡圖

① 受力分析。小臂的受力約束簡圖中，F_1 為機器人末端重量，機器人在運動的過程中，考慮向上運動時加速階段會有加速度，因此取 F_1 為：

$$F_1 = 3G \tag{5-1}$$

從安全考慮，F_1 取 3 倍機器人末端執行器的重量。

F_2 是用來驅動上臂迴轉的動力，其大小取決於 F_1 的大小，由兩者的力臂關係可得：

$$F_2 = kF_1 \tag{5-2}$$

其中，k 是與小臂尺寸及固定支點 O 位置有關的係數。

F_3 是機器人整體迴轉給小臂帶來的慣性力。

$$F_3 = m\omega^2 r \tag{5-3}$$

透過式(5-1) ~ 式(5-3) 可以得知小臂的受力情況。

② 模態分析。模態分析是用來確定機械結構振動特性的一種技術，它可以確定結構的固有頻率和振型等模態參數。在實際工作過程中，工

業機器人的小臂可能會由於衝擊和振動而承受較大的動載荷，某種程度上會影響末端執行器的定位精確度，甚至可能導致小臂的損壞。因此有必要對工業機器人的小臂進行動力學模態分析。

③ 結構優化。為了小臂的輕量化，該機器人小臂採用適當的材料，例如鑄鋁合金材料。設定安全係數及許用應力，可以選用適宜的軟體進行結構分析。

例如，當用 ANSYS 軟體分析時，可以得到小臂綜合變形和綜合應力數值，以此驗證小臂的強度和剛度是否滿足設計要求，同時也可以探尋小臂結構是否還可以優化，能否做進一步的輕量化優化設計。或者在不改變小臂基本外形結構的前提下，取小臂的厚度為設計變量，其他尺寸作為不變量來處理，設計變量的取值範圍為：最小厚度≤厚度≤最大厚度；取最大應力值 σ_{max} 為狀態變量，根據強度校核理論，進行校核。

$$\sigma_{max} \leqslant [\sigma] \tag{5-4}$$

結構輕量化優化設計的目的是在保證結構安全可靠的前提下，使其結構的質量達到最輕。因此可以將小臂的質量作為目標函數，進行優化分析。目標函數為：

$$W = \rho \sum_{i=1}^{n} v_i \rightarrow \min \tag{5-5}$$

其中，ρ 為材料的密度；v_i 為小臂各段體積。

④ 優化過程。優化過程是一系列「分析-評價-修改」的循環過程。首先得到一個初始設計，並把結果用特定的設計準則進行評估，然後修改。經過反復調整得到小臂結構參數之後，執行相應的程式對小臂進行強度計算、比較，最終得到小臂的最優厚度值、小臂綜合變形及綜合應力資訊等。

其他構件如肩部、大臂、腕部及手部的分析與此類似。

手臂機構有多種類型，如三自由度手臂結構、手臂雙擺動結構、連桿結構手臂、通用結構手臂、單自由度手臂、雙自由度手臂、管狀結構手臂、滑板連接手臂、焊接結構手臂、帶夾持器的手臂及伸縮機構手臂等。

在此僅以三自由度手臂模組為例介紹手臂模組的運動原理，圖 5.2 為 PM-25 型工業機器人手臂模組運動原理。圖 5.2 中主要包括：直流電動機、差速器、聯軸器、蝸桿蝸輪傳動、圓柱齒輪傳動、位置傳感器、錐齒輪傳動、轉臂、扭桿、手腕、執行件、空心軸、轉動管、機體、空氣分配器及氣管等。

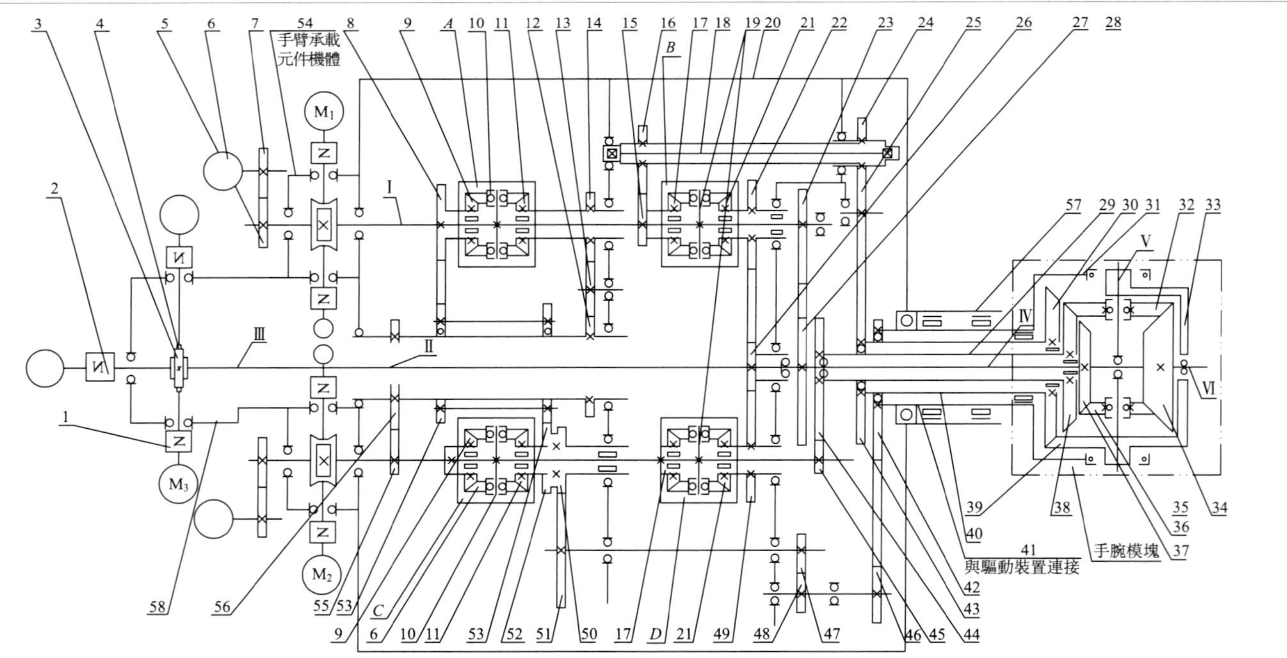

圖 5.2　PM-25 型機器人手臂模組運動原理

$M_1 \sim M_3$—直流電動機；A～D—錐齒輪差速器；1，2—補償聯軸器；3/4—多頭蝸桿蝸輪副；5/7—無隙齒輪傳動；6—位置傳感器；9—差速器 A 錐齒輪 1；10—轉臂；11—差速器 A 錐齒輪；12～14，22，26，49，55，56—圓柱齒輪；17—差速器 C 錐齒輪；18—扭桿；19—轉臂；20—箱體；21，30，32，35～38—錐齒輪；23/27，45/44，8/53，53/52，50/51，47/48，46/42，15/16，24/25，25/43—圓柱齒輪；28，29，40—空心軸；31—手腕機體；33—執行件；34—行星輪；39—扇形錐齒輪；41—與驅動裝置相連轉動管子；54，58—機體；57—空氣分配器

圖 5.2 中，三自由度的手臂模組主要用於在球座標系中實現相對於三個相互垂直軸的定向操作。

手臂模組的運動分別由三個直流電動機來驅動。電動機 M_1 保證手腕模組相對於縱軸Ⅳ的旋轉，電動機 M_1 裝在與驅動裝置相連轉動管的法蘭上，驅動裝置機構裝在手臂承載元件機體中。電動機 M_2 是實現手腕相對於橫軸Ⅴ的擺動（或彎曲）。電動機 M_3 則實現夾持器相對於縱軸Ⅵ的轉動。

三個電動機的每一種運動都透過無隙波紋管式補償聯軸器進行傳遞，以一定傳動比傳遞給多頭蝸桿蝸輪副。每一驅動裝置的多頭蝸桿均與測速發電機相連，此時多頭蝸桿蝸輪副的蝸輪則透過無隙齒輪傳動或透過補償聯軸器與位置傳感器相連。

從另一方面，蝸輪與由四個錐齒輪差速器組成的差動單位的軸Ⅰ、Ⅱ和Ⅲ相連。此外，差速器 *A* 的錐齒輪透過一對圓柱齒輪傳動以一定總傳動比與差速器 *C* 的錐齒輪相連，它依次透過一組圓柱齒輪，以一定總傳動比與執行件——管子及手腕機體相連。差速器 *C* 的錐齒輪與電動機 M_2 傳動機構的蝸輪相連，並透過另一組圓柱齒輪與差速器 *A* 的另一錐齒輪相連。

差速器 *A* 的轉臂與差速器 *C* 的錐齒輪剛性連接，並透過一組圓柱齒輪與空心軸相連。圓柱齒輪 16 和 24 之間藉助扭桿 18 相連。空心軸的另一端與錐齒輪 30 相連，它和在執行件 33 上的扇形錐齒輪 39 嚙合，以實現手腕的彎曲運動。差速器 *C* 的轉臂 10 與差速器 *D* 的錐齒輪 17 剛性相連。

裝在軸Ⅲ上的蝸輪 3 透過圓柱齒輪 26、22 和 49，以一定傳動比與差速器 *C* 和 *D* 的錐齒輪 21 相連。這些差速器的轉臂 19 透過兩對圓柱齒輪 23/27 和 45/44，以一定傳動比與內裝空心軸 28 和 29 相連，在另一端安置與錐齒輪 36 和 32 相嚙合的錐齒輪 37 和 38。這些齒輪與轉臂 35 和行星輪 34 構成手腕機構的錐齒輪差速器。

行星輪 34 是手臂模組的終端構件，在其上固定著執行機構，如夾持裝置。差速器用來實現運動中運動解耦和力的閉合，以達到消除手臂模組傳動機構中間隙的目的。

運動中運動解耦是由於執行機構 31、34 和 39 的轉動僅與相應的電動機旋轉有關。例如，當電動機 M_1 工作時，其他兩個電動機被制動。旋轉由差速器 *A* 的錐齒輪 9 傳到差速器 *C* 的錐齒輪 11。差速器 *A* 的錐齒輪 11 和差速器 *C* 的錐齒輪 9 都被制動。這樣，差速器 *A* 和 *C* 的轉臂 10 得到同一方向的勻速運動。因為錐齒輪 21 被制動，差速器 *C* 和 *D* 的轉臂 19 獲得同一方向的勻速轉動。轉臂 19 的轉動透過圓柱齒輪傳動傳到同心安裝的軸 28 和 29，同樣以相等角速度和同一方向轉動。差速器 A 的轉臂 10 的轉動以一定傳動比傳到軸 40 上。差速器 C 的錐齒輪 11 的轉動以一定傳動比傳到管子 41。由於同心安裝的軸 28、29、40 和 41 以相等速度同向轉動，產生手腕相對於縱軸Ⅳ的旋轉運動，而沒有沿手腕彎曲座標相對移動和夾持機構繞其縱軸的轉動。

同樣，當電動機 M_2 工作時，電動機 M_1 和 M_3 被制動，其轉動被傳到同心安裝的軸 28、29 和 40 上，這時軸 28 和 40 以大小相等且同向的速度轉動，而軸 29 則以速度相等方向相反在轉動，軸 41 仍然被制動。同心安裝的軸 28 和 40 的轉動透過錐齒輪 37 和 30 傳到錐齒輪 36 和 39，其角速度大小和方向均相同，從而實現手腕相對於橫軸Ⅴ的彎曲運動。這時行星輪 34 並沒有相對位移（夾持器保持不動）。

當電動機 M_3 工作時，而電動機 M_1 和 M_2 被制動，其轉動被傳到軸 28 和 29 上，它們以大小相等、方向相同的角速度轉動，同時軸 40 和軸 41 保持不動。錐齒輪 37 和 38 的旋轉傳到錐齒輪 32 和 36，它們以大小相等、方向相反的角速度轉動，行星輪 34 與夾持裝置一起繞軸Ⅵ轉動。

手臂模組驅動裝置中，其傳動機構的間隙是必須要消除的，這由扭桿 18 來實現。它是由專用聯軸器預先扭緊，從而在運動鏈中建立應力狀態，以消除由差動機構形成的三個獨立閉合回路中的間隙。

5.1.2 手臂機構設計案例

機械手臂是機器人的主體部分，由連桿、活動關節以及其他結構部件構成，能使機器人達到空間的某一位置。

手臂結構設計要求主要包括：

① 手臂承載能力大、剛性好且自重輕。手臂的承載能力及剛性直接影響到手臂抓取工件的能力及動作的平穩性、運動速度和定位精確度。如承載能力小則會引起手臂的振動或損壞；剛性差則會在平面內出現彎曲變形或扭轉變形，直至動作無法進行。

② 手臂運動速度適當，慣性小，動作靈活。手臂通常要經歷由靜止狀態到正常運動速度，然後減速到停止不動的運動過程。當手臂自重輕，其啓動和停止的平穩性就好。手臂運動速度應根據生產節拍的要求來決定，不宜盲目追求高速度[16]。

③ 手臂位置精確度高。機械手臂要獲得較高的位置精確度，除採用

先進的控制方法外，在結構上還注意以下幾個問題：機械手臂的剛度、偏移力矩、慣性力及緩衝效果均對手臂的位置精確度產生直接影響；需要加設定位裝置及行程檢測機構；合理選擇機械手臂的座標形式。

④ 設計合理，工藝性好。上述對手臂機構的要求，有時是相互矛盾的。如剛性好、載重大時，其結構往往粗大、導向桿也多，會增加手臂自重；如當轉動慣量增加時，衝擊力大，位置精確度便降低。因此，在設計手臂時，應該根據手臂抓取重量、自由度數、工作範圍、運動速度及機器人的整體布局和工作條件等各種因素綜合考慮，使動作準確、結構合理，從而保證手臂的快速動作及位置精確度。

在此以三自由度手臂模組為例介紹手臂結構設計。圖 5.3(a)～(b) 示出了 PM-25 型工業機器人手臂結構模組的結構，主要包括：直流電動機、聯軸器、補償聯軸器、蝸桿蝸輪傳動、圓柱齒輪傳動、錐齒輪傳動、位置傳感器、差速器、扭桿、機體、手腕、執行件、空心軸、轉動管、軸、空氣分配器及氣管等。

① 手臂機構主要包括三個直流電動機及迴轉頭式手腕模組，該手腕配置在轉動管的端部。為了加大手臂的剛度，採用剛性較好的空心軸。對於手臂支承、連接件的剛性也有一定的要求，對此採用轉動管結構，轉動管固定在手臂機體中並能夠轉動。手臂機體與右差速器機體剛性連接。左差速器機體帶有與其他模組連接的對接表面。

② 手腕帶有端部對接表面，以便與執行機構模組相連接，使執行機構模組得到相對於中心結構軸（如軸Ⅱ、軸Ⅲ等）的轉動；手臂桿件驅動裝置的機構中包括蝸輪減速器 54 和 58 及上面差速器單位（如圖中序號 10，19）、安裝在轉動管內的同心安裝的同心軸 28、29 和空心軸 40。透過四個差速器單位實現運動解耦和傳動機構的力閉合，其目的是消除間隙並獲得附加減速。

③ 驅動裝置與控制系統的反饋是透過各位置傳感器及速度傳感器（或測速發電機）來實現的。手臂上還配置四個空氣分配器，用以實現將壓縮氣送到各執行機構，此時手臂應緊湊小巧，這樣手臂運動便輕快、靈活。為了手臂運動輕快、平穩，在運動臂上加裝滾動軸承。對於懸臂式手臂，還要考慮零件在手臂上的布置。當手臂上零件移動時，還應考慮其重量對整機迴轉、升降、支撐中心等部位的偏移力矩。

④ 執行機構是安裝在手腕上的帶動裝置。將空氣輸送到空氣分配器是透過蝸輪減速器 54 中的通道來實現的。該空氣分配器再透過旋轉集氣管將壓縮氣傳到手腕。

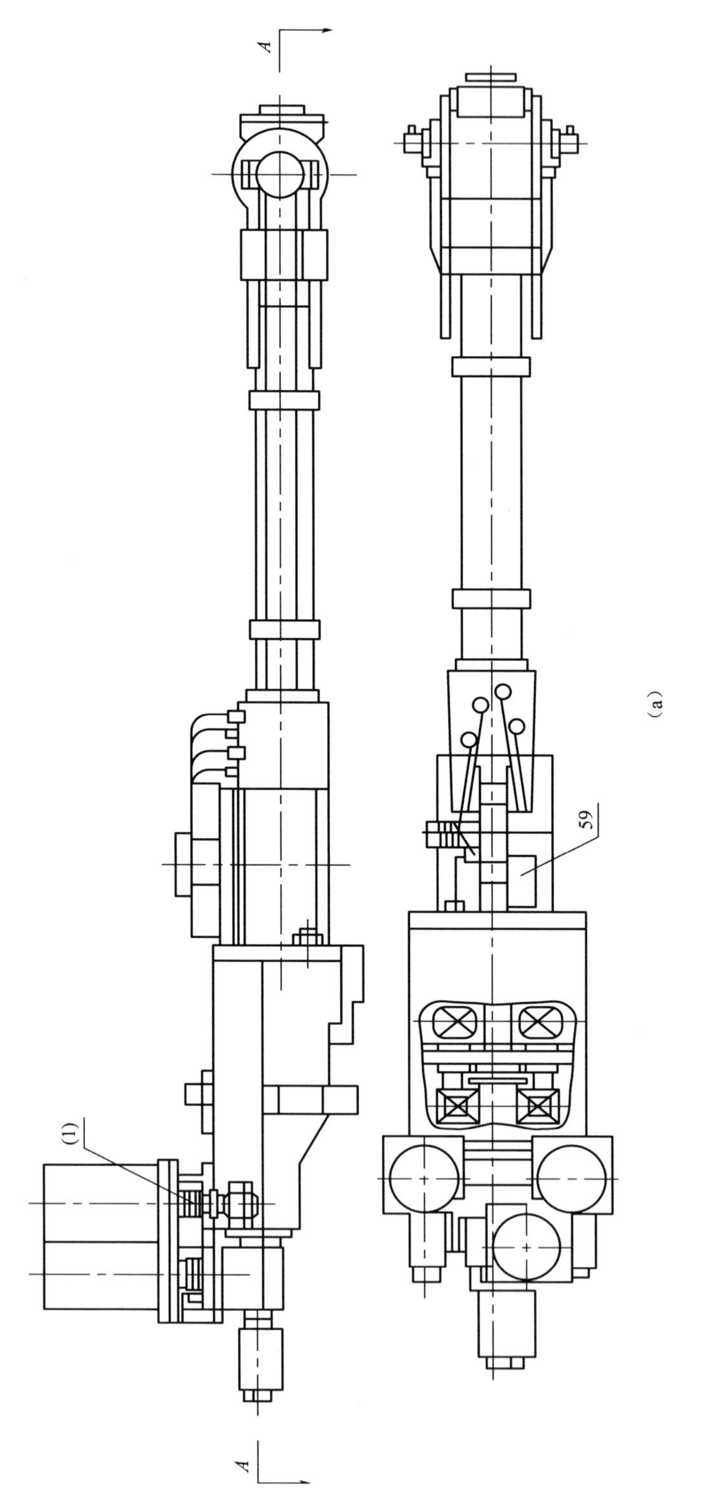

(a)

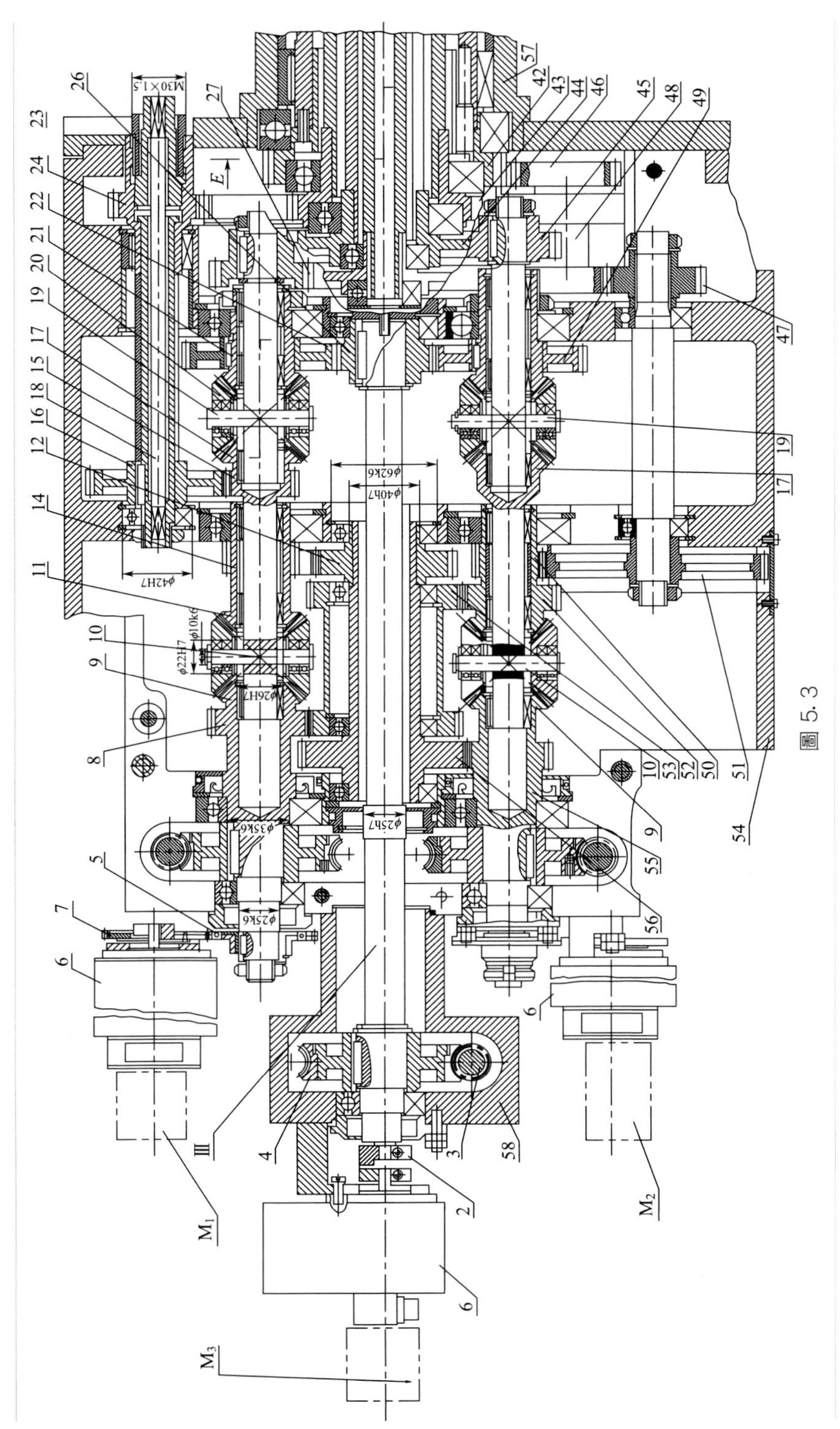
26
M30×1.5
23
24
22
21
20
19
17
15
18
16
12
14
φ42H7
11
10
9
8
φ10k6
φ22H7
φ26H7
φ35k6
φ25k6
5
7
6
E
27
57
42
43
44
46
45
48
49
47
19
17
φ62k6
φ40h7
φ25h7
10
53
52
50
51
54
9
55
56
6
Ⅲ
4
3
58
2
M1
M2
6
M3

圖 5.3

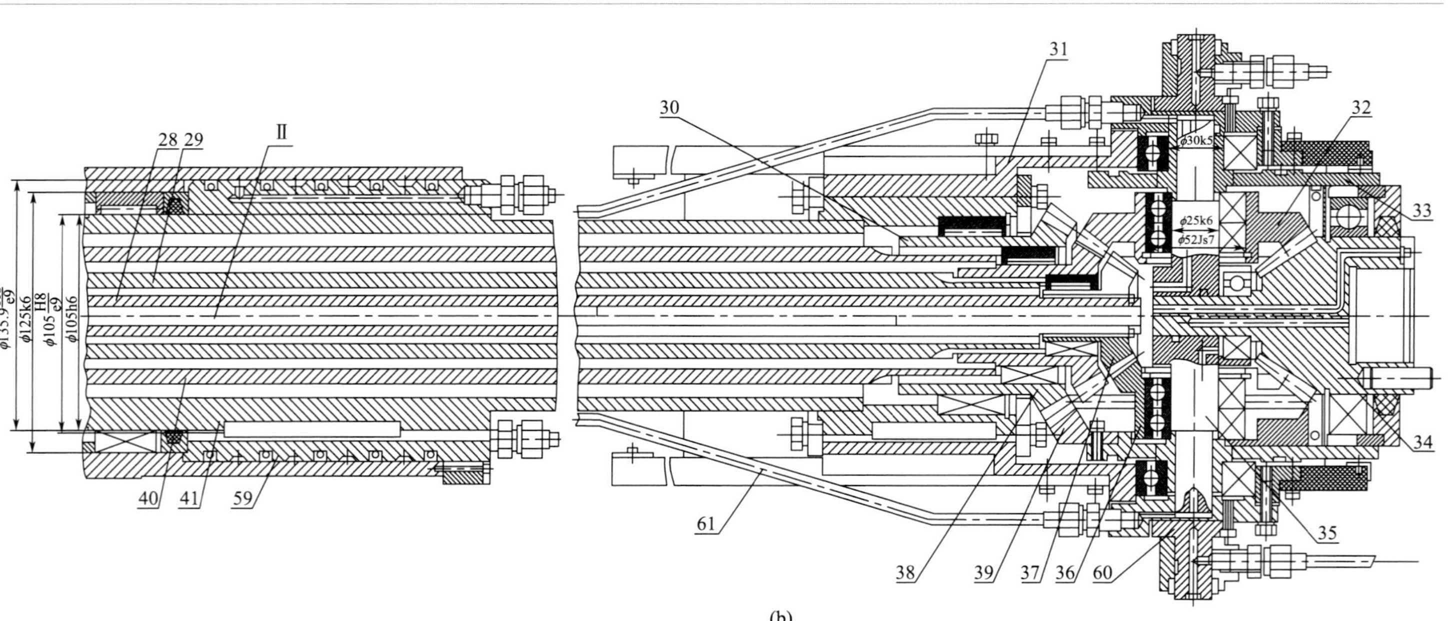

(b)

圖 5.3　PM-25 型工業機器人手臂結構模組

1—聯軸器；2—補償聯軸器；3—蝸桿；4—蝸輪；5/7—齒輪傳動；6—位置傳感器；8—齒輪；9，11，17，30—錐齒輪；10—左差速器機體（轉臂）；18—扭桿；19—右差速器（轉臂）；20—右差速器機體；31—手腕；33—執行件；39—扇形錐齒輪；40—空心軸；41—轉動管；54，58—蝸輪減速器機體；8/53，53/52，50/51，47/48，46/42，15/16，24/25，25/43—圓柱齒輪；16，24—圓柱齒輪；28，29—同心軸；57—手臂機體；59—空氣分配器；60/61—氣管；$M_1 \sim M_3$—直流電動機

由上述分析得知，該機械臂產生的某些問題，例如分佈負載、傳動機構間隙等，從本質上講是由機械臂的機械構型產生的。該機械構型決定了其低運輸負載和低精確度的特點，連桿串聯配置影響尤為顯著。每一個連桿都要支撐除負載外的連桿重量，因而都承受了較大的彎矩，因此連桿必須具有足夠的剛度。定位精確度顯然會受柔性變形的影響，而機器人的內部傳感器不能測量出這種柔性變形，更糟糕的是，具有連桿作用的機械構件放大了誤差，驅動器減速齒輪的回程也是導致不精確定位的因素，不滿足連桿軸線間給定的幾何約束也是產生定位誤差的重要原因。

因此，在高速運動中，機械臂將受到慣性力、離心力和科氏力的作用，這使機器人的控制變得非常複雜。

5.2 手腕機構

手腕是用於支承和調整末端執行器姿態的部件，主要用來確定和改變末端執行器的方位和擴大手臂的動作範圍，一般有 2～3 個迴轉自由度用以調整末端執行器的姿態。當然，有些專用機器人可以沒有手腕而直接將末端執行器安裝在手臂的端部。

5.2.1 手腕機構原理

手腕機構的模組有多種形式，如液壓缸控制手腕、主軸直連手腕及鉸鏈連接手腕等。不同的運動方式其機構也不同，可以按照所要完成的工藝任務進行更換[17]。手腕機構的自由度越多，各關節的運動範圍越大，動作靈活性也越高，但這樣的運動機構會使手腕結構複雜。因此手腕模組設計時，應盡可能減少自由度，而增加手腕模組的多樣化。

在圖 5. 4 所示的結構形式中，手腕機構採用了手臂縱軸與轉動軸相重合的方式，這樣手腕與手臂可以配合運動。如手臂運動到空間範圍內的任意一點後，如果要改變手部的姿態，則可以透過腕部的自由度來實現。

在圖 5. 4 所示的結構形式中，手臂的縱軸與轉動軸軸向重合。手臂機構中，推桿及齒條的作用迫使手臂的運動傳遞到手腕機構中的軸上；另外，夾持器鉗口與夾緊機構固連，夾緊機構上的齒條與推桿的齒條嚙合，以實現對手腕的控制。

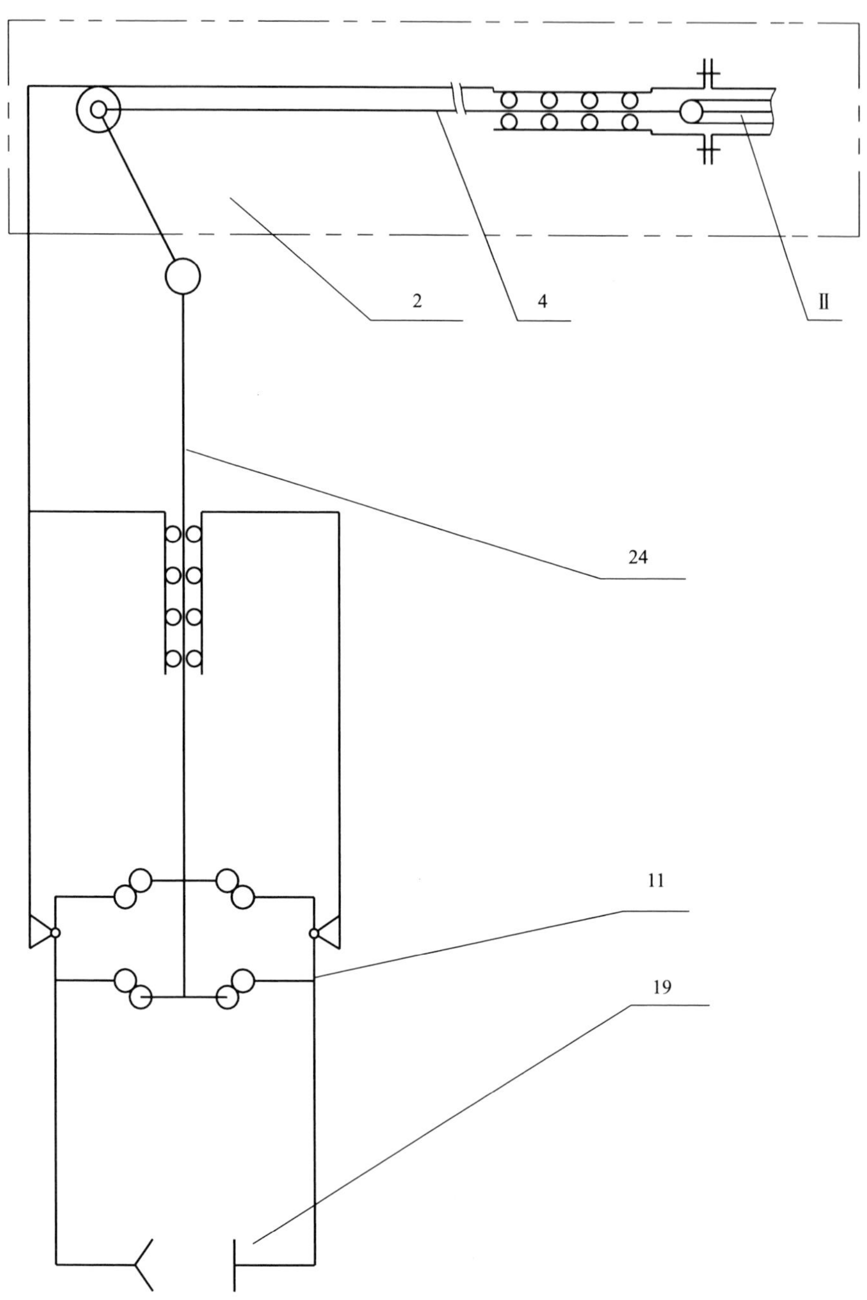

圖 5.4　GR 型工業機器人手腕機構的結構形式

2—手臂機構；4—推桿（帶有齒條）；Ⅱ—轉動軸；

11—夾緊機構；19—夾持器鉗口；24—軸

5.2.2 手腕機構設計案例

手腕結構設計的要求主要包括：

① 手腕要與末端執行器相連。對此，應有通用型連接法蘭，結構上要便於裝卸末端執行器。由於手腕安裝在手臂的末端，在設計手腕時，應力求減小其重量和體積，保證結構緊湊。

② 要設有可靠的傳動間隙調整機構，以減小空回間隙，提高傳動精確度。

③ 手腕各關節軸轉動要有限位開關，並設置硬限位，以防止超限所造成的機械損壞。

④ 手腕機構要有足夠的強度和剛度，以保證力與運動的傳遞。

⑤ 手腕的自由度數，應根據實際作業要求來確定。手腕自由度數目愈多，各關節的運動角度愈大，則手腕部的靈活性愈高，對作業的適應能力也愈強。但是，隨著自由度的增加，必然會使腕部結構更加複雜，手腕的控制更加困難，成本也會相應增加。因此在滿足作業要求的前提下，應使自由度數盡可能少。選擇手腕的自由度數時，要具體問題具體分析，考慮機械手的多種布局及運動方案，使用滿足要求的最簡單的方案。

在此以鉸鏈連接手腕為例介紹手腕機構設計，圖 5.5 為 MA160 機器人操作機手腕機構。主要包括：支架、芯軸、尾桿、活塞桿、液壓缸、機構、滾柱、開關及齒輪齒條等。

鉸鏈連接是常用的手腕機構形式，通常在手臂下端的軸頸上，可以用鉸鏈連接手腕。

夾持裝置的支架與頭部芯軸的連接以及夾持器尾桿與液壓缸中活塞桿的連接，都是依靠機構和扣榫來完成的。壓緊作用是透過夾持器支架和夾持器尾桿相對小芯軸連續轉動 90°角時，凸起部進入相應頭部芯軸的溝槽和扣榫中實現的。支架在轉位時由受彈簧作用的滾柱來定位，當滾柱進入支架法蘭的楔形槽中，為了松開支架，必須手動向上退出定位器。

小芯軸的轉動由上液壓缸來實現。上液壓缸的活塞桿-齒條與齒輪相嚙合，此齒輪和小芯軸剛性連接；這裏齒條與齒輪的嚙合雖然回差較大，但結構簡單。小芯軸的角位置由其上的行程換向開關來控制。為了減輕手腕的重量，腕部機構的驅動器採用分離傳動，腕部驅動器安裝在手臂上，而不採用直接驅動手腕，並選用高強度的鋁合金製造。

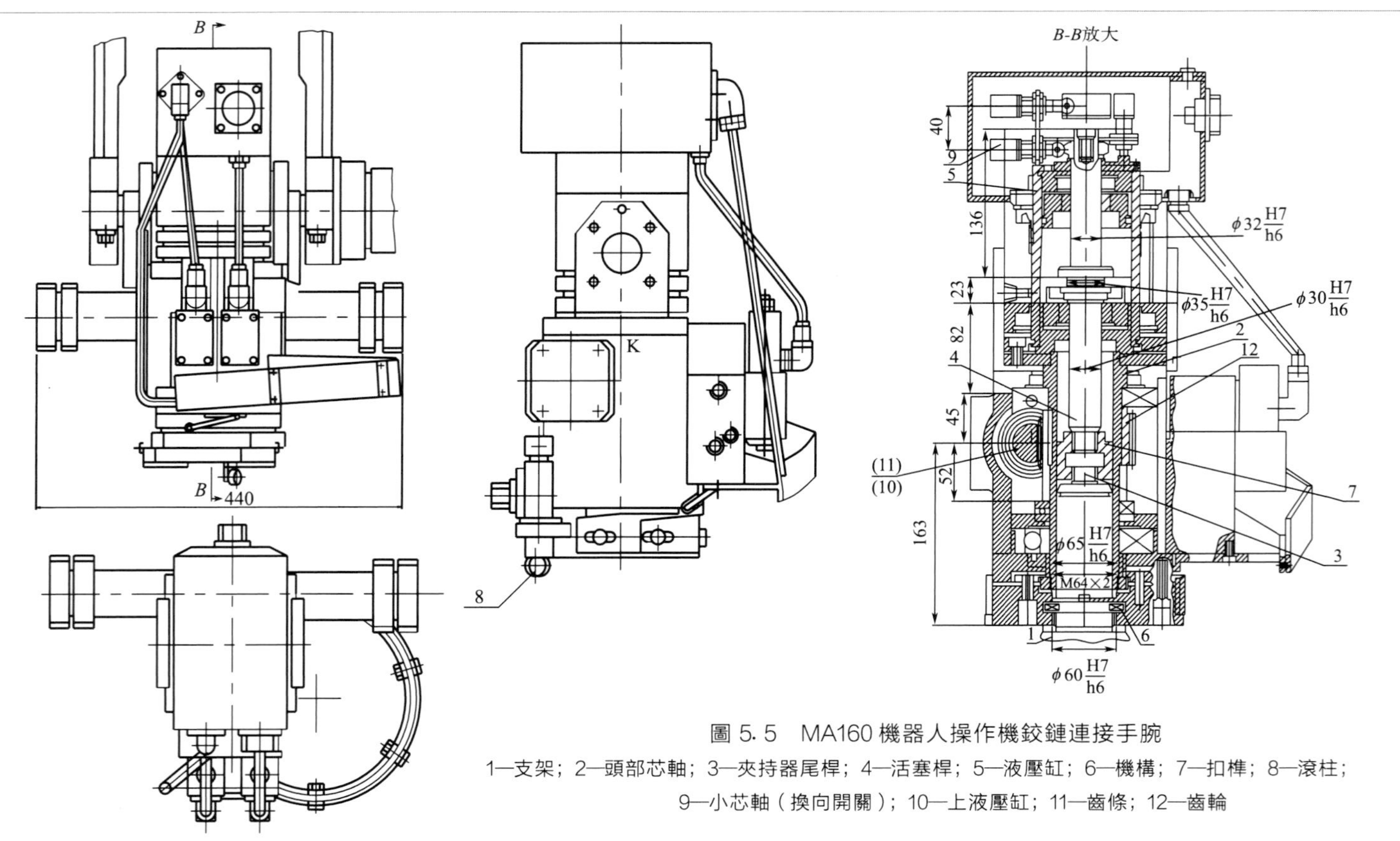

圖 5.5　MA160 機器人操作機鉸鏈連接手腕

1—支架；2—頭部芯軸；3—夾持器尾桿；4—活塞桿；5—液壓缸；6—機構；7—扣榫；8—滾柱；9—小芯軸（換向開關）；10—上液壓缸；11—齒條；12—齒輪

5.3 轉動-升降機構

轉動機構作為工業機器人系統的支撐部件，實現機器人本體的轉動。

升降機構又叫升降臺，是一種將人或者貨物升降到某一高度的升降設備。在機器人結構中為了裝卸與上、下料方便而經常使用。

在工業機器人中，通常是轉動結構與升降結構共同被應用，其機構混合交疊，作用難分彼此。

5.3.1 轉動機構原理及案例

（1）轉動機構原理

轉動機構有多種機構形式，分為軸承轉動機構、齒輪轉動機構及諧波減速器轉動機構等形式。在進行機器人轉動機構設計時，要求傳動鏈盡可能短、傳動效率高，並對整個機構體積和重量有要求。

基座垂直軸的轉動常採用軸承轉動機構，軸承轉動機構也是工業機器人的重要轉動形式，它支撐機械旋轉體，用以降低機器人在傳動過程中的機械載荷摩擦係數，並保證其迴轉精確度。但是，軸承轉動機構要求配置制動裝置，例如各類制動器。有時，軸承轉動機構也需要調速裝置，例如直流電動機或直流電動機調速器。

在此以 GR 型工業機器人轉動機構為例介紹，如圖 5.6 所示。主要包括：電動機、齒輪傳動及轉軸等，該機構設計簡單、緊湊、效率高。

該轉動機構適用於數控機床的輔助工作，要求有沿著垂直軸（Z 方向）的移動、繞著垂直軸方向（水平面）的轉動及具有最大角位移的限制等。設計轉動部件時應包括減速裝置、傳動裝置及連接裝置等機械結構。

圖 5.6 中轉動機構是透過一系列構件與運動關節連接而成。轉動機構採用電驅動蝸桿減速器機構，利用電動機的轉動驅動蝸桿減速器，透過蝸桿減速器傳遞低速運動及動力給直齒圓柱齒輪，再透過直齒圓柱齒輪傳遞給轉軸，轉軸以軸承為依託傳遞和輸出傳動，構成轉動機構的主要運動。該轉動機構運動鏈是以電動機輸入的旋轉運動開始，以轉軸輸出的旋轉運動結束，期間進行減速運動、傳遞動力並進行功能方式的轉換，直至傳遞出達到技術要求的運動特性。

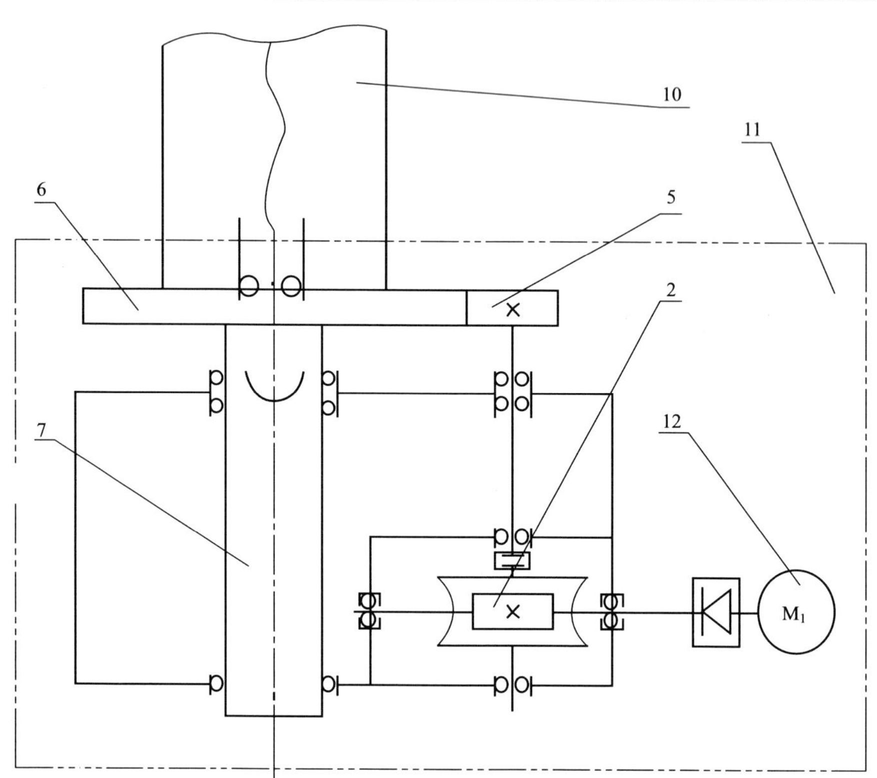

圖 5.6 GR 型工業機器人轉動機構運動原理

2—蝸桿減速器；5，6—齒輪傳動；7—轉軸；
10—升降機構；11—轉動機構；12—電動機

（2）轉動機構案例

轉動機構是工業機器人操作機的基本組件。基座垂直軸的轉動機構通常作為工業機器人作業平臺，採用對稱結構時，轉軸則需要承受較大扭力或扭矩。例如，當轉動機構作為高空作業機器人的部件時，其功率/重量為一個重要的指標，需要校核。設計時應考慮在不同工作狀態下的傳動參數和受力參數。

在此以 Y5-R-2 型工業機器人轉動機構為例介紹設計方案，如圖 5.7 所示。該轉動機構安裝在 Y5-R-2 型機器人鉸鏈機構的下方，主要包括：直流電動機、減速器、測速發電機、機體、軸承、可動圓盤、驅動裝置、支架、位置傳感器、剖分式齒輪、蓋、護罩、彎管、空氣導管、單向閥、花鍵軸及偏心輪等。

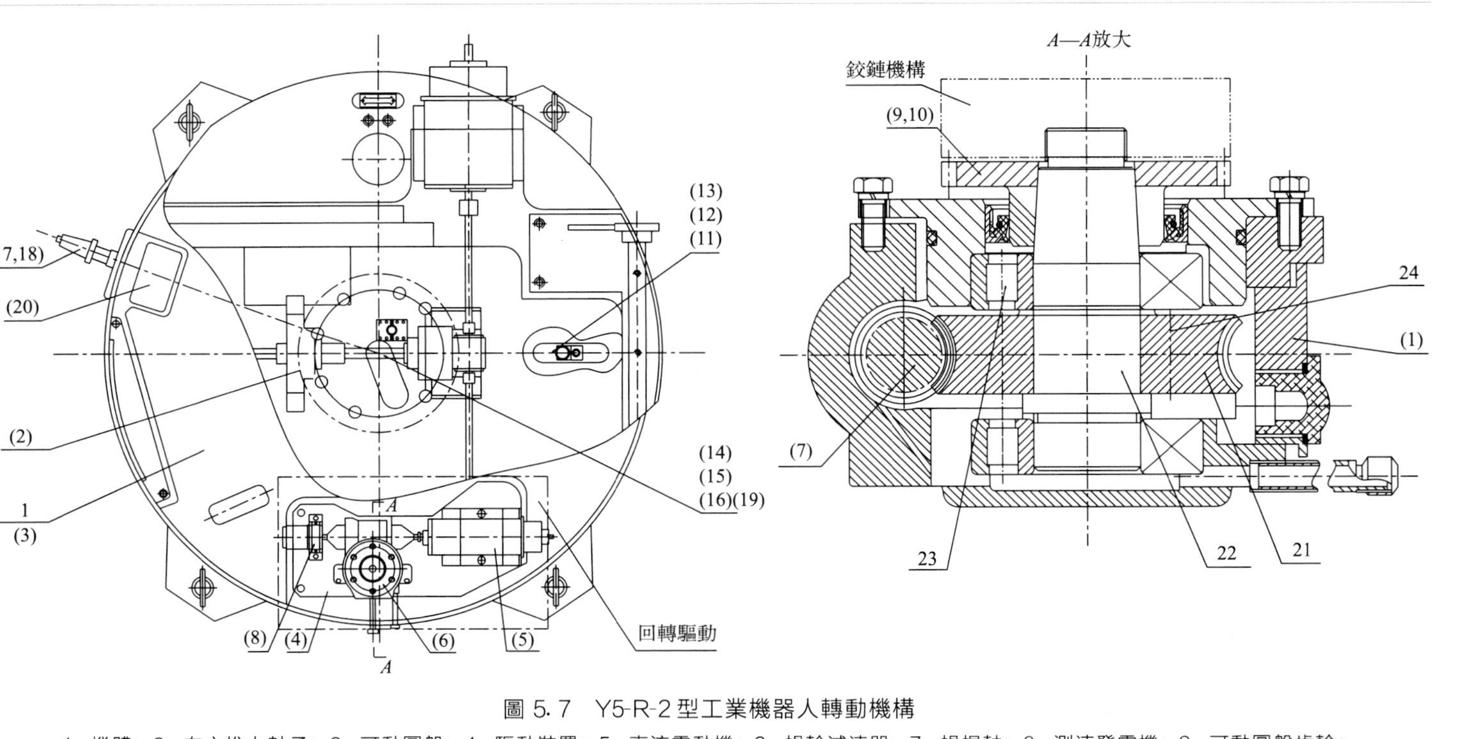

圖 5.7　Y5-R-2 型工業機器人轉動機構

1—機體；2—向心推力軸承；3—可動圓盤；4—驅動裝置；5—直流電動機；6—蝸輪減速器；7—蝸桿軸；8—測速發電機；9—可動圓盤齒輪；10—減速器輸出軸齒輪；11—專用支架；12—電位器式位置傳感器；13—剖分式齒輪；14—下蓋；15—護罩；16，19—彎管；17—空氣導管；18—單向閥；20—附加支架；21—剖分式蝸輪；22—花鍵軸 A；23—偏心輪；24—螺釘

在固定機體中安裝有向心推力軸承，該向心推力軸承上安裝有可動圓盤，可動圓盤的轉動是透過裝在機體中的驅動裝置得到的。迴轉驅動機構由直流電動機、蝸輪減速器和與蝸桿軸固接的測速發電機組成。作用在可動圓盤上的扭矩是透過圓柱齒輪傳遞的，可動圓盤齒輪與減速器輸出軸的齒輪嚙合。

在機體上固定有專用支架，專用支架上裝有電位器式位置傳感器，位置傳感器的小軸是透過齒輪傳動得到轉動。驅動裝置中剖分式齒輪與可動圓盤齒輪嚙合。為防止灰塵和污垢落入向心推力軸承中，在下蓋上裝有護罩，在護罩內部安放兩圈電纜。在下蓋結構上固定有彎管，該彎管中扭有空氣導管。空氣導管經過在前端裝有單向閥的管，壓縮空氣透過上面的彎管，並由此沿軟管送到手臂機構的氣缸中。

在固定機體上裝有帶緩衝橡膠板的附加支架，橡膠板也是可動圓盤的轉動限位器。

為消除傳動機構中的間隙，蝸輪做成剖分式，輪的下半部套在花鍵軸 A 上，而上半部套在下半部的輪轂上。間隙的消除是用偏心輪透過上半部蝸輪相對於下半部轉動來實現。在所要求的側向間隙值調準之後，剖分式蝸輪的兩部分用螺釘緊固。

5.3.2 升降機構原理及案例

(1) 升降機構原理

工程上能實現機構垂直升降的傳動裝置主要有直線電動機和「旋轉伺服電動機+ 滾珠絲槓副」兩種方式。直線電動機是一種將電能直接轉換成直線運動機械能，而不需要任何中間轉換機構的傳動裝置，直線電動機使用的工作環境速度與加速度範圍都比較大，能耗較大；直線電動機可靠性受控制系統穩定性影響，對周邊的影響很大，必須採取有效的隔磁與防護措施，以隔斷強磁場對滾動導軌的影響和對鐵屑磁塵的吸附；直線電動機精確度高，但成本非常高。而「旋轉伺服電動機+ 滾珠絲槓副」的原理是伺服電動機提供能量，然後利用滾珠絲槓使得螺旋運動轉化為直線運動或直線運動轉化為螺旋運動。「旋轉伺服電動機+ 滾珠絲槓副」屬於節能、增力型傳動部件，在工程實際中應適當選取這種傳動裝置。

當升降機構採用「旋轉伺服電動機+ 滾珠絲槓副」作為傳動裝置時，其運動鏈如圖 5. 8 所示。

① 滾珠絲槓副。在實現垂直升降時，旋轉伺服電動機提供動力，帶

動滾珠螺桿轉動，此時，套在滾珠螺桿上的絲槓螺母就會在滾珠螺桿上運動，絲槓螺母與導向柱固連在一起，從而實現沿垂直導軌的垂直運動。由於過長的滾珠螺桿在垂直方向載荷作用下容易發生失穩，所以在設計時應採取一定措施或避免過長。

② 滾珠絲槓副參數確定。垂直升降機構使用的滾珠絲槓副參數應按照國標選用，並盡量選用外循環插管式的滾珠絲槓副。因為外循環插管式結構簡單、工作可靠、工藝性好等。

③ 滾珠絲槓副可靠性分析。滾珠絲槓副可靠性是實現垂直升降的關鍵。根據升降機構的設計特點，滾珠絲槓副主要承受兩類載荷，一類是機構克服自身的重力，另一類是承受起落架來自下面機構的垂直載荷。由於滾珠螺桿副幾乎承受了來自下面機構的所有垂直載荷，若滾珠螺桿副強度失效，則很有可能導致整個機構失效。因此，必須對滾珠絲槓副靜載荷及動載荷進行可靠性分析。

圖 5.8 所示的 GR 型機器人升降機構的運動鏈主要包括：轉動機構滾珠絲槓副及導向柱等機械結構。

該升降機構透過電動機、聯軸器、滾珠絲桿副、導向柱等機械零部件傳遞運動和動力。該機構用於數控機床輔助工作，在升降過程中還具有旋轉功能，以滿足數控機床對工件加工的需求。

在圖 5.8 中，要注意沿軸線最大位移速度及沿滾珠絲槓轉動的限制。工作過程中升降機構應該保證垂直方向的行程及導柱的上下極限位置，以形成提升功能及確保升降運動的穩定性。

(2) 升降機構案例

以 GR-2 型工業機器人操作機升降機構為例，如圖 5.9 所示。該機構做成單獨組件形式，主要包括：機體、導向柱、上下支承板、馬達基座、電磁制動器、直流電動機、齒形聯軸器、滾珠絲槓、皺紋護套、橡膠緩衝器及擋塊等。

圖 5.9 中，該升降機構位於轉動機構的上方，中部連接手臂結構。升降機構套在手臂機構機體內，沿固定在上、下支承板中兩個導向柱上下移動。在上支承板上安裝有馬達基座，在該基座的內部裝有電磁制動器，直流電動機也同時安裝在該基座上，透過齒形聯軸器將電動機與滾珠絲槓相連。滾珠絲槓副的螺母緊固在手臂伸縮組件的機體上。如此，電動機轉動及滾珠絲槓副傳動變為手臂的上下往復移動。

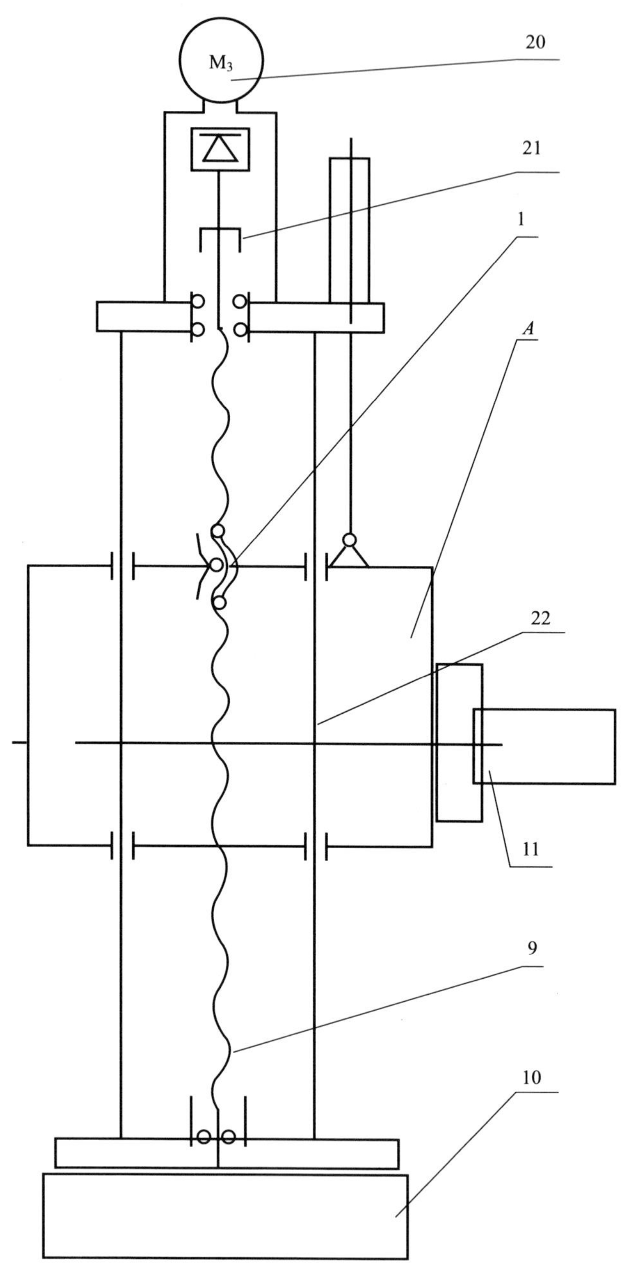

圖 5.8 GR 型工業機器人升降機構運動鏈

1—滾珠絲槓副；A—手臂伸縮機構；9—滾珠絲槓；10—轉動機構；
11—手臂；20—電動機；21—電磁制動器；22—導向柱

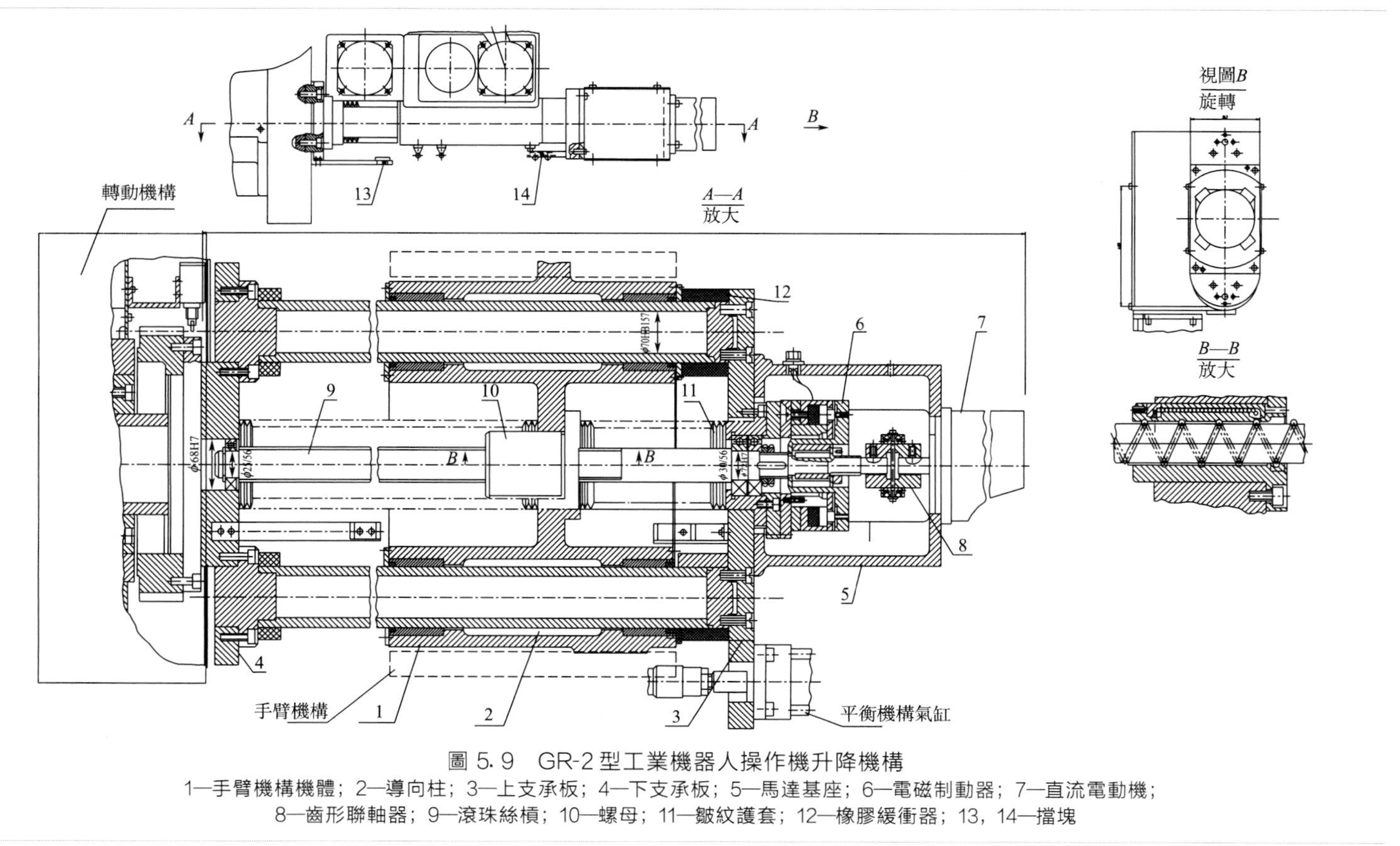

圖 5.9 GR-2型工業機器人操作機升降機構

1—手臂機構機體；2—導向柱；3—上支承板；4—下支承板；5—馬達基座；6—電磁制動器；7—直流電動機；8—齒形聯軸器；9—滾珠絲槓；10—螺母；11—皺紋護套；12—橡膠緩衝器；13，14—擋塊

皺紋護套用來給絲槓防塵和污垢，橡膠緩衝器用以緩和當手臂到達上下行程終端時的衝擊，兩個行程開關的碰撞擋塊用來控制位移速度。

5.4 末端執行器

末端執行器是指連接在機械手最後一個關節上的部件，它一般用來抓取物體，與其他機構連接並執行需要的任務。通常，末端執行器的動作由機器人控制器直接控制或將機器人控制器的訊號傳至末端執行器自身的控制裝置進行控制，如 PLC。設計或選擇具有特殊用途的、合適的末端執行器依賴於有效載荷、環境可靠性和價格等多種因素。末端執行器的典型機構為夾持機構，下面僅以夾持機構為例進行介紹。

夾持機構是用來在固定位置上定位和夾持物體的。多種工業機器人均裝備有夾持裝置。例如，為了完成裝配工作，裝配機器人組裝操作時必須裝備相應的帶工具和夾具的夾持裝置，才能保證所組裝零件具有要求的位置精確度，以實現單位組裝及鉗工操作。

5.4.1 夾持機構原理

夾持機構是根據槓桿原理來製作的，要使槓桿平衡，作用在槓桿上的兩個力——動力和阻力必須滿足平衡條件，動力點和阻力點的大小與其力臂成反比，槓桿的支點不一定要在中間，只要滿足槓桿原理即「槓桿平衡條件」即可。

夾持機構的執行部位為夾緊鉗口或夾持器手爪。夾持器手爪主要有電動手爪和氣動手爪兩種形式。氣動手爪相對來說比較簡單，價格便宜，在一些要求不太高的場合使用較多；電動手爪造價比較高，主要用在一些特殊場合。

5.4.2 夾持機構設計案例

夾持機構有多種類型，例如，帶槓桿型接觸傳感器的夾持器、雙位置對心式夾持裝置、帶氣壓傳動的夾持器、液壓驅動夾持器、液壓驅動雙位置夾持裝置及小直徑零件專用夾持機構等。還有組裝操作用專用夾持裝置，例如真空夾持裝置、壓縮空氣控制夾持裝置、具有誤差補償的專用夾持裝置、具有自動裝配的夾持裝置及具有可換夾持器的夾持裝置等。

以帶氣壓傳動的夾持器裝置為例介紹，如圖 5.10 所示。主要包括：鉗口、槓桿、滑閥、排氣閥、氣缸、活塞桿、鉸鏈平行四邊形、齒輪副、平板、基座、桿、彈簧、支架、擋塊、開關、接頭及傳感器等。

圖 5.10 中，夾持器鉗口的驅動裝置是氣動的，該夾持器裝置主要用於法蘭類零件的夾持。

① 夾持器具有三個固定在槓桿上相互成 120°角的平板鉗口。由工廠氣壓管路傳來的空氣輸入氣動滑閥室內，然後透過快速排氣閥傳到氣缸的一個腔中。進入右腔是夾緊零件，進入左腔是松開零件。氣缸活塞桿的直線移動透過槓桿和左鉸鏈平行四邊形轉變為左上鉗口槓桿的徑向運動（相對於被夾持的零件），右下平板鉗口的驅動是靠齒輪副和右鉸鏈平行四邊形機構來實現的。在運動鏈中採用平行四邊形機構可保證夾持鉗口槓桿的角位置和在夾緊零件時的對心；鉗口可以鎖緊並產生很大的夾緊力，使被夾緊零件不會松脫。

② 轉動槓桿的軸固定在上下平行的兩個平板上，它們用橫平板相互連接成剛性框架。帶夾持鉗口的框架由三根支撐桿和彈簧固定在基座上，以補償夾持器在放置毛坯時（如放在機床卡盤中）的定位誤差。

③ 夾持器固定在手腕上是由連接支架實現的。當連接支架不允許變形時，如夾持器碰到某些障礙時，有彈性作用的擋塊壓在終點微型開關上，將危險訊號傳給工業機器人控制裝置，電纜透過接頭來接通。

④ 夾持器鉗口夾緊與放松零件狀態的檢測是透過兩個相應的傳感器來實現的。傳感器是一個終點微型開關，在微型開關上作用著支撐在鉸鏈平行四邊形槓桿上的板簧。

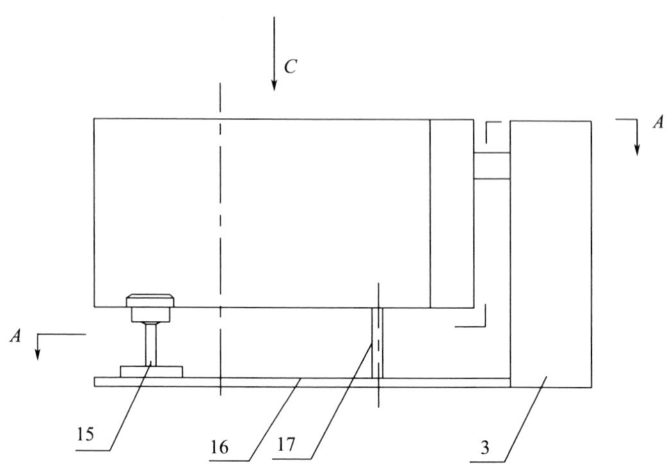

A—A

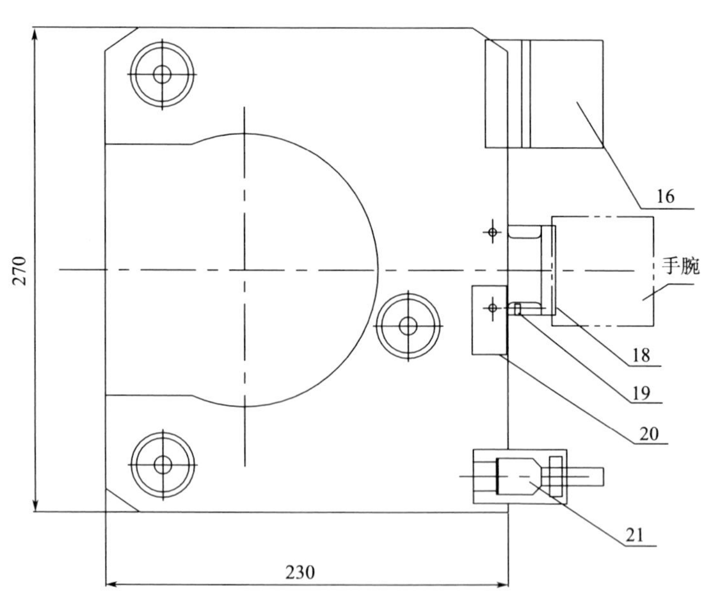

圖 5.10　法蘭類零件

1—平板鉗口；2，7—槓桿；3—氣動滑閥；4—快速排氣閥；5—氣缸；6—活塞桿；14—橫平板；15—基座；16—支撐桿；17—彈簧；18—連接支架；

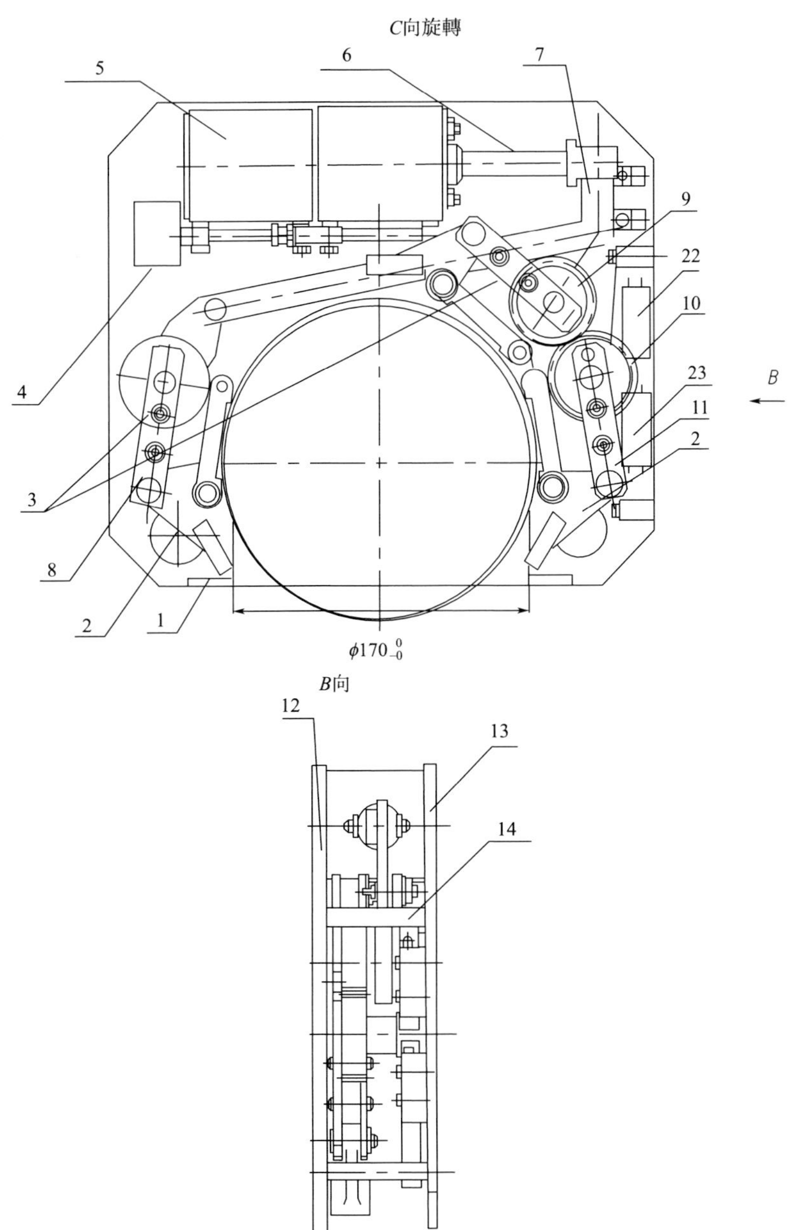

夾持器裝置

8—左鉸鏈平行四邊形；9，10—齒輪副；11—右鉸鏈平行四邊形機構（平板）；12，13—平板；19—彈性擋塊；20—微型開關；21—電纜接頭；22，23—傳感器

參考文獻

[1] 李睿，曲興華. 工業機器人運動學參數標定誤差不確定度研究[J]. 儀器儀表學報，2014，35（10）：2192-2199.

[2] 許輝，王振華，陳國棟，等. 基於距離精確度的工業機器人標定模型[J]. 製造業自動化，2013,（11）：1-4.

[3] 潘祥生，李露，沈惠平，等. 基於剛柔耦合建模的工業機器人瞬變動力學分析[J]. 機械設計，2013，30（6）：24-28.

[4] 周華飛. 機器人自動化制孔中位姿誤差的修正與補償[D]. 杭州：浙江大學，2015.

[5] E Abele，J Bauer，T Hemker，et al. Comparison and validation of implementations of a flexible joint multibody dynamics system model for an industrial robot[J]. Cirp Journal of Manufacturing Science & Technology，2011，4（1）：38-43.

[6] 張亮. 仿人機器人肩肘腕關節及臂的設計[D]. 秦皇島：燕山大學，2016.

[7] 王美玲. 面向救援任務的雙臂機器人合作運動規劃與控制方法研究[D]. 北京：中國科學技術大學，2015.

[8] 吳凱，張麗娜. 基於 SIMULINK 的齒輪-轉子-軸承系統非線性動力學仿真[J]. 機械傳動，2014,（2）：71-74.

[9] M Rahmani，A Ghanbari，M M Ettefagh. Robust adaptive control of a bio-inspired robot manipulator using bat algorithm[J]. Pergamon Press, Inc.，2016，56（C）：164-176.

[10] 孫秀麗，王培培. 前饋-反饋控制系統的具體分析及其 MATLAB/Simulink 仿真[J]. 中國整合電路，2013，22（9）：54-58.

[11] L Wang，J Wu，J Wang. Dynamic formulation of a planar 3-DOF parallel manipulator with actuation redundancy[J]. Robotics & Computer Integrated Manufacturing，2010，26（1）：67-73.

[12] 李憲華，郭永存，宋韜. 六自由度工業機器人手臂正運動學分析與仿真[J]. 安徽理工大學學報（自科版），2013,33（2）：34-38.

[13] T Messay，R Ordóñez，E Marcil. Computationally efficient and robust kinematic calibration methodologies and their application to industrial robots[J]. Robotics and Computer-Integrated Manufacturing 2016，37（c）33-48.

[14] 李楨. 獼猴桃採摘機器人機械臂運動學仿真與設計[D]. 咸陽：西北農林科技大學，2015.

[15] 楊海龍，王耀東. 基於 simulink 工具箱的挖掘機鏟鬥挖掘阻力仿真分析[J]. 公路交通科技：應用技術版，2014,（5）：351-353.

[16] 吳修君. 磨機系統起動過程的 Simulink 仿真[J]. 電氣技術，2009,（5）：34-37.

[17] 朱偉，汪源，沈惠平，等. 仿腕關節柔順並聯打磨機器人設計與試驗[J]. 農業機械學報，2016，47（2）：402-407.

第6章

工業機器人其他部件模塊化

當工業機器人本體作為一個系統時，該系統是由機械手臂、末端執行器及移動車等部件構成。機械手臂、末端執行器等在前面曾經提及，它們雖然是機器人本體的主要構成對象，但是如果沒有其他部件並不能構成完整的機器人。前面章節雖然對工業機器人及組合模組化等內容進行了闡述，但是從工業機器人結構模組化開發考慮時，僅有這些是遠遠不夠的。對於工業機器人來說，小車傳動裝置、操作機滑板機構等的作用是不可替代的。下面僅介紹與機器人本體密切相關的操作機小車傳動裝置及滑板機構部件的模組化。

6.1 操作機小車傳動裝置

操作機小車及傳動裝置為機器人的直線運動部分。從工業技術的角度來看，直線運動有剛性、精確度和速度等衡量指標，不同的應用場合對直線運動有不同的要求。例如，機床行業對直線運動的主要要求是剛性和精確度，用來實現精密的運動軌跡控制[1, 2]；自動上下料對直線運動的主要要求是速度和剛性，用來實現快速的、點到點的點位控制，這就需要用到高速直線導軌。目前用來實現直線運動的導軌主要是滾珠直線導軌和滾輪直線導軌。滾珠直線導軌，主要應用在高剛性和高精確度的場合，如機床行業；而滾輪直線導軌主要應用在要求高速的工廠自動化項目，如工業機器人。操作機小車傳動裝置是決定機器人空間運動及到達精確位置的重要部件。

6.1.1 操作機小車傳動裝置原理

對於工業機器人，操作機小車傳動裝置是移動機構的典型裝置，其直線移動機構是實現機器人在導軌上靈活運動的關鍵部件。對於 P25-R 型、M20-R 型、M40-R 型及 M160-R 型等工業機器人操作機，需要承受輕載和重載條件下的工作，小車傳動可以採用滾輪直線導軌。

滾輪直線導軌的主要特點包括：①滾輪為基礎時滑塊容易做特殊設計。②滾輪直線導軌能夠實現較大的傳動速度和傳動加速度。③噪音低，更適合平穩高速傳動的應用，因為滾輪與導軌的接觸是單點點接觸，而滾珠導軌的滑塊與導軌的接觸是多點線接觸，故滾珠導軌的相對摩擦阻力更大。④安裝更便捷。例如，滾珠導軌在安裝時，一旦滑塊從導軌上滑落，很容易導致滾珠脫落，而滾輪導軌則無此顧慮。滾珠導軌要有較高的安裝精確度，通常需要進行表面打磨找平，而滾輪導軌具有自我調心的功能，滾輪與導軌運行時能夠自動調整補償安裝誤差。當需要安裝兩根甚至多根平行導軌時，兩根或多根滾珠導軌之間的平行度一定要很高才能平穩傳動，否則會卡滯或卡壞滑塊內部的球保持器，但滾輪導軌可以很輕松地補償平行度誤差。⑤滾輪導軌免潤滑，維護更便捷。滾珠導軌到達使用壽命後，需要更換整個滑塊，甚至更換整個導軌套，但滾輪導軌只需要更換滾輪即可。⑥適合惡劣的工作環境。滾輪導軌更適用於惡劣環境，灰塵及切屑對滾輪導軌幾乎沒有影響，因為滾輪本身有精密的密封，灰塵進入不了滾輪內部，而附著在導軌表面的灰塵對滾輪滑塊的平穩運行不會造成影響。但是，滾珠直線導軌粘附有潤滑油，潤滑導軌表面上的灰塵會不可避免地進入滑塊內部，使滑塊內部的潤滑油脂變得黏稠，造成滑塊傳動時的卡滯及加速滾珠磨損。從經濟的角度來看，滾輪導軌也免除了相應配套防塵罩的成本。

小車傳動裝置以滾輪導軌為基礎，有單軌和雙軌兩種形式的導軌支撐。單軌的運動軌道窄，支撐力矩小，因此小車傳動容易產生彈性震盪，危害單軌運動小車的安全。為了避免發生脫軌事故，應限制小車傳動的質量及慣性。雙軌的運動軌道比單軌寬，支撐力矩大，所以，理論上小車傳動是不易脫軌的，這些特性使得雙軌可以承受較大的載荷。

P25-R 型工業機器人操作機屬於直角平面式配置機器人，配合同步帶傳動、齒輪齒條傳動方式，其運動鏈可以簡記為「驅動-減速-傳動」循環運動。模組化的直線模組，可以大大方便設計和裝配。在移動方向帶有位置傳感裝置，以保證移動位置的正確性，小車的直線運動易於實現全閉環的位置控制。

6.1.2 操作機小車傳動裝置設計

小車傳動裝置採用滾輪直線導軌時，需要承受頻繁加減速及散熱等苛刻條件的工作，這對導軌、滾輪提出了相應的要求。導軌需採用表面淬硬工藝，此時內部依然是軟的，所以導軌的剛性和韌性得到了很好的平衡，適合於頻繁加減速的高速應用。滾輪軸承採用精密的密封工藝和高品質的潤滑脂，高速運行時，滾動體和滾道之間的潤滑依然充分，並進行了良好的散熱，這樣可以保證滾輪軸承的終生免維護。再者，如果設計採用滾輪軸承和導軌之間的滾動是在開放的空間中進行，而不是在一個密閉的小空間裏進行，可以從根本上解決高速運行時的散熱問題。

（1）單軌小車機構模組

① 單軌小車機構模組 A。以 P25-R 型工業機器人小車模組為例。

如圖 6.1 所示的 P25-R 型工業機器人小車模組，其裝置為氣壓驅動，主要包括：機體、單軌、軸、滾柱支承、定位銷、驅動裝置機構、輸出軸、齒輪、齒條、傳感器及貯氣罐等。

圖 6.1 中，小車裝在設備的立柱上，沿龍門架的單軌做移動。

小車機體為焊接支承結構，機體之中安裝導軌，導軌為單軌形式。在小車機體中裝有帶滾柱支承的小軸，其中一部分透過螺母連接，以保證滾柱與導軌間接合處的拉緊力。

在小車機體前側面裝有定位銷，定位銷可作為其他模組定位的基準，如手臂徑向行程的模組。在後側面裝有帶直流電動機和蝸輪齒輪減速器的小車驅動裝置機構。

在減速器輸出軸的花鍵上裝有相互嚙合的齒輪，即減速器輸出齒輪，其目的是建立閉環能量流，以消除傳動機構中的間隙。減速器輸出齒輪與齒條相嚙合，齒條固定在單軌側面上。在減速器輸出齒輪的端面上還固定有小齒輪，小齒輪與剖分式齒輪相嚙合，該剖分式齒輪為位置傳感器驅動裝置的部件。

在小車上面裝有貯氣罐和空氣制備系統氣壓裝置，由此空氣被通入模組結構，固定基座模組及軌道式小車。該氣動系統除了保證完成各種工藝操作外，如用氣壓噴霧器噴塗等，同時也帶動夾持裝置的模組工作，如夾持器的夾緊、松開以及在必要時自動更換夾持裝置。

② 單軌小車機構模組 B。以 M20-R 工業機器人小車機構及傳動裝置為例。

如圖 6.2 所示為 M20-R 工業機器人小車機構及傳動裝置，該裝置為電驅動。主要包括：小車機體、滾輪、軸、齒輪、齒條、電動機、減速器及電磁制動器等。

圖 6.2 中，該機構承載能力 10×2kg，承載能力較小。小車裝置為沿單軌的電動機驅動裝置。小車傳動裝置做成帶滾輪及焊接機體的形式。滾輪裝在滾輪軸上的滾珠軸承中，沿固定在門柱上的單軌滾動。滾輪軸做成偏心的，使之能調整小車驅動機構的輸出齒輪與安裝在門架上的齒條間的嚙合間隙，還能保證滾輪與單軌之間所需要的張力。

小車的位移是由電動機透過兩級齒輪減速器和輸出齒輪齒條傳動產生的，在輸出齒輪的軸上安裝著電磁制動器，該電磁制動器的功能是將小車固定在給定位置上。

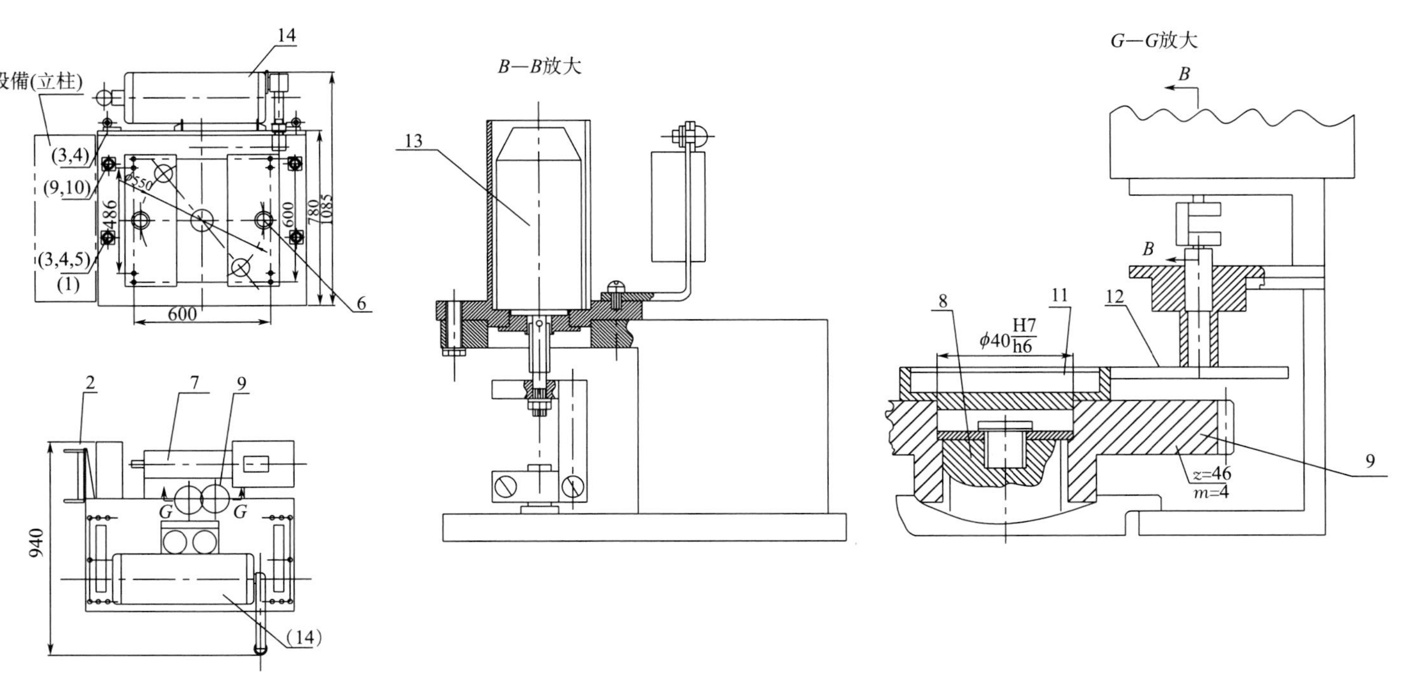

圖 6.1 P25-R 型工業機器人單軌小車結構

1—小車機體；2—單軌；3—小軸；4—滾柱支承；5—螺母；6—定位銷；7—驅動裝置機構；8—減速器輸出軸；9—減速器輸出齒輪；10—齒條；11—小齒輪；12—剖分式齒輪；13—位置傳感器；14—貯氣罐

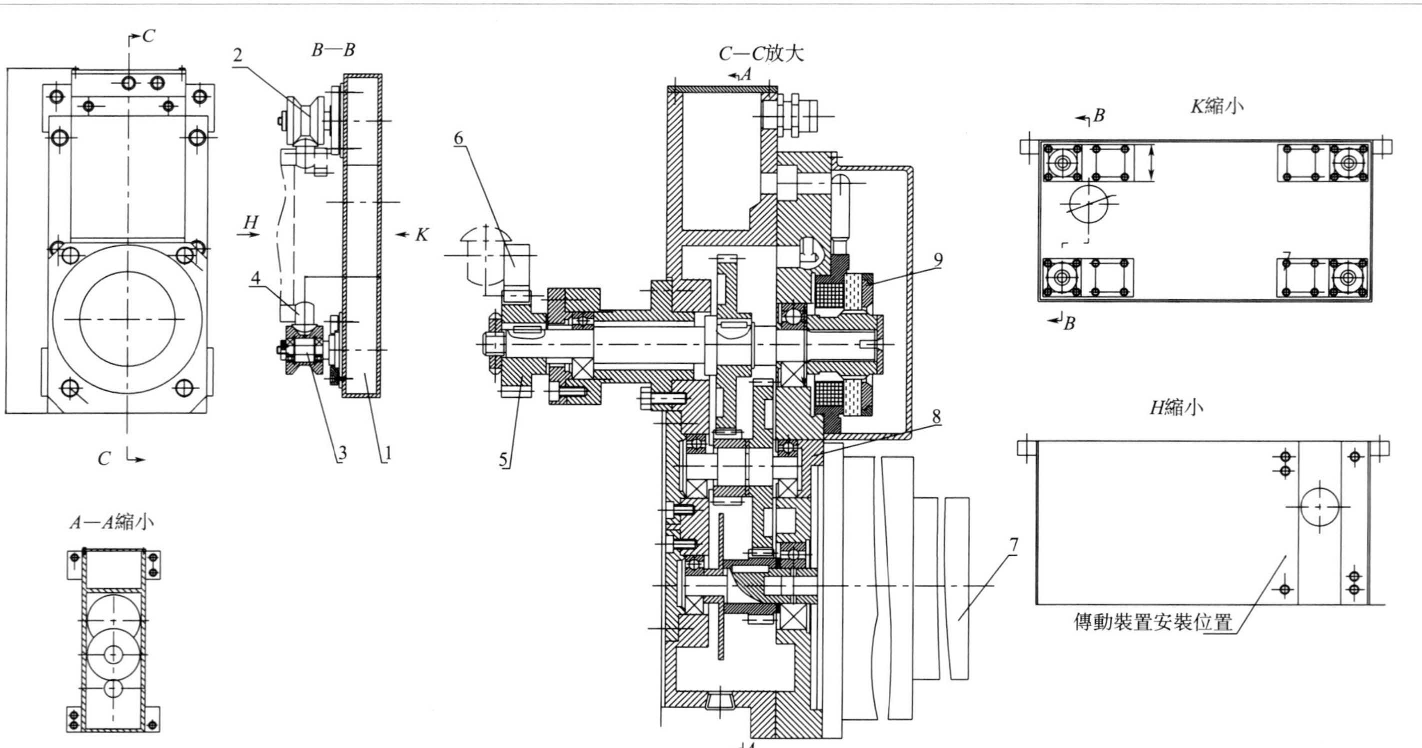

圖 6.2 M20-R 工業機器人小車機構及傳動裝置

1—小車機體；2—滾輪；3—滾輪軸；4—單軌；5—輸出齒輪；6—齒條；7—電動機；8—齒輪減速器；9—電磁制動器

(2) 雙軌小車機構模組

① 雙軌小車機構模組 A。以 M40-R 工業機器人小車機構及傳動裝置為例。

如圖 6.3 所示為 M40-R 工業機器人小車機構，該機構採用雙導軌、電液驅動裝置。主要包括：小車機體、滾柱支承及導軌等。

圖 6.3 中，小車安裝在六個滾柱支承上，機構的承載能力為 40kg，可以承受較大載荷，小車依賴於這些滾柱支承沿導軌移動。小車側面是固定操作機手臂的基面。小車傳動裝置安裝在有加強筋焊接的小車機體上。

如圖 6.4 所示為 M40-R 工業機器人小車傳動裝置的結構，該裝置為減速裝置。主要包括：液壓馬達、步進電液驅動裝置、減速器、軸及導軌等。

圖 6.4 中，小車傳動裝置是操作機的基本元件，用以保證操作機沿導軌作縱向移動。該驅動裝置機構中包含兩個二級減速器，它有裝在一個箱體上的直齒圓柱齒輪，並由步進電液驅動裝置和液壓馬達驅動。在減速器輸出軸上安裝齒輪，齒輪與固定在導軌上的齒條相嚙合。

② 雙軌小車機構模組 B。以 M160-R 工業機器人小車機構及傳動裝置為例。

如圖 6.5 所示為 M160-R 工業機器人小車機構，該小車機構及傳動裝置採用雙導軌型式，電液步進馬達驅動。該機構承載能力較大，承載能力 160kg。主要包括：機體、支承滾輪、上、下軌道、滾輪、橫梁及行程開關等。

圖 6.5 中，小車做成焊接形式的小車機體，機體具有 Γ 形截面。小車機體內有兩組支承滾輪，一組是包圍在上導軌的上軌道支承滾輪（該組三個），另一組是支承在下導軌上的下導軌滾輪（該組兩個）。上下導軌固定安裝在橫梁上，該橫梁安裝在立柱上。兩個行程開關分別裝在小車上，橫梁上固定安裝著直尺，兩個行程開關分別與直尺上的擋塊相互作用。小車傳動裝置安裝在小車機體上。

M160-R 工業機器人小車傳動裝置的結構如圖 6.6 所示。主要包括：馬達、機體、齒輪、軸、傳感器及開關片等。

圖 6.6 中，小車傳動裝置是安裝在同一小車機體中的兩對減速機構。減速器的主動錐齒輪與電液步進電動機以及附加液壓馬達的軸相連。從動錐齒輪裝在輸入軸上，在另一端花鍵軸上裝著齒輪齒條傳動用齒輪。

由無觸點脈沖傳感器檢測該傳動（或驅動）裝置機構的主動軸轉角，裝在主動錐齒輪軸上的開關片週期地進入脈沖傳感器的槽中。

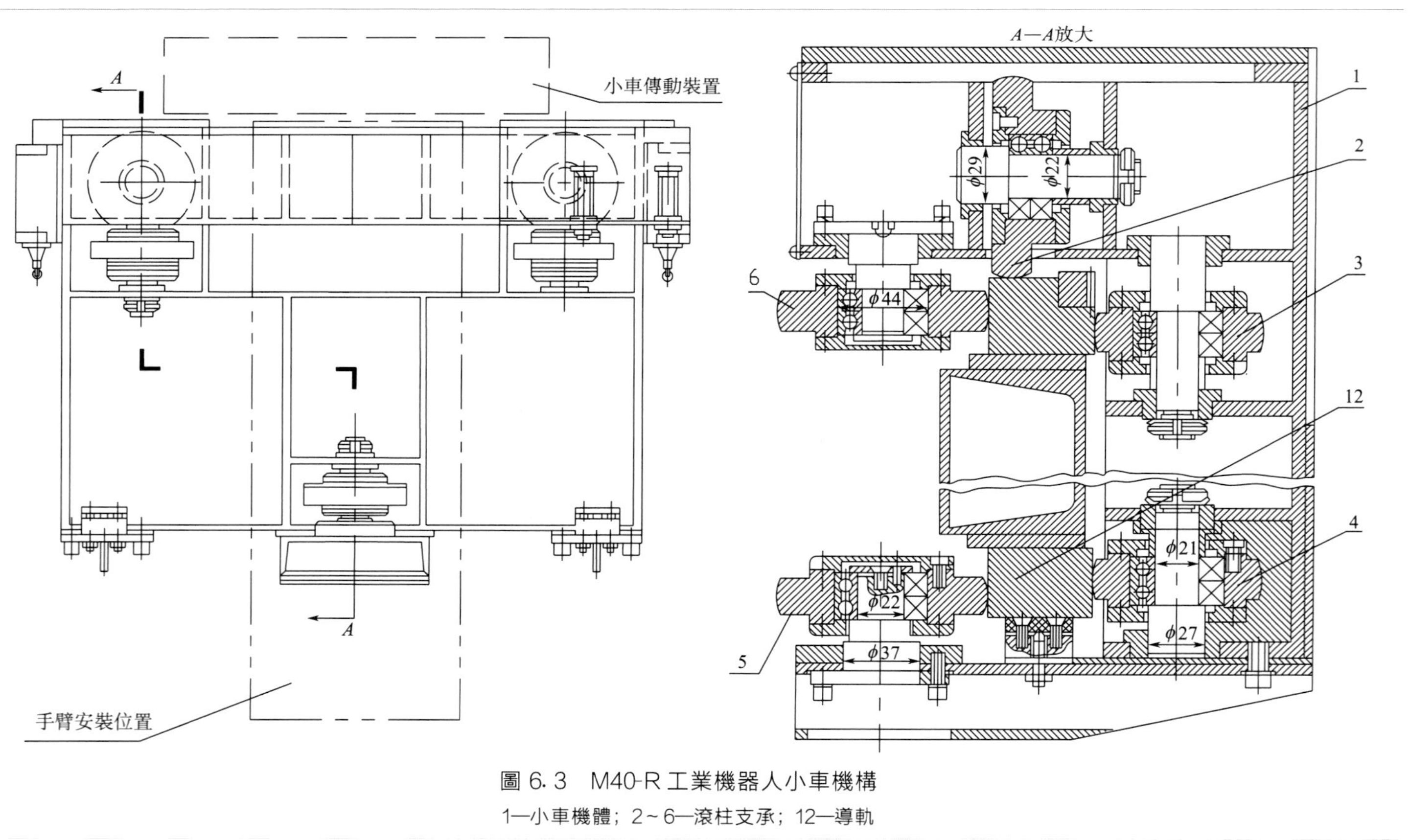

圖 6.3 M40-R工業機器人小車機構

1—小車機體；2～6—滾柱支承；12—導軌

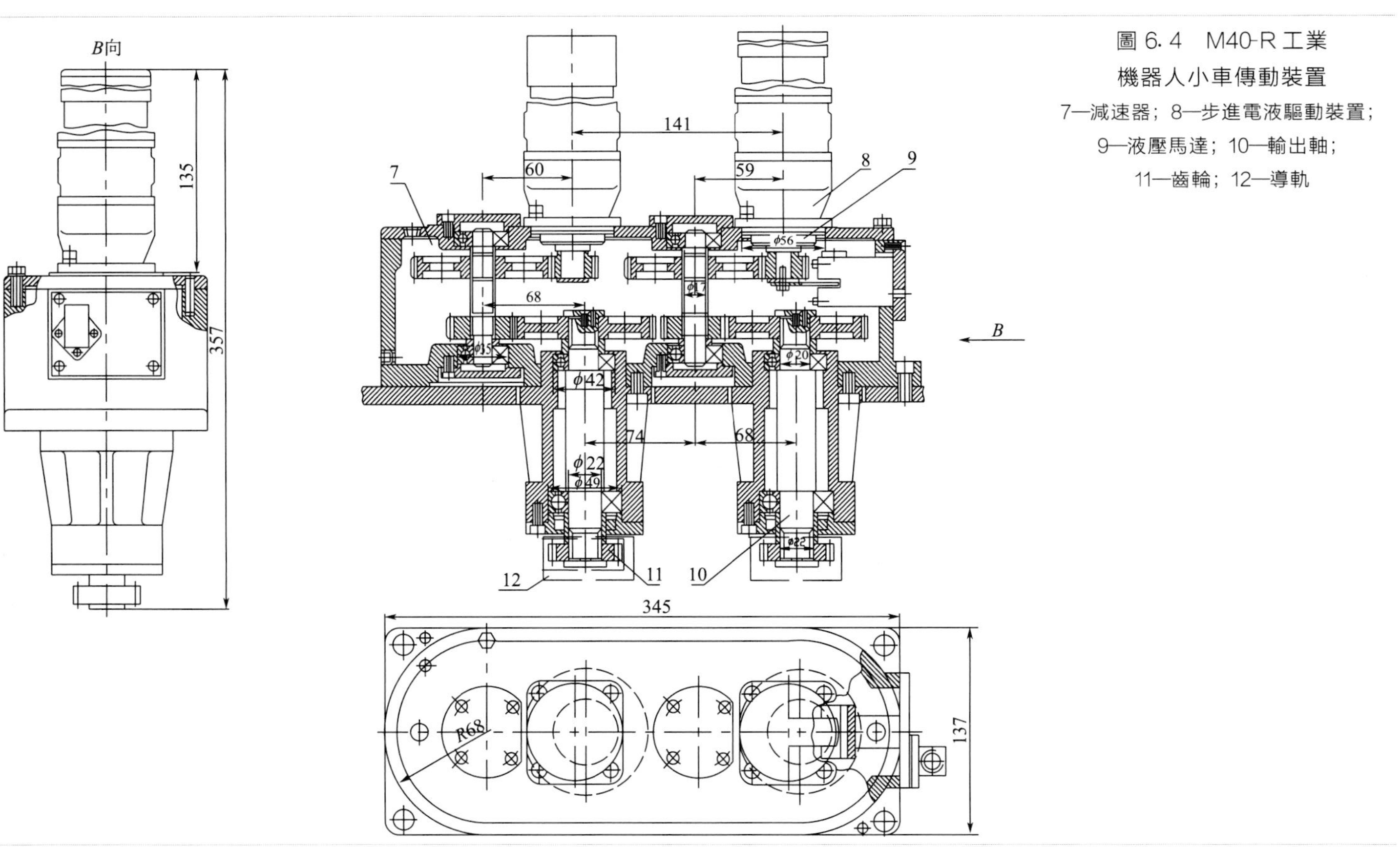

圖6.4 M40-R工業機器人小車傳動裝置

7—減速器；8—步進電液驅動裝置；9—液壓馬達；10—輸出軸；11—齒輪；12—導軌

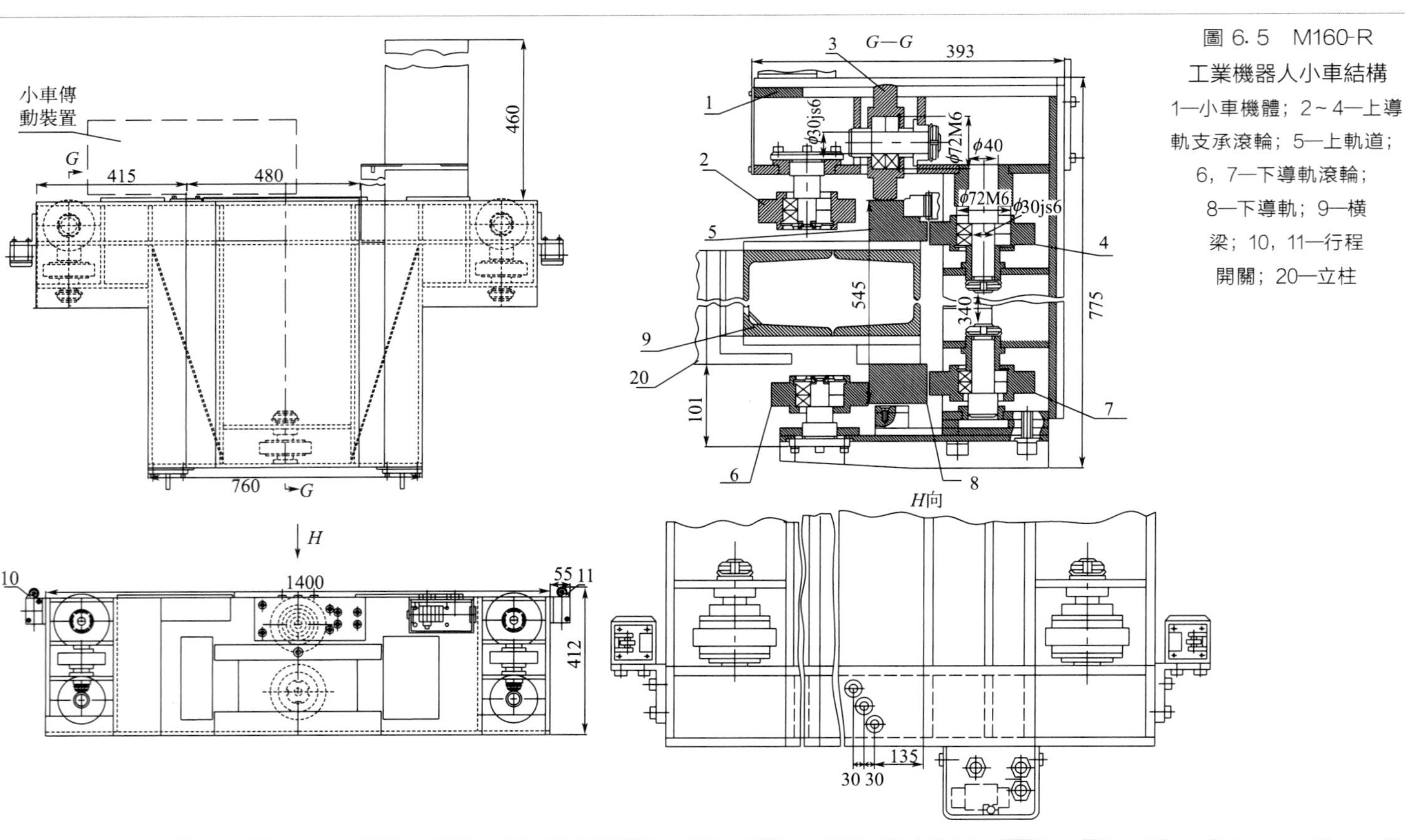

圖6.5 M160-R 工業機器人小車結構

1—小車機體；2～4—上導軌支承滾輪；5—上軌道；6，7—下導軌滾輪；8—下導軌；9—橫梁；10，11—行程開關；20—立柱

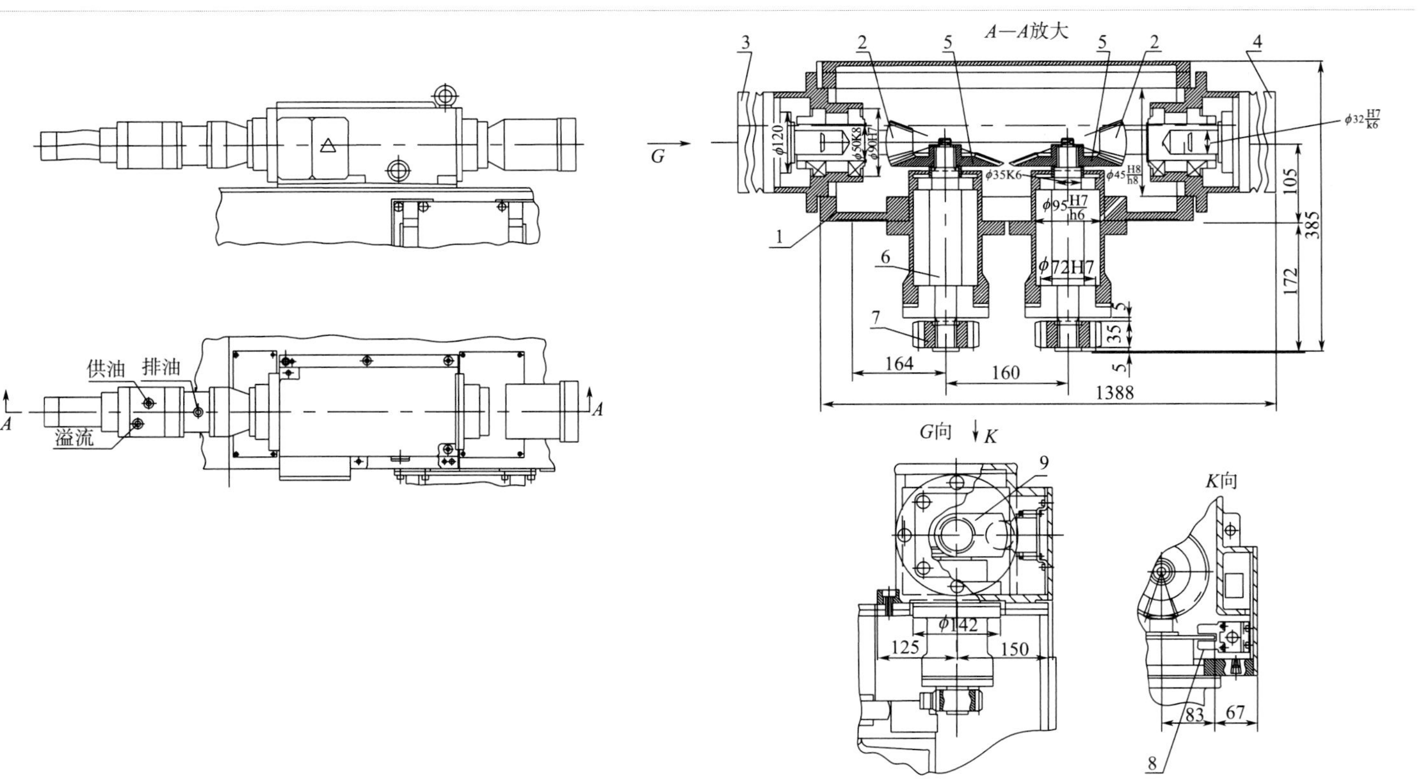

圖 6.6 M160-R工業機器人小車傳動裝置

1—小車機體；2—主動錐齒輪；3—電液步進電動機；4—附加液壓馬達；5—從動錐齒輪；6—輸入軸；7—齒輪齒條傳動用齒輪；8—無觸點脈沖傳感器；9—開關片

6.2 操作機滑板裝置

工業機器人模組化過程中，操作機滑板裝置作為小車傳動裝置與機械手臂的連接部件，是工業機器人模組化必不可少的轉換部件。

6.2.1 滑板機構運動原理

以 M160-R 型工業機器人滑板機構為例介紹，其操作機滑板機構運動原理如圖 6.7 所示[3]。該機器人是可移動式並具有門架結構的工業機器人。該滑板機構適用於為臥式金屬切削機床工作的工業機器人操作機。由於操作機配備有定位式數控裝置，能夠按照給定程式實現沿三個座標軸的位移，因此，滑板機構作為移動小車與機械手臂的連接部件，應實現沿水平方向的位移運動。M160-R 型滑板機構主要服務於手臂的自動上下料系統，要求快速平穩，且行走精確度和定位精確度要求不高，故可以選用滾輪直線導軌。

圖 6.7 中主要包括：小車、導軌、滑板、滑板機體、連桿及線性電液步進驅動裝置等。操作機的門架結構使得它可以安裝可移動的小車，之後便是小車與滑板機構、滑板機構與手臂的連接。小車沿導軌實現縱向移動，而滑板機構維係著手臂垂直運動，即在滑板的下部鉸接手臂機構。

6.2.2 滑板的模組結構

以 M160-R 型工業機器人操作機的滑板模組結構為例，如圖 6.8 所示。因為滑板結構模組需要較大的承載能力，故採用滾輪直線導軌。滾輪直線導軌可以採用滾輪 V 形導軌和滾輪方形導軌兩種。若導軌上可切出齒條，則成為帶齒條導軌。

如圖 6.8 所示，該滑板模組結構主要包括：小車機體、多對滾輪支承、滑板、驅動裝置、擋塊、定位機構、軟管、電纜及開關等。

在小車機體的軸上裝有滾輪支承，滑板沿著滾輪支承在小車機體內移動。小車機體上固定有線性電液步進式驅動裝置，其活塞桿連到滑板上，活塞桿的行程由裝在滑板上的剛性擋塊及安裝在機體上的可調擋塊來限位，滑板由專用定位機構來鎖定。滑板模組中多對滾輪支承結構可以較好地避免操作機滑板運動產生的噪音。

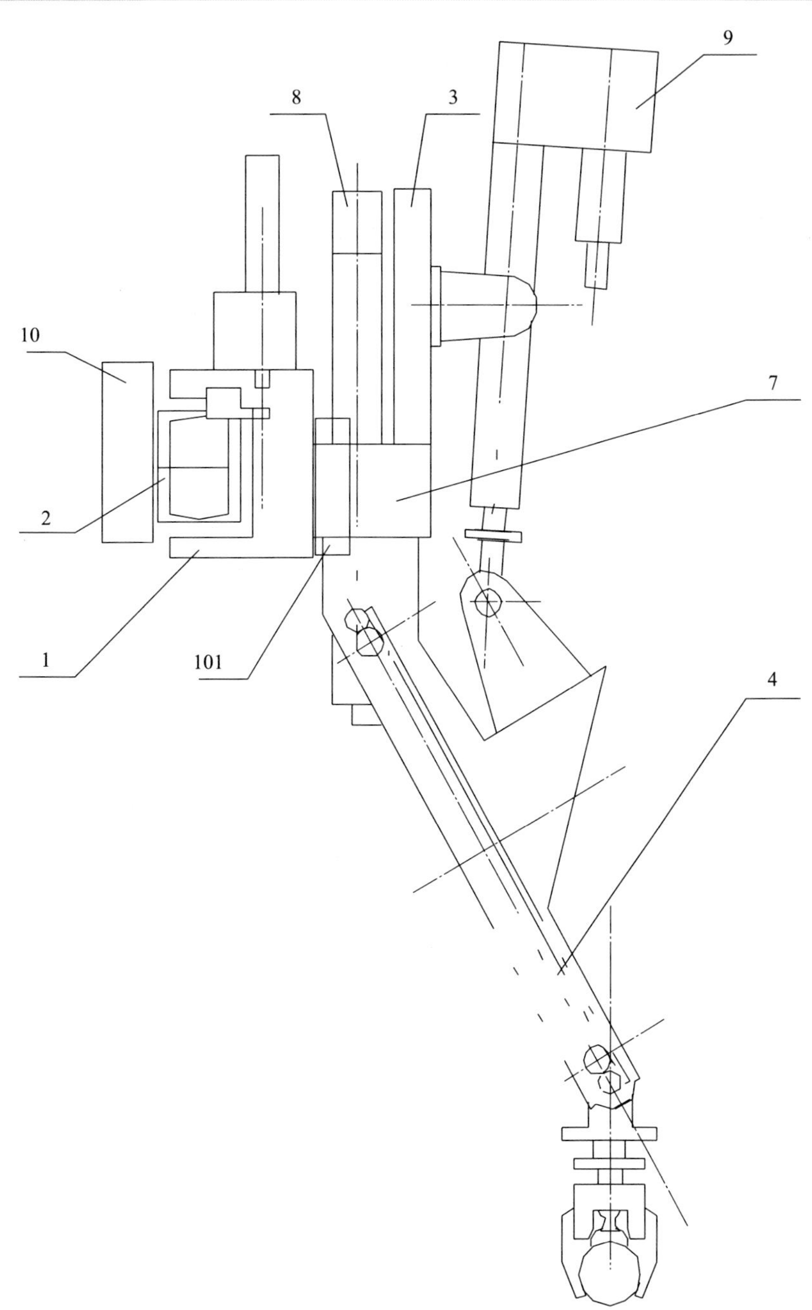

圖 6.7 M160-R 型工業機器人滑板機構運動原理圖
1—小車；2—導軌；3—滑板；4—手臂；7—滑板的機體；8—連桿；
9—線性電液步進驅動裝置；10—操作機門架；101—滾輪直線導軌

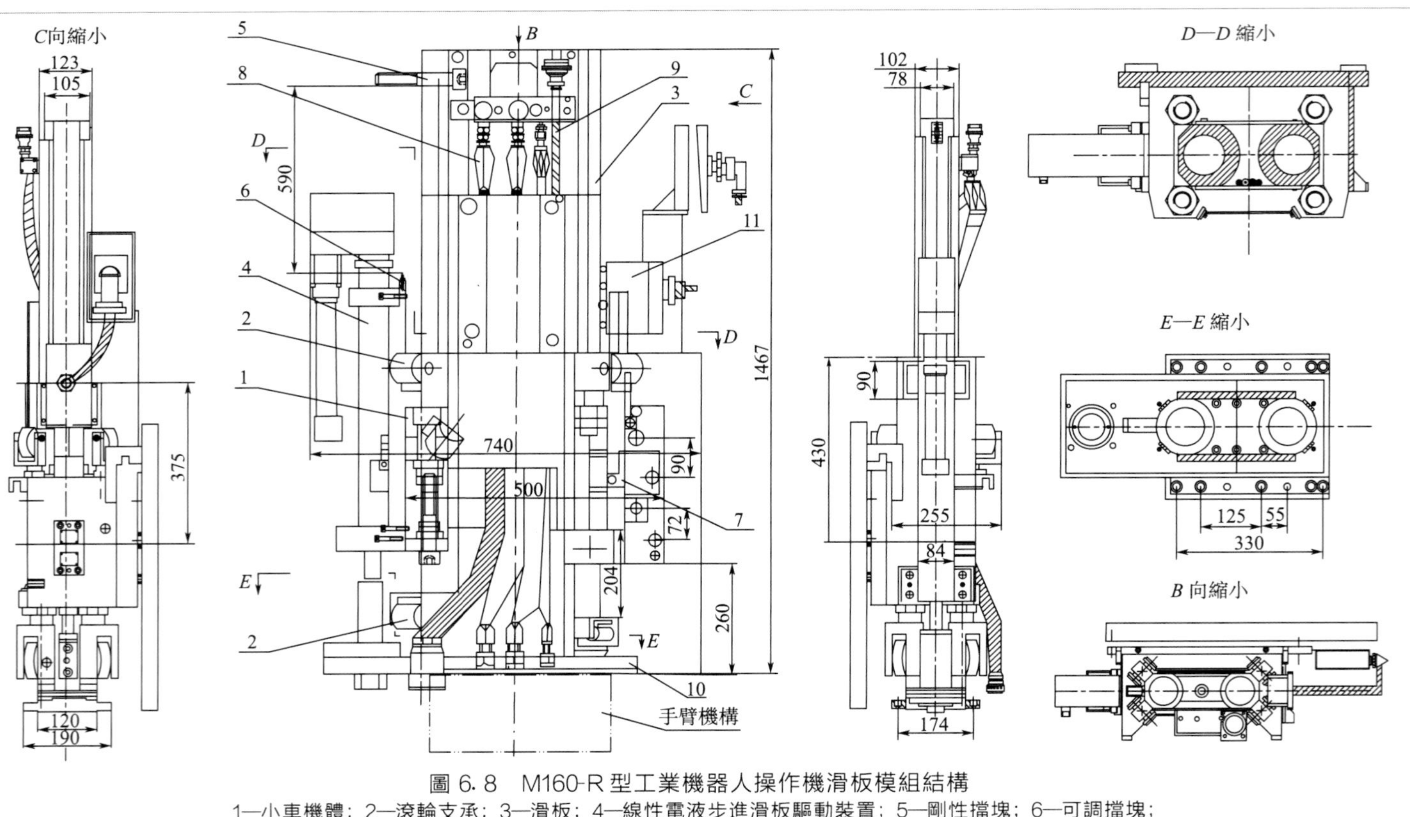

圖 6.8 M160-R 型工業機器人操作機滑板模組結構

1—小車機體；2—滾輪支承；3—滑板；4—線性電液步進滑板驅動裝置；5—剛性擋塊；6—可調擋塊；7—定位機構；8—軟管；9—控制線路電纜；10—下法蘭；11—行程電氣換向開關

在滑板上部固定著能量輸送軟管和控制線路電纜。軟管和控制線路電纜透過滑板的內部並與手臂機構在下法蘭上連接。滑板驅動裝置是透過行程電氣換向開關的訊號來控制的，行程電氣換向開關安裝在機體的支架上。

參考文獻

[1] 馬少龍，劉冬花，馬國紅，等. 一種快速獲取機器人運動軌跡的方法研究[J]. 組合機床與自動化加工技術，2014,（10）：17-18.

[2] ［新加坡］陳國強，李崇興，黃書南著. 精密運動控制：設計與實現[M]. 韓兵，宣安，韓德彰譯. 北京：機械工業出版社，2011.

[3] 蘇全衛，王曉侃. 基於 Simulink 的曲柄滑塊機構運動學建模與仿真[J]. 製造業自動化，2014,（1）：72-73.

工業機器人整合系統與模組化

作　　者：李慧 , 馬正先 , 馬辰碩
發 行 人：黃振庭
出 版 者：崧燁文化事業有限公司
發 行 者：崧燁文化事業有限公司

E-mail：sonbookservice@gmail.com
粉 絲 頁：https://www.facebook.com/sonbookss/
網　　址：https://sonbook.net/
地　　址：台北市中正區重慶南路一段六十一號八樓 815 室
Rm. 815, 8F., No.61, Sec. 1, Chongqing S. Rd., Zhongzheng Dist., Taipei City 100, Taiwan
電　　話：(02) 2370-3310
傳　　真：(02) 2388-1990

印　　刷：京峯彩色印刷有限公司（京峰數位）
律師顧問：廣華律師事務所 張珮琦律師

定　　價：450 元
發行日期：2022 年 03 月第一版
◎本書以 POD 印製

國家圖書館出版品預行編目資料

工業機器人整合系統與模組化 / 李慧 , 馬正先 , 馬辰碩著 . -- 第一版 . -- 臺北市 : 崧燁文化事業有限公司 , 2022.03
面； 公分
POD 版
ISBN 978-626-332-104-5(平裝)
1.CST: 機器人 2.CST: 系統設計
448.992 111001422

電子書購買

臉書